Banach 空间几何理论及应用

崔云安 著

科学出版社

北京

内容简介

本书介绍 Banach 空间几何理论及其在不动点理论的应用.全书分为 5 章.在介绍一些 Banach 空间的基本知识、Banach 空间的弱拓扑与自反性的基础上,一方面叙述 Banach 空间几何理论的基本内容,特别讲述了与不动点有关的各种几何性、Banach 空间中的各种模和几何常数,同时给出了其在不动点理论、集值映射的不动点理论方面的应用等;另一方面研究了 Banach 空间几何和逼近性质,包括逼近紧和度量投影的连续性、距离函数的可导性与逼近紧性以及 Banach 空间几何性质与太阳集等.本书结合国内外相关的研究成果,将 Banach 空间几何理论与不动点理论有机结合在一起,并给出了其在逼近论方面的部分应用.

本书可作为泛函分析及相关专业的本科生、研究生与数学工作者的教材或参考书.

图书在版编目(CIP)数据

Banach 空间几何理论及应用/崔云安著.—北京:科学出版社,2011
ISBN 978-7-03-030657-9

Ⅰ.B⋯ Ⅱ.①崔⋯ Ⅲ.巴拿赫空间—几何—研究 Ⅳ.①O177.2

中国版本图书馆 CIP 数据核字(2011)第 052292 号

责任编辑:徐园园 赵彦超/责任校对:朱光兰
责任印制:徐晓晨/封面设计:王浩

科学出版社 出版
北京东黄城根北街 16 号
邮政编码:100717
http://www.sciencep.com

北京厚诚则铭印刷科技有限公司 印刷
科学出版社发行 各地新华书店经销

*

2011 年 5 月第 一 版 开本:B5(720×1000)
2018 年 4 月第二次印刷 印张:14 3/4
字数:289 000

定价:98.00 元
(如有印装质量问题,我社负责调换)

前 言

Banach 空间几何理论是近代泛函分析的重要分支, 内容十分丰富. 1936 年, Clarkson 提出 Banach 空间一致凸性, 得到了取值在一致凸 Banach 空间的向量测度的 Radon-Nikodym 定理, 从而开创了从 Banach 空间单位球几何结构出发研究 Banach 空间性质及其应用的新方法. 1965 年, W. A. Kirk 证明了具有正规结构自反的 Banach 空间具有不动点性质. 1967 年, Z. Opial 得到了具有 Opial 性质的 Banach 空间具有弱不动点性质. 由此, 利用 Banach 空间几何性质研究非扩张类映射的不动点性质的理论得到了迅速发展.

由于 Banach 空间理论在不动点理论、控制论、鞅论、逼近论等诸多领域有广泛的应用, 使得 Banach 空间几何理论的内容越来越丰富, 显示出了强大的生命力. 本书试图叙述 Banach 空间几何理论的基本内容, 近 20 年的一些重要研究成果以及 Banach 空间几何理论在不动点理论、逼近论中的部分应用. 在注重介绍理论结构的同时, 着重阐述在Banach空间几何常数计算、应用等. 希望本书能将读者引入该研究领域的前沿.

全书内容分为五章. 第 1 章为 Banach 空间的弱拓扑与自反性, 介绍 Banach 空间的一些基本知识; 第 2 章介绍与不动点有关的各种几何性质; 第 3 章讲解 Banach 空间中的各种模和几何常数; 第 4 章是集值映射的不动点理论, 介绍蕴含极值映射不动点性质的几何条件; 第 5 章为 Banach 空间几何和逼近性质, 介绍逼近紧和度量投影的连续性、距离函数的可导性与逼近紧性和 Banach 空间几何性质与太阳集.

本书的出版得到了国内泛函分析界许多先生和同仁的支持; 我的博士生陈丽丽、商绍强、张敬信为本书的录入付出了辛苦; 本书也得到了哈尔滨理工大学优秀学科带头人基金项目的资助, 在此一并感谢!

限于作者的学识和经验有限, 本书难免有错误和不妥之处, 如蒙赐教, 不胜感谢!

崔云安
2010 年 9 月

目 录

前言
第 1 章 Banach 空间的弱拓扑与自反性 ·········· 1
　1.1 预备知识 ················· 1
　1.2 Bishop-Phelps 定理 ··············· 6
　　1.2.1 半序 Banach 空间 ············· 6
　　1.2.2 Bishop-Phelps 定理 ············· 8
　1.3 Krein-Milman 定理 ················· 11
　1.4 Choquet 定理 ··············· 14
　1.5 James 定理 ··············· 17
　1.6 超幂 ···················· 25
第 2 章 与不动点有关的几何性质 ········· 31
　2.1 预备知识 ················ 31
　2.2 严格凸性和光滑性 ··············· 34
　2.3 一致凸性和一致光滑性 ··············· 35
　2.4 对偶映射 ················ 50
　2.5 K-一致凸 ················ 62
　2.6 接近一致凸和接近一致光滑 ·········· 64
　2.7 β-性质 ·················· 80
　2.8 F-凸和 P-凸 ················ 83
　2.9 E-凸和 O-凸 ················ 86
　2.10 UNC 和 NUNC ··············· 88
　2.11 r-一致非折 ················ 96
　2.12 Opial 性质 ················ 103
　2.13 (M) 性质 ················· 107
　2.14 Banach-Saks 性质 ··············· 109
　2.15 Dunford-Pettis 性质 ··············· 113
　2.16 Pelczynski 性质 (V^*) ············· 118
第 3 章 Banach 空间中的模和常数 ··········· 124
　3.1 弱正交系数 ················ 124

3.2 弱收敛序列系数 ································· 128
3.3 与 NUS 有关的系数 $R(X)$ ···················· 134
3.4 U 凸模 ······································ 139
3.5 广义弱*凸模 ·································· 145
3.6 广义 Jordan-von Neumann 常数 ················ 150
3.7 广义 James 常数 ······························ 158
3.8 新常数 $J_{X,p}(t)$ ······························ 166

第 4 章 集值映射不动点理论 ······················· 175
4.1 集值映射 ····································· 175
4.2 (DL)-条件 ··································· 178
4.3 (D) 性质 ···································· 181
4.4 蕴含集值不动点性质的几何条件 ················ 183

第 5 章 Banach 空间几何和逼近性质 ················ 192
5.1 逼近紧和度量投影的连续性 ···················· 192
5.2 距离函数的可导性与逼近紧性 ·················· 206
5.3 Banach 空间几何性质和太阳集 ················· 212

参考文献 ·· 224

第 1 章 Banach 空间的弱拓扑与自反性

1.1 预备知识

设 $\{X, \|\cdot\|\}$ 是 Banach 空间, 用 $B(X) = \{x \in X : \|x\| \leqslant 1\}$ 和 $S(X) = \{x \in X : \|x\| = 1\}$ 分别表示 Banach 空间 X 的单位球及单位球面. 用 X^* 表示 X 的对偶空间, 即 X^* 为 X 上的有界线性泛函的全体. 众所周知, 线性空间 X^* 在赋予范数 $\|f\| = \sup\{f(x) : x \in S(X)\}$ 下为 Banach 空间.

称 $Y \subseteq X^*$ 分离 X, 是指对于 $\forall x_1, x_2 \in X$, $x_1 \neq x_2$, 存在 $y \in Y$ 满足 $y(x_1) \neq y(x_2)$. 记

$$\sigma(X, Y) = \{x \in X : |y_j(x - x_0)| < \varepsilon, j = 1, 2, \cdots, n\},$$

其中, $x_0 \in X$, $\varepsilon > 0$, n 为自然数. 若 $Y = X^*$, 则称 $\sigma(X, Y)$ 为 X 的弱拓扑. 如果 X 是对偶空间, 即存在 Banach 空间 Y 满足 $Y^* = X$, 则称 $\sigma(X, Y)$ 为 X 的弱*拓扑.

记 $J_X : X \to X^{**}$ 满足 $\forall y \in X^*$ 有 $J_X(x)(f) = f(x)$, 则 J_X 为从 X 到 $J_X(X)$ 上的等距线性映射. 若 $J_X(X) = X^{**}$, 则称 X 是自反的 Banach 空间. 简记为 $X = X^{**}$.

引理1.1.1 设 $f, g_1, \cdots, g_n \in X^*$ 满足 $\mathrm{Ker}(f) \supseteq \bigcap_{i=1}^n \mathrm{Ker}(g_i)$. 则存在 $a_1, a_2, \cdots, a_n \in \mathbb{R}$ 使得 $f = \sum_{i=1}^n a_i g_i$, 其中 $\mathrm{Ker}(f) = \{x \in X : f(x) = 0\}$ 称为 f 的核空间.

证明 设 $f \neq 0$, 则 $\exists x_0 \in X$ 满足 $f(x_0) \neq 0$, 于是, 对于 $\forall x \in X$ 有 $x = y + a x_0$, 其中 $y \in \mathrm{Ker}(g_1)$, $a \in \mathbb{R}$. 进而有

$$f(x) = f(y) + a f(x_0) = a f(x_0),$$

$$g_1(x) = g_1(y) + a g_1(x_0) = a g_1(x_0),$$

故 $f = \frac{f(x_0)}{g_1(x_0)} g_1$, 即当 $n = 1$ 时, 结论成立.

假设 $k < n - 1$ 时结论成立. 当 $k = n$ 时, 考虑

$$g = f|_{\mathrm{Ker}(g_n)}, \quad f_i = g_i|_{\mathrm{Ker}(g_n)} \quad (i = 1, 2, \cdots, n-1),$$

则有 $\mathrm{Ker}(g) \supseteq \bigcap_{i=1}^{n-1} \mathrm{Ker}(f_i)$. 由前面假设, 存在 $a_1, a_2, \cdots, a_{n-1}$ 满足

$$g = \sum_{i=1}^{n-1} a_i f_i.$$

若记 $F = g - \sum_{i=1}^{n-1} a_i f_i$, 则对于 $\forall\, x \in \mathrm{Ker}(g_n)$ 有 $F(x) = 0$, 即有 $\mathrm{Ker}(F) \supseteq \mathrm{Ker}(g_n)$. 故又存在 $a_n \in \mathbb{R}$ 满足

$$F = a_n g_n.$$

因此, $g - \sum_{i=1}^{n-1} a_i f_i = a_n g_n$. □

若 X 是有限维 Banach 空间, 则强拓扑与弱拓扑是等价的; 对于无穷维 Banach 空间来说, 强拓扑强于弱拓扑. 对于凸集有下面结果.

引理1.1.2(Mazur) 设 $A \subset X$ 为有界凸集, 则 $\overline{A}^{\|\cdot\|} = \overline{A}^{w}$.

证明 若存在 $x_0 \in \overline{A}^{w} \setminus \overline{A}^{\|\cdot\|}$, 则对 x_0 与 $\overline{A}^{\|\cdot\|}$ 应用分离定理, 即存在 $f \in X^*$, 满足

$$\sup\left\{f(x) : x \in \overline{A}^{\|\cdot\|}\right\} < f(x_0).$$

从而存在 $\alpha \in \mathbb{R}$, 使得

$$\sup\left\{f(x) : x \in \overline{A}^{\|\cdot\|}\right\} < \alpha < f(x_0). \tag{1.1.1}$$

又 $x_0 \in \overline{A}^{w}$, 则存在 $\{x_n\} \subset A$, 使得 $x_n \xrightarrow{w} x_0$, 则 $f(x_n) \to f(x_0)$. 于是由 (1.1.1) 式, 有

$$f(x_n) \leqslant \alpha < f(x_0),$$

这与 $f(x_n) \to f(x_0)$ 矛盾, 故 $\overline{A}^{\|\cdot\|} = \overline{A}^{w}$. □

注1.1.3 设 $\{x_n\} \subset X$, 记 $\overline{\mathrm{co}}\{x_n\}$ 表示 $\{x_n\}$ 的闭凸包, 它是包含 $\{x_n\}$ 的最小闭凸集. 若 $x_n \xrightarrow{w} x_0$, 即 $x_0 \in \overline{\mathrm{co}}^{w}\{x_n\} = \overline{\mathrm{co}}\{x_n\}$, 则存在 $y_n \in \overline{\mathrm{co}}\{x_n\}$, 满足 $y_n \to x_0$, 其中,

$$y_n = \sum_{i=1}^{m_n} \lambda_i^{m_n} x_i, \quad \lambda_i^{m_n} \geqslant 0, \quad \sum_{i=1}^{m_n} \lambda_i^{m_n} = 1.$$

注1.1.4 弱 Banach-Saks 性质: 设 $\{x_n\} \subset X$, 若 $x_n \xrightarrow{w} 0$, 且存在子列 $\{x_{n_i}\} \subset \{x_n\}$, 满足

$$\frac{x_{n_1} + x_{n_2} + \cdots + x_{n_m}}{m} \longrightarrow 0,$$

则称 X 具有弱 Banach-Saks 性质.

Banach-Saks 性质: 若对任意有界序列 $\{x_n\} \subset X$, 都存在子列 $\{x_{n_i}\} \subset \{x_n\}$ 及 $x_0 \in X$, 满足
$$\frac{x_{n_1} + x_{n_2} + \cdots + x_{n_m}}{m} \longrightarrow x_0,$$
则称 X 具有 Banach-Saks 性质.

定义1.1.1 设 X_0 是 X 的子集, 对任意 $x \in X$, 定义
$$d(x, X_0) = \inf\{\|x - y\| : y \in X_0\},$$
称 $d(x, X_0)$ 为 x 到 X_0 的距离.

引理1.1.5(Riesz引理) 设 X_0 是 X 的真闭子空间, 则
$$\sup\{d(x, X_0) : x \in S(X)\} = 1.$$

证明 由于对任意 $x \in X$, 都有 $d(x, X_0) \leqslant 1$, 故只需证明, 对任意的 $\varepsilon > 0$, 都存在 $x_\varepsilon \in S(X)$, 满足 $d = d(x_\varepsilon, X_0) \geqslant 1 - \varepsilon$.

由于 X_0 是 X 的真闭子空间, 故存在 $x_0 \in X \setminus X_0$, 使得 $d(x_0, X_0) > 0$. 由 $d(x_0, X_0)$ 的定义知, 对于 $\eta = (\varepsilon d)/(1-\varepsilon)$, 存在 $y \in X_0$, 满足
$$d = d(x_0, X_0) \leqslant \|x_0 - y\| \leqslant d + \eta.$$

令 $x_\varepsilon = (x_0 - y)/\|x_0 - y\|$, 则对于任意 $z \in X_0$, 有
$$\|x_\varepsilon - z\| = \left\|z - \frac{x_0 - y}{\|x_0 - y\|}\right\| = \frac{\|x_0 - (y + \|x_0 - y\|z)\|}{\|x_0 - y\|} \geqslant \frac{d}{d+\eta} = 1 - \varepsilon,$$
即 $d(x_\varepsilon, X_0) \geqslant 1 - \varepsilon$. □

定义1.1.2 设 $C \subset X$, 记
$$P_C(x) = \{y \in C : \|y - x\| = d(x, C)\}, \quad \forall\, x \in X,$$
若对任意 $x \in X$, 有 $P_C(x) \neq \varnothing$, 则称 C 是可逼近集; 若对任意 $x \in X$, 有 $P_C(x)$ 为单点集, 则称 C 是 Chebeshev 集.

注1.1.6 若 X_0 是 X 的可逼近子空间, 则存在 $x_0 \in S(X)$, 满足 $d(x_0, X_0) = 1$; 若对任意 $x \in S(X)$, 都有 $d(x_0, X_0) < 1$, 则 X_0 是 X 的不可逼近子空间.

例1.1.1 在 $C[0,1]$ 中, 令
$$X_0 = \{f \in C[0,1] : f(0) = 0\},$$
$$X_0^0 = \left\{f \in C[0,1] : \int_0^1 f(x)\mathrm{d}x = 0\right\},$$

则 X_0^0 是 X_0 的不可逼近子空间.

定义1.1.3 设 $\{x_n\}_{n=1}^{\infty}$ 为 X 中的一个序列, 若对 X 中每个元 x, 存在唯一数列 $\{a_i\}_{i=1}^{\infty}$, 使得

$$x = \sum_{i=1}^{\infty} a_i x_i,$$

其中级数是按范数收敛的, 则称 X 具有可列 Schauder 基, 而 $\{x_n\}$ 叫做 X 的一个 Schauder 基, a_n 称为 x 关于基 $\{x_n\}$ 的第 n 个坐标.

引理1.1.7(Helly定理) 设 X 是赋范线性空间, $f_1, f_2, \cdots, f_n$ 为 X 上某 n 个有界线性泛函, $\lambda_1, \lambda_2, \cdots, \lambda_n$ 为 n 个复数, β 是某一正数. 则对于任意正数 ε, 存在 $x_\varepsilon \in X$, 使其满足条件:

(1) $f_k(x_\varepsilon) = \lambda_k \ (k = 1, 2, \cdots, n)$;

(2) $\|x_\varepsilon\| \leqslant \beta + \varepsilon$

的充要条件是对于任意 n 个复数 $\xi_1, \xi_2, \cdots, \xi_n$, 均有

$$\left|\sum_{k=1}^{n} \xi_k \lambda_k\right| \leqslant \beta \left\|\sum_{k=1}^{n} \xi_k f_k\right\|.$$

证明 必要性. 由条件 (1), (2) 知, 对任意 n 个复数 $\xi_1, \xi_2, \cdots, \xi_n$, 及任意 $\varepsilon > 0$, 存在 $x_\varepsilon \in X$ 使得

$$\left|\sum_{k=1}^{n} \xi_k \lambda_k\right| = \left\|\sum_{k=1}^{n} \xi_k f_k(x_\varepsilon)\right\| = \left|\left(\sum_{k=1}^{n} \xi_k f_k\right)(x_\varepsilon)\right|$$

$$\leqslant \left\|\sum_{k=1}^{n} \xi_k f_k\right\| \|x_\varepsilon\| \leqslant (\beta + \varepsilon) \left\|\sum_{k=1}^{n} \xi_k f_k\right\|.$$

由 ε 的任意性, 有

$$\left|\sum_{k=1}^{n} \xi_k \lambda_k\right| \leqslant \beta \left\|\sum_{k=1}^{n} \xi_k f_k\right\|.$$

充分性. 不妨设 $f_k \ (k = 1, 2, \cdots, n)$ 是线性无关的. 考虑从 X 到 n 维复欧氏空间 $\mathbb{C}^n$ 的映射 T, 满足

$$T(x) = (f_1(x), f_2(x), \cdots, f_n(x)), \quad \forall x \in X. \tag{1.1.2}$$

则 T 是满线性算子, 事实上, 若 T 的值域是 $\mathbb{C}^n$ 的 m 维 $(m < n)$ 子空间, 则必存在 n 个不同时为零的复数 $\alpha_k \ (k = 1, 2, \cdots, n)$, 使得

$$\left(\sum_{k=1}^{n} \alpha_k f_k\right)(x) = \sum_{k=1}^{n} \alpha_k f_k(x) = 0, \quad \forall x \in X.$$

从而 $\sum_{k=1}^{n}\alpha_k f_k=0$, 这与 $f_k\ (k=1,2,\cdots,n)$ 是线性无关的矛盾.

于是, 取 X 的 n 个元 $x_1,x_2,\cdots,x_n$, 使得
$$T(x_k)=(0,\cdots,0,1,0,\cdots,0)\quad (k=1,2,\cdots,n).$$

当复数 $\hat\theta$ 满足 $|\hat\theta|<\frac{\beta+\varepsilon}{n}\min_{1\leqslant k\leqslant n}\left(\frac{1}{\|x_k\|}\right)$ 时, 由于
$$\left\|\sum_{k=1}^{n}\hat\theta x_k\right\|\leqslant \sum_{k=1}^{n}|\hat\theta|\|x_k\|<\beta+\varepsilon,$$

故 $\sum_{k=1}^{n}\hat\theta x_k\in S_{\beta+\varepsilon}$ ($S_{\beta+\varepsilon}$ 表示半径为 $\beta+\varepsilon$ 以原点为心的球), 则
$$(\hat\theta,\cdots,\hat\theta)=\sum_{k=1}^{n}\hat\theta(0,\cdots,0,1,0,\cdots,0)=\sum_{k=1}^{n}\hat\theta T(x_k)=T\left(\sum_{k=1}^{n}\hat\theta x_k\right)\in T(S_{\beta+\varepsilon}).$$

即 $T(S_{\beta+\varepsilon})$ 包含着 $\mathbb{C}^n$ 内以原点为心, 以 $2|\hat\theta|$ 为边长的 n 维开方体, 当然也必然包含 $\mathbb{C}^n$ 的一个原点为心的球.

最后, 用归谬法推出结论. 反之, 假设原命题不成立, 则必存在某正数 ε_0, 使得 X 中不存在满足定理的条件 (1), (2) 的 x_{ε_0}, 即
$$b=(\lambda_1,\lambda_2,\cdots,\lambda_n)\notin T(\overline{S}_{\beta+\varepsilon_0}).$$

注意到 $\{b\}$ 与 $T(\overline{S}_{\beta+\varepsilon_0})$ 为两个不交的凸集, 且由上述论证知, $T^\circ(\overline{S}_{\beta+\varepsilon_0})\neq\varnothing$. 于是, 当把 $\mathbb{C}^n$ 看成 n 维实线性空间时, 由于 $\theta\in T^\circ(\overline{S}_{\beta+\varepsilon_0})$, 由 Eidelheit 定理知, 存在 X 上的实有界线性泛函 g, 使得
$$g(y)\leqslant g(b),\quad \forall\ y\in T(\overline{S}_{\beta+\varepsilon_0}),\quad 0=g(\theta)<g(b). \tag{1.1.3}$$

令泛函
$$f(y)=g(y)-ig(iy),\quad \forall\ y\in\mathbb{C}^n.$$

显然 $f\in(\mathbb{C}^n)^*$, 且 (1.1.3) 式变为
$$\mathrm{Re}f(y)\leqslant \mathrm{Re}f(b)(>0),\quad \forall\ y\in T(\overline{S}_{\beta+\varepsilon_0}).$$

由于 $(\mathbb{C}^n)^*=\mathbb{C}^n$, 必存在不均为 0 的 n 个复数 $(\mu_1,\mu_2,\cdots,\mu_n)$, 使得
$$f(y)=\sum_{k=1}^{n}\mu_k y_k,\quad \forall\ y=(y_1,y_2,\cdots,y_n)\in\mathbb{C}^n.$$

由(1.1.2)式中的元 y 以及元 b 的假设, 可得
$$\mathrm{Re}\left[\sum_{k=1}^{n}\mu_k f_k(x)\right]\leqslant \mathrm{Re}\left[\sum_{k=1}^{n}\mu_k\lambda_k\right]>0,\quad \forall\ x\in\overline{S}_{\beta+\varepsilon_0}.$$

注意到 $\overline{S}_{\beta+\varepsilon_0}$ 是球域, f_k $(k=1,2,\cdots,n)$ 均为线性泛函, 故由复数的特点及以上证明得

$$\left|\sum_{k=1}^n \mu_k f_k(x)\right| \leqslant \left|\sum_{k=1}^n \mu_k \lambda_k\right| \ (>0), \quad \forall\, x \in \overline{S}_{\beta+\varepsilon_0}.$$

即

$$\left|\left(\sum_{k=1}^n \mu_k f_k\right)(x)\right| \leqslant \left|\sum_{k=1}^n \mu_k \lambda_k\right|, \quad \forall\, x \in \overline{S}_{\beta+\varepsilon_0}.$$

于是

$$\sup_{x\in\overline{S}_{\beta+\varepsilon_0}}\left|\left(\sum_{k=1}^n \mu_k f_k\right)(x)\right| = (\beta+\varepsilon_0)\left\|\sum_{k=1}^n \mu_k f_k\right\|,$$

可得到

$$(\beta+\varepsilon_0)\left\|\sum_{k=1}^n \mu_k f_k\right\| \leqslant \left|\sum_{k=1}^n \mu_k \lambda_k\right|.$$

由于 f_k $(k=1,2,\cdots,n)$ 线性无关, 故 $\|\sum_{k=1}^n \mu_k f_k\| \neq 0$, 从而有

$$\beta\left\|\sum_{k=1}^n \mu_k f_k\right\| < \left|\sum_{k=1}^n \mu_k \lambda_k\right|.$$

这与定理假设矛盾. □

引理1.1.8(Zorn)　设 X 是半序集, 若其每一个全序子集都有一个上界, 则 X 有极大元.

1.2　Bishop-Phelps 定理

1.2.1　半序 Banach 空间

定义1.2.1　称 $A \subset X$ 为凸集是指, 对 $\forall\, x,y \in A$, 有

$$[x,y] = \{\lambda x + (1-\lambda)y : 0 \leqslant \lambda \leqslant 1\} \subset A.$$

定义1.2.2　设 $\{X, \leqslant\}$ 是半序 Banach 空间, K 是 X 中的闭凸集. 满足

(1) 若 $x \in K, \lambda \geqslant 0$, 则 $\lambda x \in K$,

(2) 若 $x \in K, -x \in K$, 则 $x = \theta$,

则称 K 是 X 的闭凸锥.

设 K 是 X 的闭凸锥, 规定 "$\leqslant$" 为

$$x \leqslant y \Leftrightarrow y - x \in K.$$

则上述序关系"⩽"是 X 上的一个半序, 满足

(1) 对 $\forall x \in X$, $x \leqslant x$;
(2) 若 $x \leqslant y$, $y \leqslant z$, 则 $x \leqslant z$;
(3) 若 $x \leqslant y$, $y \leqslant x$, 则 $x = y$.

且对于此半序运算, 还有线性结构和范数结构的相容性, 即

(4) 若 $x \leqslant y$, $u \leqslant v$, 则 $x + u \leqslant y + v$;
(5) 若 $x \leqslant y$, $\lambda \geqslant 0$, 则 $\lambda x \leqslant \lambda y$;
(6) 若 $x_n \leqslant y_n$, $x_n \to x$, $y_n \to y$, 则 $x \leqslant y$.

反之, 设 $\{X, \leqslant\}$ 是半序 Banach 空间, 令

$$K = \{x \in X : x \geqslant 0\},$$

则 K 是 X 的一个闭凸锥.

定义1.2.3 设 K 是 X 的闭凸锥, $\mathrm{int}(K) \neq \varnothing$, 则称 K 是 X 的体锥. 若 $X = K - K$, 则称 K 是 X 的再生锥, 即对 $\forall x$, 存在 $y, z \in K$, 满足 $x = y - z$.

定义1.2.4 设 K 是 X 的闭凸锥, 若 X 中任何序区间 $[x, y]$ 都是范数有界的, 则称 K 是正规锥; 若 X 的任何序单调且序有界的序列均是依范数收敛的, 则称 K 为正则锥; 若 X 的任何序单调且范数有界的序列均是依范数收敛的, 则称 K 为完全正则锥.

定理1.2.1 下列叙述是等价的:

(1) K 是正规锥;
(2) 存在 $\hat{\theta} > 0$, 使得对任意 $x, y \in K$, $\|x\| = \|y\| = 1$, 有 $\|x + y\| \geqslant \hat{\theta}$;
(3) 存在 $M > 0$, 满足对任意 $x, y \in X$, $0 \leqslant x \leqslant y$, 有 $\|x\| \leqslant M\|y\|$;
(4) 设 $x_n \leqslant y_n \leqslant z_n$, 且 $x_n \to x$, $z_n \to x$, 则 $y_n \to x$.

证明 (1) $\Rightarrow$ (2) 若不然, 对 $\hat{\theta}_n = \frac{1}{n^3}$, 存在 $x_n, y_n \in K$, $\|x_n\| = \|y_n\| = 1$, 满足 $\|x_n + y_n\| < \frac{1}{n^3}$. 于是, $\sum\limits_{n=1}^{\infty} n(x_n + y_n)$ 收敛, 记 $x_0 \overset{\Delta}{=} \sum_{n=1}^{\infty} n(x_n + y_n)$, 则

$$x_0 = k(x_k + y_k) + n(x_n + y_n) + \sum_{k=n+1}^{\infty} k(x_k + y_k).$$

由 K 是闭凸锥知, $x_0 \in K$, 且

$$0 \leqslant nx_n \leqslant n(x_n + y_n) \leqslant x_0,$$

即 $nx_n \in [0, x_0]$, 而 $\|nx_n\| = n \to \infty$, 这与 K 是正规锥矛盾.

(2) $\Rightarrow$ (3) 若不然, 对 $\forall n \in \mathbb{N}$, 存在 $x_n, y_n \in K$, 使得 $0 \leqslant x_n \leqslant y_n$, 且 $\|x_n\| > \|y_n\|$, 从而 $\frac{\|y_n\|}{\|x_n\|} \to 0$.

记 $z_n = \frac{y_n - x_n}{\|x_n\|}$, 则 $z_n \in K$, $\|z_n\| \to 1$. 由 (2) 有, 存在 $\hat{\theta} > 0$, 使得

$$0 < \hat{\theta} \leqslant \left\| \frac{x_n}{\|x_n\|} + \frac{z_n}{\|z_n\|} \right\| \to 0.$$

此为矛盾.

(3) $\Rightarrow$ (4) 不妨设 $x_n = \theta$, $x = \theta$, 则有 $\theta \leqslant y_n \leqslant z_n$. 由 (3) 知, 存在 $M > 0$, 使得 $\|y_n\| \leqslant M \|z_n\|$, 于是由 $z_n \to \theta$, 有 $y_n \to \theta$.

(4) $\Rightarrow$ (1) 若存在序区间 $[u, v]$ 关于序区间是无界的, 令 $w = v - u$, 则 $[0, w]$ 也是无界的, 即存在 $x_n \in [0, w]$, 使得 $\|x_n\| \to \infty$, 于是 $\left\| \frac{w}{\|x_n\|} \right\| \to 0$. 又

$$0 \leqslant \frac{x_n}{\|x_n\|} \leqslant \frac{w}{\|x_n\|},$$

故由 (4) 有 $1 = \left\| \frac{x_n}{\|x_n\|} \right\| \to 0$, 矛盾. □

1.2.2 Bishop-Phelps 定理

设 $f \in S(X^*)$, $k > 0$, 令

$$K(f, k) = \{x \in X : \|x\| \leqslant k f(x)\},$$

则 $K(f, k)$ 是 X 的真闭凸锥.

引理1.2.2 设 $k > 1$, 则 $\text{int } K(f, k) \neq \varnothing$.

证明 若 $k > 1$, 由于 $\|f\| = 1$, 故存在 $x_0 \in S(X^*)$, 使 $f(x_0) > \frac{1}{k}$, 于是 $x_0 \in K(f, k)$, 下证 $x_0 \in \text{int } K(f, k)$.

令 $F(x) = k f(x) - \|x\|$, 则 $F(x)$ 是 x 的连续函数, 且 $F(x_0) > 0$, 故对于 $0 < \varepsilon < F(x_0)$, 存在 $\hat{\theta} > 0$, 当 $\|x - x_0\| < \hat{\theta}$ 时, 有

$$|F(x) - F(x_0)| < \varepsilon.$$

因此

$$0 < F(x_0) - \varepsilon < F(x).$$

从而 $x \in K(f, k)$, 于是 $x_0 \in \text{int } K(f, k)$. □

定义1.2.5 C 是 X 的凸集, $x_0 \in C$, K 是 X 的凸锥, 若 $(K + x_0) \cap C = \{x_0\}$, 则称 $K + x_0$ 在 x_0 处支撑 C.

引理1.2.3 如果 K 是 X 的真凸锥, $\text{int } K \neq \varnothing$, 且 $K + x_0$ 在 x_0 处支撑 C, 则存在 $f \in X^*$ 及 $c \in \mathbb{R}$, 满足 $\{x \in X : f(x) = c\}$ 在 x_0 点支撑 C.

证明 如果 $K+x_0$ 在 x_0 支撑凸集 C 且 K 是 X 的真凸锥, 则 θ 不是 K 的内点, 从而 x_0 不是 $K+x_0$ 的内点, 由于 $\text{int}(K+x_0)\neq\varnothing$, 且 $\text{int}(K+x_0)\cap C=\varnothing$, 由 Mazur 分离定理, 存在 $f\in X^*$, 使

$$\sup_{x\in C}f(x)\leqslant \inf_{x\in K+x_0}f(x).$$

因为 $x_0\in C\cap(K+x_0)$,

$$\sup_{x\in C}f(x)=f(x_0)=\inf_{x\in K+x_0}f(x),$$

于是 $\{x\in X:f(x)=f(x_0)\}$ 在 x_0 支撑 C. □

引理1.2.4 设 C 为 X 的闭凸集, $k>1$, $f\in X^*$, 满足

$$\sup\{f(x):x\in C\}<+\infty,$$

则对 $\forall z\in C$, 存在 $x_z\in C$, 满足 $(K(f,k)+x_z)\cap C=\{x_z\}$.

证明 令 $x_1=z, C_1=C\cap(x_1+K(f,k))$, 取 $x_2\in C_1$, 使 $f(x_2)\geqslant \sup\{f(x):x\in C_1\}-1$, 令 $C_2=C\cap(x_2+K(f,k))$; 取 $x_3\in C_2$, 使 $f(x_3)\geqslant \sup\{f(x):x\in C_2\}-\frac{1}{2}$, $C_3=C\cap(x_3+K(f,k))$, $\cdots$, 如此下去, 得到一列 $\{x_n\}_{n=1}^\infty$, 满足

(1) $x_{n+1}\in C_n$;
(2) $f(x_{n+1})\geqslant \sup\{f(x):x\in C_n\}-\frac{1}{n}$;
(3) 令 $C_{n+1}=C\cap(x_{n+1}+K(f,k))$.

从而得到单调递减的闭凸集列 $\{C_n\}_{n=1}^\infty$. 易得, $C_{n+1}\subset C_n$. 事实上, $x_{n+1}\in C_n\subset x_n+K(f,k)$, 故 $x_{n+1}+K(f,k)\subset x_n+K(f,k)+K(f,k)\subset x_n+K(f,k)$, 故 $C_{n+1}\subset C_n$.

下证 $\text{diam}\,C_n\to 0$: 事实上, 若 $y\in C_{n+1}$, 则 $y\in x_{n+1}+K(f,k)$, 故 $y-x_{n+1}\in K(f,k)$, 从而 $f(y)\leqslant \sup f(C_{n+1})\leqslant \sup f(C_n)$, 且 $\|y-x_{n+1}\|\leqslant kf(y-x_{n+1})\leqslant k(\sup f(C_n)-f(x_{n+1}))<\frac{k}{n}$, 于是

$$\text{diam}(C_{n+1})\leqslant \frac{2k}{n}\to 0,\quad n\to\infty.$$

从而由 Cantor 闭集套定理, 存在 $x_z\in\bigcap_{n=1}^\infty C_n$, 有 $x_z\in C_1\subset z+K(f,k)$, 且对一切 $n\geqslant 1$, 有 $x_z\in C_n=C\cap(x_n+K(f,k))$, 故 $x_z+K(f,k)\subset x_n+K(f,k)$ 对一切 $n\geqslant 1$ 成立. 因此

$$(x_z+K(f,k))\cap C\subset C_n\quad(n=1,2,\cdots),$$

从而 $(x_z + K(f,k)) \cap C = \{x_z\}$.

定义1.2.6 称 $x_0 \in C$ 是 C 的支撑点是指, 存在 $f \in X^*$, 满足

$$f(x_0) = \sup\{f(x) : x \in C\}.$$

定理1.2.5(Bishop-Phelps第一定理) 设 C 是 X 中的闭凸集, 则 C 的支撑点在 C 的边界上是稠密的.

证明 任取 $z \in \partial C$, 对 $\forall \varepsilon > 0$, 取 $y \in (X \backslash C) \cap B(z, \frac{\varepsilon}{2})$, 存在 $\hat{\theta} > 0$, 满足 $B(y, \hat{\theta}) \cap C = \varnothing$. 于是由分离定理, 存在 $f \in S(X^*)$, 使得

$$\sup\{f(x) : x \in C\} \leqslant \inf\{f(u) : u \in B(y, \hat{\theta})\} < +\infty,$$

于是 $\sup\{f(x) : x \in C\} < +\infty$. 则由引理1.2.4, 对上述 $z \in \partial C$, 存在 $x_z \in C$, 满足 $(K(f,2) + x_z) \cap C = \{x_z\}$, 即 $\sup\{f(x) : x \in C\} = f(x_z)$, 且 $x_z - z \in K(f, 2)$, 所以有

$$\|x_z - z\| \leqslant 2f(x_z - z) \leqslant 2f(y - z) \leqslant 2\|f\|\|y - z\| < \varepsilon.$$

引理1.2.6 假设 $\varepsilon > 0$, $f, g \in S(X^*)$, 且满足对任意 $x \in \mathrm{Ker}(f) \cap B(X)$, 有 $|g(x)| \leqslant \frac{\varepsilon}{2}$, 则或者 $\|f + g\| \leqslant \varepsilon$, 或者 $\|f - g\| \leqslant \varepsilon$.

证明 令 $h = g|_{\mathrm{Ker}(f)}$, 则 $h \in (\mathrm{Ker}(f))^*$, $\|h\| \leqslant \frac{\varepsilon}{2}$. 由 Hahn-Banach 定理, h 可保范延拓到 X, 记为 $\hat{h}$. 于是当 $x \in \mathrm{Ker}(f)$ 时, 有 $g(x) - \hat{h}(x) = 0$, 即 $\mathrm{Ker}(f) \subset \mathrm{Ker}(g - \hat{h})$. 由引理 1.1.1, 存在 $\alpha \in \mathbb{R}$, 使

$$g - \hat{h} = \alpha f, \quad \|g - \hat{h}\| = |\alpha|.$$

于是

$$|1 - |\alpha|| = |\|g\| - \|g - \hat{h}\|| \leqslant \|\hat{h}\| \leqslant \frac{\varepsilon}{2}.$$

如果 $\alpha > 0$, 则

$$\|f - g\| = \|(1 - \alpha)f - \hat{h}\| \leqslant |1 - \alpha| + \|\hat{h}\| \leqslant \varepsilon;$$

如果 $\alpha \leqslant 0$, 同理有 $\|f + g\| \leqslant \varepsilon$.

引理1.2.7 设 $0 < \varepsilon < 1$, $f, g \in S(X^*)$, $k > 1 + \frac{2}{\varepsilon}$, 若 g 在 $K(f, k)$ 上非负, 则 $\|f - g\| \leqslant \varepsilon$.

证明 首先验证当 $x \in \mathrm{Ker}(f)$ 时, 有 $|g(x)| < \frac{\varepsilon}{2}$.

由已知, $k > 1 + \frac{2}{\varepsilon}$, 存在 $x \in S(X)$, 使

$$f(x) > \frac{1}{k}\left(1 + \frac{2}{\varepsilon}\right).$$

若 $y \in \mathrm{Ker}(f) \cap B(X)$,则
$$\left\|x \pm \frac{2}{\varepsilon}y\right\| \leqslant \left(1 + \frac{2}{\varepsilon}\right) < kf(x) = kf\left(x \pm \frac{2}{\varepsilon}y\right).$$

因此 $x \pm \frac{2}{\varepsilon}y \in K(f,k)$,于是 $g(x \pm \frac{2}{\varepsilon}y) \geqslant 0$,且 $|g(y)| \leqslant \frac{\varepsilon}{2}$.

于是由引理 1.2.6 知,或者 $\|f+g\| \leqslant \varepsilon$,或者 $\|f-g\| \leqslant \varepsilon$.

下证 $\|f+g\| \leqslant \varepsilon$ 是不可能的. 事实上,选取 $z \in S(X)$,使 $f(z) \geqslant \max\{\frac{1}{k}, \varepsilon\}$,则 $z \in K(f,k)$,$g(z) \geqslant 0$,$f(z) > \varepsilon$,从而
$$\|f+g\| \geqslant (f+g)(z) > \varepsilon.$$

故必有 $\|f-g\| \leqslant \varepsilon$. □

定理1.2.8(Bishop-Phelps第二定理) 设 C 是 X 的有界闭凸集,那么在 C 上达到其最大值的线性连续泛函全体在 X^* 中稠,即
$$A(C) = \{f \in X^*: 存在 x_0 \in C, 满足 f(x_0) = \sup\{f(x): x \in C\}\}$$
在 X^* 中稠.

证明 往证对 $\forall \varepsilon > 0$ 及 $f \in S(X^*)$,都存在 $g \in A(C)$,满足 $\|f-g\| \leqslant \varepsilon$.

不妨设 $\theta \in C$,设 $0 < \varepsilon < 1$,取 $k > 1 + \frac{2}{\varepsilon} > 1$,由引理 1.2.4,存在 $x_0 \in C$,使得
$$(K(f,k) + x_0) \cap C = \{x_0\}.$$
由分离定理,存在 $g \in S(X^*)$,满足
$$\sup_{x \in C} g(x) = g(x_0) = \inf_{x \in K(f,k)+x_0} g(x) = \inf_{x \in K(f,k)} g(x) + g(x_0).$$

于是 $\inf_{x \in K(f,k)} g(x) = 0$,即 $K(f,k)$ 上,$g(x) \geqslant 0$. 由引理 1.2.7,有 $\|f-g\| \leqslant \varepsilon$,即 $g \in A(C)$. □

1.3 Krein-Milman 定理

定义1.3.1 设 A 为 X 的凸子集,$E \subset A$,若
$$z = \lambda x + (1-\lambda)y, \quad 0 < \lambda < 1, \quad x, y \in A,$$
且 $z \in E$ 蕴含 $x, y \in E$,则称 E 为 A 的端子集. 若 E 为 A 的端子集,且 $E = \{x_0\}$,则称 x 为 A 的端点,A 的端点的全体记为 $\mathrm{Ext}(A)$.

引理1.3.1 设 A 是 X 的凸子集,$E \subset B \subset A$ 满足,B 是 A 的端子集,E 是 B 的端子集,则 E 是 A 的端子集.

证明 设 $x,y\in A$，$\lambda\in(0,1)$，
$$z=\lambda x+(1-\lambda)y\in E,$$
由 B 是 A 的端子集，$E\subset B$，有 $x,y\in B$；又由 E 是 B 的端子集，有 $x,y\in E$. □

引理1.3.2 设 A 是 X 的凸子集，E 是 A 的端子集，则
$$\mathrm{Ext}(E)=\mathrm{Ext}(A)\cap E.$$

证明 一方面，显然有 $\mathrm{Ext}(E)\supseteq\mathrm{Ext}(A)\cap E$.

另一方面，对 $\forall x\in\mathrm{Ext}(E)$，有 $\{x\}$ 是 A 的端子集，又 E 是 A 的端子集，由引理1.3.1，有 $\{x\}$ 是 A 的端子集，故 $x\in\mathrm{Ext}(A)$，于是 $\mathrm{Ext}(E)\subseteq\mathrm{Ext}(A)\cap E$. □

引理1.3.3 若 X 是局部凸空间，A 是 X 的紧凸子集，对 $x^*\in X^*$，定义
$$\|x^*\|_A=\sup\{x^*(x):x\in A\},$$
则 $\{x\in A:x^*(x)=\|x\|\}$ 为 A 的端子集.

证明 记 $E=\{x\in A:x^*(x)=\|x\|\}$. 由于 A 是紧凸集，故 $E\neq\varnothing$.

对 $z\in E$，$z=\lambda x+(1-\lambda)y$，$x,y\in A$，有
$$\|x^*\|=x^*(z)=\lambda x^*(x)+(1-\lambda)x^*(y)\leqslant\lambda\|x^*\|+(1-\lambda)\|x^*\|=\|x^*\|,$$
所以 $x^*(x)=x^*(y)=\|x^*\|$，即 $x,y\in E$. □

引理1.3.4(Krein-Milman定理) 设 X 是局部凸空间，C 是 X 的紧凸子集，则
$$C=\overline{\mathrm{co}}(\mathrm{Ext}(C)).$$

证明 (1) 首先证明 $\mathrm{Ext}(C)\neq\varnothing$.

设 $F=\{K\subseteq C:K\text{ 为 }C\text{ 的闭凸端子集}\}$，由于 $C\in F$，故 $F\neq\varnothing$. 在 F 中建立偏序"$\leqslant$"为：$\forall\ A,B\in F$，规定
$$A\leqslant B\Leftrightarrow A\supseteq B,$$
则 $(F,\leqslant)$ 是偏序集. 对于 F 的任意良序集列 $\{A_n\}_{n=1}^{\infty}\subset F$，有 $\bigcap\limits_{n=1}^{\infty}A_n$ 是 $\{A_n\}_{n=1}^{\infty}$ 的最大元，于是由 Zorn 引理，$(F,\leqslant)$ 有极大元，记其为 F_0，下证 F_0 是单点集.

若不然, 不妨设 $x_1, x_2 \in F_0$, $x_1 \neq x_2$, 由分离定理, 存在 $x^* \in X^*$, 满足 $x^*(x_1) < x^*(x_2)$. 令

$$F_1 = \{y \in F_0 : x^*(y) = \sup\{x^*(z) : z \in F_0\}\},$$

则 x_1 不属于 F_1, 故 $F_1 \subset F_0$. 由引理 1.3.3 知, F_1 是 C 的端子集, 故 $F_1 \in F$, 这与 F_0 是 F 的极大元矛盾, 故 F_0 是单点集. 设 $F_0 = \{y_0\}$, 则 y_0 为 C 的端点, 即 $\text{Ext}(C) \neq \varnothing$.

(2) 下面证明 $C = \overline{\text{co}}(\text{Ext}(C))$.

一方面, $C \supseteq \overline{\text{co}}(\text{Ext}(C))$, 显然成立.

另一方面, 若存在 $x_0 \in C \setminus \overline{\text{co}}(\text{Ext}(C))$, 对 x_0 与 $\overline{\text{co}}(\text{Ext}(C))$ 应用分离定理, 存在 $x^* \in X^*$, 满足

$$\sup\{x^*(y) : y \in \overline{\text{co}}(\text{Ext}(C))\} < x^*(x_0).$$

令 $F_2 = \{x \in C : x^*(x) = \sup\{x^*(z) : z \in C\}\}$, 则 $F_2 \cap \overline{\text{co}}(\text{Ext}(C)) = \varnothing$, 且 F_2 为 C 的紧凸端子集, 由 (1) 证明知, $\text{Ext}(F_2) \neq \varnothing$, 且

$$\text{Ext}(F_2) \subseteq \text{Ext}(C) \subseteq C,$$

$$\text{Ext}(F_2) = \text{Ext}(C) \cap F_2 = \varnothing,$$

这与 $\text{Ext}(F_2) \neq \varnothing$ 矛盾, 故 $C = \overline{\text{co}}(\text{Ext}(C))$. $\square$

推论1.3.5 设 X 是 Banach 空间, 则 $\text{Ext}(B(X^*))$ 分离 X.

证明 因为 $B(X^*)$ 是 X^* 的弱*紧凸集, 则

$$B(X^*) = \overline{\text{co}}^{w^*}(\text{Ext}(B(X^*))). \tag{1.3.1}$$

对任意 $x \in X$, $x \neq \theta$, 则由 Hahn-Banach 定理知, 存在 $x^* \in S(X^*)$, 满足 $x^*(x) = \|x\| > 0$. 由 (1.3.1) 式知, 存在 $\{x_i^*\}_{i=1}^m \subset \text{Ext}(B(X^*))$, 使得

$$\left| x^*(x) - \sum_{i=1}^m \lambda_i x_i^*(x) \right| < \frac{\|x\|}{2}.$$

于是存在 $i_0, 1 \leqslant i_0 \leqslant m$, 使得 $x_{i_0}^*(x) \neq 0$, 得证. $\square$

定义1.3.2 设 X 是 Banach 空间, 称 X 具有 Krein-Milman 性质, 是指对 X 的任何一个有界闭凸集 A, 均有 $A = \overline{\text{co}}(\text{Ext}(A))$. 称 $x \in A$ 为 Krein-Milman 点是指 $x \in \overline{\text{co}}(\text{Ext}(A))$.

若 A 的每一点都是 Krein-Milman 点, 则 $A = \overline{\text{co}}(\text{Ext}(A))$, 即 A 具有 Krein-Milman 性质.

注1.3.6 若 X 是自反的 Banach 空间, 则 X 具有 Krein-Milman 性质.

证明 因为 X 是自反的 Banach 空间, 则对 X 的任意有界闭凸集 A, 有 A 是弱紧的, 于是 $A = \overline{\mathrm{co}}^w(\mathrm{Ext}(A))$. 由 Mazur 定理, 有

$$A = \overline{\mathrm{co}}^w(\mathrm{Ext}(A)) = \overline{\mathrm{co}}(\mathrm{Ext}(A)).$$
□

推论1.3.7 设 X 是 Banach 空间, 若对于 X 的任何有界闭凸集 C, 均有 $\mathrm{Ext}(C) \neq \varnothing$, 则 X 具有 Krein-Milman 性质.

证明 设 C 为 X 的有界闭凸集, 有 $\mathrm{Ext}(C) \neq \varnothing$, 往证: $C = \overline{\mathrm{co}}(\mathrm{Ext}(C))$.

事实上, 若存在 $x_0 \in C \setminus \overline{\mathrm{co}}(\mathrm{Ext}(C))$, 则由分离定理, 存在 $f \in S(X^*)$, 使得

$$\sup\{f(x): x \in \overline{\mathrm{co}}(\mathrm{Ext}(C))\} < f(x_0).$$

又由 Bishop-Phelps 定理, 存在 $g \in A(C)$, 且 $\|g\| = 1$, 满足

$$\sup\{g(x): x \in \overline{\mathrm{co}}(\mathrm{Ext}(C))\} < g(x_0).$$

因为 $g \in A(C)$, 则存在 $x_1 \in C$, 使得 $g(x_1) = \max\{g(y): y \in C\}$. 显然有

$$\sup\{g(x): x \in \overline{\mathrm{co}}(\mathrm{Ext}(C))\} < g(x_1).$$

令 $F = \{x \in C: g(x) = g(x_1)\}$, 则 $F \neq \varnothing$, 且为 C 的端子集, $\mathrm{Ext}(F) = F \cap \mathrm{Ext}(C)$. 又由于 F 为有界闭凸集, 由假设有 $\mathrm{Ext}(F) \neq \varnothing$, 而 $F \cap \mathrm{Ext}(C) = \varnothing$.
□

1.4 Choquet 定理

设 X 是局部凸空间, K 是 X 的紧凸集, 本节讨论如何用测度论的方法表示紧凸集中的元.

引理1.4.1 设 K 是 X 的紧凸集, 则 $\mathrm{Ext}(K)$ 是可测集.

证明 令 $K_n = \{x \in K: x = \frac{y+z}{2}, y, z \in K, \|y-z\| \geqslant \frac{1}{n}\}$, 则 K_n 是闭集, 且

$$\bigcup_{n=1}^{\infty} K_n = K \setminus \mathrm{Ext}(K).$$

于是 $\mathrm{Ext}(K)$ 是 $G_{\hat{\delta}}$ 集, 从而是可测集.
□

记 $A(K) = \{f \in X^*: f(x) = x^*(x) + r, x^* \in X^*, r \in \mathbb{R}\}$, 且对任意 $f \in C(K)$, 定义 $\hat{f}$ 为

$$\hat{f}(x) = \inf\{g(x): g \in A(K), g \geqslant f\}.$$

1.4 Choquet 定理

引理1.4.2 $\widehat{f}$ 具有下列性质:
(1) $\widehat{f}$ 是有界凹函数;
(2) 若 $f_1 \leqslant f_2$, 则 $\widehat{f_1} \leqslant \widehat{f_2}$;
(3) $\widehat{f} \geqslant f$;
(4) $|\widehat{f}(x)| \leqslant \|f\|$;
(5) $\widehat{f_1 + f_2} \leqslant \widehat{f_1} + \widehat{f_2}$;
(6) 对任意 $\lambda \geqslant 0$, 有 $\lambda\widehat{f} = \widehat{\lambda f}$.

证明略.

定义 $P: C(K) \to \mathbb{R}$, 满足 $P_x(f) := P(f)(x) = \widehat{f}(x)$.

引理1.4.3 存在 K 上严格凸连续函数 $h(x)$, 满足

$$B_h(K) = \{x \in K : h(x) = \widehat{h}(x)\} \subseteq \mathrm{Ext}(K).$$

证明 因为 K 是紧凸集, 故 $C(K)$ 是可分的 Banach 空间, 于是 $A(K) \subseteq C(K)$ 也是可分的, 从而存在 $\{g_n\} \subseteq A(K) \cap S(X^*)$ 分离 K 中的点.

令 $h(x) = \sum\limits_{n=1}^{\infty} \frac{1}{2^n} g_n^2(x)$. 由 $\{g_n\}$ 分离 K 中的点知, $h(x)$ 为 K 上的严格凸连续函数. 若 x 不是 K 的端点, 则存在 $y, z \in K$, $y \neq z$, 使得 $x = \frac{y+z}{2}$, 于是

$$h(x) = h\left(\frac{y+z}{2}\right) < \frac{1}{2}(h(y)+h(z)) \leqslant \frac{1}{2}(\widehat{h}(y)+\widehat{h}(z)) \leqslant \widehat{h}\left(\frac{y+z}{2}\right) = \widehat{h}(x),$$

则 $x \notin B_h(K)$, 即 $B_h(K) \subseteq \mathrm{Ext}(K)$. □

定理1.4.4(Choquet定理) 设 X 是局部凸赋准范线性空间, K 是 X 的紧凸集, 则对于任意 $x_0 \in K$, 都存在定义在 $\mathrm{Ext}(K)$ 上的概率测度 μ_{x_0}, 满足

$$x^*(x_0) = \int_K x^*(x) \mathrm{d}\mu_{x_0}, \quad \forall x^* \in X^*.$$

证明 设 $X_0 = \mathrm{span}\{A(K), h\}$, 显然 X_0 是 $C(K)$ 的子空间, 定义 $f_{x_0}: X_0 \to \mathbb{R}$ 为

$$f_{x_0}(g + \lambda h) = f_{x_0}(g) + f_{x_0}(\lambda h) = P(g)(x_0) + \lambda P(h)(x_0) = P_{x_0}(g) + \lambda P_{x_0}(h),$$

则 f 是 X_0 上的线性泛函, 且有 $f_{x_0}(g+\lambda h) \leqslant P_{x_0}(g+\lambda h)$. 于是由 Hahn-Banach 定理, f_{x_0} 可延拓到 $C(K)$ 上, 记为 $\widetilde{f}_{x_0}$, 仍有

$$\widetilde{f}_{x_0}(g) \leqslant P_{x_0}(g) = \widehat{g}(x_0), \quad \forall g \in C(K),$$

$$\widetilde{f}_{x_0}(g) = f_{x_0}(g), \quad \forall g \in X_0.$$

由 Riesz 表现定理, 存在 K 上的测度 μ_{x_0}, 满足

$$\widetilde{f}_{x_0}(u) = \int_K u(x)\mathrm{d}\mu_{x_0}, \quad \forall u \in C(K).$$

于是当 $x^* \in X^*$ 时,

$$\widetilde{f}_{x_0}(x^*) = \int_K x^*(x_0)\mathrm{d}\mu_{x_0} = P_x(x^*) = x^*(x_0).$$

令 $u = 1$, 则 $u \in A(K)$, 即 $1 = \int_K \mathrm{d}\mu_{x_0} = \mu_{x_0}(K)$, 故 μ_{x_0} 是概率测度. 因为

$$\int_K (\widehat{h}-h)(x)\mathrm{d}\mu_{x_0} = \int_{B_h(K)} (\widehat{h}-h)(x)\mathrm{d}\mu_{x_0} + \int_{K\backslash B_h(K)} (\widehat{h}-h)(x)\mathrm{d}\mu_{x_0}$$
$$= \int_{K\backslash B_h(K)} (\widehat{h}-h)(x)\mathrm{d}\mu_{x_0} \geqslant 0,$$
$$\int_K h(x)\mathrm{d}\mu_{x_0} = P_{x_0}(h) = \widehat{h}(x_0),$$

又 $\int_K \widehat{h}(x)\mathrm{d}\mu_{x_0} \leqslant \widehat{h}(x_0)$, 所以

$$\int_{K\backslash B_h(K)} (\widehat{h}-h)(x)\mathrm{d}\mu_{x_0} \geqslant 0.$$

于是有 $\int_{K\backslash B_h(K)} (\widehat{h}-h)(x)\mathrm{d}\mu_{x_0} = 0$, 从而 $\mu(K\backslash B_h(K)) = 0$. 于是由引理1.4.3, 有 $\mu_{x_0}(\mathrm{Ext}(K)) = 1$. □

推论1.4.5(Rain-Water定理) 设 X 是赋范线性空间, $\{x_n\}_{n=1}^\infty \subseteq X$, $x_0 \in X$, 则 $x_n \xrightarrow{w} x_0$ 的充要条件是对任意 $f \in \mathrm{Ext}(B(X^*))$, 有 $f(x_n) \to f(x_0)$.

证明 必要性显然, 只需证明充分性.

设 $\|x_n\| \leqslant M$. 由于 $B(X^*)$ 是弱*紧凸集, 记为 $K = (B(X^*), \sigma(X^*, X))$. 对任意 $f \in C(K)$, $\|f\| = \max\{|f(x^*)| : x^* \in B(x^*)\}$, 易证 $C(K)$ 在该范数下是 Banach 空间.

设 $Q: X \to C(K)$ 定义为

$$Q_x(x^*) = x^*(x), \quad \forall x^* \in B(X^*),$$

则 Q 是从 X 到 $C(K)$ 上的等距算子, 于是存在一个概率测度 μ, 使得 $\mu(\mathrm{Ext}(K)) = 1$, 且

$$x_0^*(x) = \int_{\mathrm{Ext}(K)} Q_x(x^*)\mathrm{d}\mu, \quad \forall x_0^* \in X^*.$$

任取 $f \in \text{Ext}(K)$，$f(x_n) \to f(x)$，于是 $Q_{x_n}(f) \xrightarrow{\mu} Q_x(f)$，且

$$|Q_{x_n}(x^*)| \leqslant M, \quad \forall x^* \in B(X^*).$$

由 Lebesges 控制收敛定理有，对 $\forall x^* \in X^*$，

$$\lim_{n \to \infty} x^*(x_n) = \lim_{n \to \infty} \int_{\text{Ext}(K)} Q_{x_n}(x^*) \mathrm{d}\mu = \int_{\text{Ext}(K)} Q_{x_0}(x^*) \mathrm{d}\mu = x^*(x_0),$$

所以 $x_n \xrightarrow{w} x_0$. $\square$

1.5 James 定理

设 X 是 Banach 空间，那么对每个 $f \in X^*$，由 Hahn-Banach 定理，存在 $F \in X^{**}$，$\|F\| = 1$，$F(f) = \|f\|$；若 X 为自反的，则有 $x \in X$，使 $F = Jx$，即 $f(x) = \|f\|$，即 f 在 X 的闭单位球上达到它的范数. 1957 年，James 证明如果 X 是可分的 Banach 空间，X 上每个线性连续泛函 f 都在 X 的闭单位球上达到最大值，那么 X 自反. 1964 年，James 又去掉了空间可分性这一限制.

引理1.5.1 设 X 是 Banach 空间，$0 < \theta < 1$，$\{f_n\} \subset B(X^*)$，对任意 $f \in \text{co}\{f_n\}$，有 $\|f\| \geqslant \theta$，又设 $\lambda_n > 0$，$\sum_{n=1}^{\infty} \lambda_n = 1$，那么必存在 $\alpha : \theta \leqslant \alpha \leqslant 1$ 及序列 $\{g_n\}$ 使得

(i) $g_n \in \overline{\text{co}}\{f_n, f_{n+1}, \cdots\}$；
(ii) $\left\| \sum_{n=1}^{\infty} \lambda_n g_n \right\| = \alpha$；
(iii) 对每个 n，$\left\| \sum_{i=1}^{n} \lambda_i g_i \right\| < \alpha \left(1 - \theta \sum_{i=n+1}^{\infty} \lambda_i \right)$.

证明 选取 $\varepsilon_n > 0$，使

$$\sum_{n=1}^{\infty} \frac{\lambda_n \varepsilon_n}{(\sum_{i=n+1}^{\infty} \lambda_i)(\sum_{i=n}^{\infty} \lambda_i)} < 1 - \theta.$$

现构造 $\{g_n\}$ 如下：设

$$\alpha_1 = \inf\{\|g\| : g \in \text{co}\{f_n\}_{n=1}^{\infty}\},$$

则 $\theta \leqslant \alpha_1 \leqslant 1$；且对 ε_1，存在 $g_1 \in \text{co}\{f_n\}$，使 $\alpha_1 \leqslant \|g_1\| < \alpha_1(1 + \varepsilon_1)$.
令

$$\alpha_2 = \inf\left\{ \left\| \lambda_1 g_1 + \left(\sum_{i=2}^{\infty} \lambda_i \right) g \right\| : g \in \text{co}\{f_2, f_3, \cdots\} \right\},$$

则 $\theta \leqslant \alpha_1 \leqslant \alpha_2 \leqslant 1$. 对 $\varepsilon_2 > 0$, 存在 $g_2 \in \mathrm{co}\{f_2, f_3, \cdots\}$, 使

$$\alpha_2 \leqslant \left\| \lambda_1 g_1 + \left(\sum_{i=2}^{\infty} \lambda_i\right) g_2 \right\| < \alpha_2(1+\varepsilon_2).$$

如此继续下去, 得到一序列 $\{g_n\} \subset B(X^*)$ 及 $\{\alpha_n\}$, 并且满足

(1) $g_n \in \mathrm{co}\{f_n, f_{n+1}, \cdots\}$;

(2) $\alpha_n = \inf \left\{ \left\| \sum_{i=1}^{n-1} \lambda_i g_i + \left(\sum_{i=n}^{\infty} \lambda_i\right) g \right\| : g \in \{f_n, f_{n+1}, \cdots\} \right\}$, 且 $\theta \leqslant \alpha_n \leqslant \alpha_{n+1} \to \alpha = \left\| \sum_{n=1}^{\infty} \lambda_n g_n \right\| \leqslant 1$;

(3) $\alpha_n \leqslant \left\| \sum_{i=1}^{n-1} \lambda_i g_i + \left(\sum_{i=n}^{\infty} \lambda_i\right) g_n \right\| \leqslant (1+\varepsilon_n)\alpha_n$.

下面证 (iii) 成立: 事实上

$$\begin{aligned}
\left\| \sum_{i=1}^{n} \lambda_i g_i \right\| &= \left\| \frac{\sum_{i=n}^{\infty} \lambda_i}{\sum_{i=n}^{\infty} \lambda_i} \sum_{i=1}^{n-1} \lambda_i g_i + \frac{\sum_{i=n}^{\infty} \lambda_i}{\sum_{i=n}^{\infty} \lambda_i} \lambda_n g_n \right\| \\
&= \left\| \frac{\lambda_n + \sum_{i=n+1}^{\infty} \lambda_i}{\sum_{i=n}^{\infty} \lambda_i} \sum_{i=1}^{n-1} \lambda_i g_i + \frac{\lambda_n}{\sum_{i=n}^{\infty} \lambda_i} \left(\sum_{i=n}^{\infty} \lambda_i\right) g_n \right\| \\
&\leqslant \frac{\lambda_n}{\sum_{i=n}^{\infty} \lambda_i} \left\| \sum_{i=1}^{n-1} \lambda_i g_i + \left(\sum_{i=n}^{\infty} \lambda_i\right) g_n \right\| + \frac{\sum_{i=n+1}^{\infty} \lambda_i}{\sum_{i=n}^{\infty} \lambda_i} \left\| \sum_{i=1}^{n-1} \lambda_i g_i \right\| \\
&< \frac{\lambda_n}{\sum_{i=n}^{\infty} \lambda_i} \alpha_n (1+\varepsilon_n) + \frac{\sum_{i=n+1}^{\infty} \lambda_i}{\sum_{i=n}^{\infty} \lambda_i} \left\| \sum_{i=1}^{n-1} \lambda_i g_i \right\| \\
&= \left(\sum_{i=n+1}^{\infty} \lambda_i\right) \left[\frac{\lambda_n \alpha_n (1+\varepsilon_n)}{\left(\sum_{i=n}^{\infty} \lambda_i\right)\left(\sum_{i=n+1}^{\infty} \lambda_i\right)} + \frac{1}{\sum_{i=n}^{\infty} \lambda_i} \left\| \sum_{i=1}^{n-1} \lambda_i g_i \right\| \right].
\end{aligned}$$

在上式中以 $n-1$ 代 n 得到

$$\left\| \sum_{i=1}^{n-1} \lambda_i g_i \right\| < \left(\sum_{i=n}^{\infty} \lambda_i\right) \left[\frac{\lambda_{n-1} \alpha_{n-1}(1+\varepsilon_{n-1})}{\left(\sum_{i=n-1}^{\infty} \lambda_i\right)\left(\sum_{i=n}^{\infty} \lambda_i\right)} + \frac{1}{\sum_{i=n-1}^{\infty} \lambda_i} \left\| \sum_{i=1}^{n-2} \lambda_i g_i \right\| \right].$$

因此

$$\begin{aligned}
\left\| \sum_{i=1}^{n} \lambda_i g_i \right\| &< \left(\sum_{i=n+1}^{\infty} \lambda_i\right) \left[\frac{\lambda_n \alpha_n (1+\varepsilon_n)}{\left(\sum_{i=n}^{\infty} \lambda_i\right)\left(\sum_{i=n+1}^{\infty} \lambda_i\right)} \right. \\
&\quad \left. + \frac{\lambda_{n-1} \alpha_{n-1}(1+\varepsilon_{n-1})}{\left(\sum_{i=n-1}^{\infty} \lambda_i\right)\left(\sum_{i=n}^{\infty} \lambda_i\right)} + \frac{1}{\sum_{i=n-1}^{\infty} \lambda_i} \left\| \sum_{i=1}^{n-2} \lambda_i g_i \right\| \right].
\end{aligned}$$

以此迭代, 得到

$$\left\|\sum_{i=1}^{n}\lambda_i g_i\right\| < \left(\sum_{i=n+1}^{\infty}\lambda_i\right)\left(\sum_{k=1}^{n}\frac{\lambda_k \alpha_k(1+\varepsilon_k)}{\left(\sum_{i=k}^{\infty}\lambda_i\right)\left(\sum_{i=k+1}^{\infty}\lambda_i\right)}\right)$$

$$\leqslant \alpha\left(\sum_{i=n+1}^{\infty}\lambda_i\right)\sum_{k=1}^{n}\frac{\lambda_k(1+\varepsilon_k)}{\left(\sum_{i=k}^{\infty}\lambda_i\right)\left(\sum_{i=k+1}^{\infty}\lambda_i\right)}$$

$$\leqslant \alpha\left(\sum_{i=n+1}^{\infty}\lambda_i\right)\left[\sum_{k=1}^{n}\frac{\lambda_k}{\left(\sum_{i=k}^{\infty}\lambda_i\right)\left(\sum_{i=k+1}^{\infty}\lambda_i\right)}+(1-\theta)\right]$$

$$=\alpha\left(\sum_{i=n+1}^{\infty}\lambda_i\right)\left[\sum_{k=1}^{n}\left(\frac{1}{\sum_{i=k+1}^{\infty}\lambda_i}-\frac{1}{\sum_{i=k}^{\infty}\lambda_i}\right)+(1-\theta)\right]$$

$$=\alpha\left(\sum_{i=n+1}^{\infty}\lambda_i\right)\left[\frac{1}{\sum_{i=n+1}^{\infty}\lambda_i}-\frac{1}{\sum_{i=1}^{\infty}\lambda_i}+(1-\theta)\right]$$

$$=\alpha\left(\sum_{i=n+1}^{\infty}\lambda_i\right)\left(\frac{1}{\sum_{i=n+1}^{\infty}\lambda_i}-\theta\right)$$

$$=\alpha\left[1-\theta\left(\sum_{i=n+1}^{\infty}\lambda_i\right)\right].$$

因此 (iii) 成立. □

引理1.5.2 设 $\{x_n\}\subset X$, 满足 $x_n\xrightarrow{w}0$, 而 $y_n\in\mathrm{co}\{x_n,x_{n+1},\cdots\}$, 则 $y_n\xrightarrow{w}0$.

证明 对任意 $\varepsilon>0$ 及 $f\in X^*$, 由 $x_n\xrightarrow{w}0$, 存在 $N_0\in\mathbb{N}$, 当 $n\geqslant N_0$ 时, 有 $|f(x_n)|<\varepsilon$. 则对上述 ε 及 N_0, 当 $n\geqslant N_0$ 时,

$$|f(y_n)|=\left|f\left(\sum_{i=n}^{m_n}\lambda_i^{(n)}x_i\right)\right|=\left|\sum_{i=n}^{m_n}\lambda_i^{(n)}f(x_i)\right|\leqslant\sum_{i=n}^{m_n}\lambda_i^{(n)}\varepsilon=\varepsilon.$$

故 $y_n\xrightarrow{w}0$. □

引理1.5.3 设 X 为可分的 Banach 空间, 则下述叙述等价:

(1) X 非自反.

(2) 若 $0<\theta<1$, 则存在一列 $\{f_n\}\subset B(X^*)$, 使得对任意 $f\in\mathrm{co}\{f_n\}$, 有 $\|f\|\geqslant\theta$, 且 $f_n\xrightarrow{w}0\ (n\to\infty)$.

(3) 对于 $\sum\limits_{n=1}^{\infty}\lambda_n=1$, $\lambda_n>0$, $0<\theta<1$, 存在 $\theta\leqslant\alpha\leqslant 1$ 及一列 $\{g_n\}\subset B(X^*)$, 满足

(i) $g_n\in\mathrm{co}\{f_i\}_{i=n}^{\infty}$, $g_n\xrightarrow{w^*}0\ (n\to\infty)$;

(ii) $\left\|\sum_{n=1}^{\infty}\lambda_n g_n\right\|=\alpha$;

(iii) 并且对每个 n , 有 $\|\sum_{i=1}^{n}\lambda_i g_i\|<\alpha\left(1-\theta\sum_{i=n+1}^{\infty}\lambda_i\right)$;

(iv) 存在 $f\in X^*$, 其范数不可达.

证明 (1) $\Rightarrow$ (2) 由于 X 是非自反的 Banach 空间, 则 $J(X)$ 是 X^{**} 的真闭子空间, 于是对于 $0<\theta<1$, 存在 $F\in S(X^{**})$, 满足 $d(F,J(X))>\theta$, 于是 $\frac{\theta}{d(F,J(X))}<1$. 取 $\varepsilon>0$, 满足 $\frac{\theta}{d(F,J(X))}<1-\varepsilon$.

因为 X 可分, 故存在 X 的可数稠子集 $\{x_n\}$. 令 $c_1=c_2=\cdots=c_{n-1}=0$, $c_n=\theta$, 对任意实数 $\alpha_1,\alpha_2,\cdots,\alpha_n$, 有

$$\left|\sum_{i=1}^{n}\alpha_i c_i\right|=|\alpha_n|\theta=|\alpha_n|\frac{\theta}{d(F,JX)}d(F,JX)$$
$$\leqslant|\alpha_n|\frac{\theta}{d(F,JX)}\left\|F+\sum_{i=1}^{n-1}\frac{\alpha_i}{\alpha_n}Jx_i\right\|$$
$$=\frac{\theta}{d(F,JX)}\left\|\alpha_n F+\sum_{i=1}^{n-1}\alpha_i Jx_i\right\|.$$

由 Helley 定理, 存在 $f_n\in S(X^*)$, 使

$$f_n(x_i)=c_i,\quad i=1,2,\cdots,n.$$

如此得到 $\{f_n\}\subset B(X^*)$, 满足

对 $\forall f\in\mathrm{co}\{f_n\}$, 存在 $\lambda_i\geqslant 0$, 使得 $\sum_{i=1}^{n}\lambda_i=1$, $f=\sum_{i=1}^{n}\lambda_i f_i$, 于是

$$\|f\|\geqslant F(f)=\sum_{i=1}^{n}\lambda_i F(f_i)=\theta.$$

又由于 $\{x_n\}$ 在 X 中稠, $\forall x\in S(X)$, $\forall\varepsilon>0$, 存在 $n_0\in\mathbb{N}$, 满足 $\|x-x_{n_0}\|<\varepsilon$, 且对于 x_i , 有 $f_n(x_i)=0$ $(n>i)$, 于是当 $n>n_0$ 时, 有

$$|f_n(x)|=|f_n(x-x_{n_0})+f_n(x_{n_0})|\leqslant\|f_n\|\|x-x_{n_0}\|<\varepsilon.$$

所以 $f_n\xrightarrow{w^*}0$ $(n\to\infty)$.

(2) $\Rightarrow$ (3) 直接引用引理 1.5.1, 引理 1.5.2 可推出.

(3) $\Rightarrow$ (4) 令 $f=\sum_{n=1}^{\infty}\lambda_n g_n$, 则对任意 $x\in S(X)$, 由 $g_n\xrightarrow{w^*}0$, 存在 n_0 , 满

足当 $n \geqslant n_0$ 时, 有 $|g_n(x)| < \alpha\theta$. 于是

$$|f(x)| = \left|\sum_{n=1}^{\infty} \lambda_n g_n(x)\right| < \left|\sum_{i=1}^{n_0} \lambda_i g_i(x)\right| + \alpha\theta \sum_{i=n_0+1}^{\infty} \lambda_i$$

$$\leqslant \left\|\sum_{i=1}^{n_0} \lambda_i g_i\right\| + \alpha\theta \sum_{i=n_0+1}^{\infty} \lambda_i$$

$$< \alpha\left(1 - \theta \sum_{i=n_0+1}^{\infty} \lambda_i\right) + \alpha\theta \sum_{i=n_0+1}^{\infty} \lambda_i$$

$$= \alpha,$$

故 f 在 $S(X)$ 上达不到它的范数.

(4) $\Rightarrow$ (1) 显然. $\square$

由定理 1.5.3, 在 X 可分的条件下, X 自反的充分必要条件是对每个 $f \in X^*$, 其范数均在闭单位球上可达. 当 X 不可分时为证结论也成立, 引入下述记号:

设 $\{\varphi_n\}$ 为 X^* 中有界序列, 满足

$$L(\varphi_n) = \left\{w \in X^* : \forall x \in X, \varliminf_{n\to\infty} \varphi_n(x) \leqslant w(x) \leqslant \varlimsup_{n\to\infty} \varphi_n(x)\right\}.$$

引理 1.5.4 设 X 是 Banach 空间, $0 < \theta < 1$, $\{f_n\} \subset X^*, \|f_n\| \leqslant 1$, 假设对任意 $f \in \mathrm{co}\{f_n\}$ 及 $w \in L(f_n)$, 有 $\|f - w\| \geqslant \tau$, 则对 $\lambda_n > 0, \sum_{n=1}^{\infty} \lambda_n = 1$, 存在 $\theta \leqslant \alpha \leqslant 2$ 及 $\{g_n\} \subset U(X^*)$, 对每个 $w \in L(g_n)$, $\left\|\sum_{n=1}^{\infty} \lambda_n(g_n - w)\right\| = \alpha$, 并且

$$\left\|\sum_{i=1}^{n} \lambda_i(g_i - w)\right\| < \alpha\left(1 - \theta \sum_{i=n+1}^{\infty} \lambda_i\right).$$

证明 选取 $\varepsilon_n > 0$, 使得

$$\sum_{n=1}^{\infty} \frac{\lambda_n \varepsilon_n}{\left(\sum_{i=n+1}^{\infty} \lambda_i\right)\left(\sum_{i=n}^{\infty} \lambda_i\right)} < 1 - \theta. \tag{1.5.1}$$

设 $\Psi_i^{(0)} = f_i$ $(i = 1, 2, \cdots)$, 令

$$\alpha_1 = \inf\{\sup[\|g - w\| : w \in L(\varphi_k)] : g \in \mathrm{co}\{\Psi_n^{(0)}\}, \varphi_k \in \mathrm{co}\{\Psi_k^{(0)}, \Psi_{k+1}^{(0)}, \cdots\},$$
$$k \geqslant 1\}$$

由下确界的定义, 选 $g_1 \in \mathrm{co}\{\Psi_n^{(0)}\}$ 及一列 $\{\varphi_k^{(1)}\}, \varphi_k^{(1)} \in \mathrm{co}\{\Psi_k^{(0)}, \Psi_{k+1}^{(0)}, \cdots\}$ ($k = 1, 2, \cdots$), 使

$$\alpha_1 \leqslant \sup\{\|g_1 - w\| : w \in L(\varphi_k^{(1)}), k \geqslant 1\} < \alpha_1(1 + \varepsilon_1).$$

取 $w' \in L(\varphi_k^{(1)})$, 使
$$\alpha_1(1-\varepsilon_1) < \|g_1 - w'\| < \alpha_1(1+\varepsilon_1).$$

令 $\overline{x} \in X, \|\overline{x}\| \leqslant 1$, 使
$$\alpha_1(1-\varepsilon_1) < (g_1 - w')(\overline{x}).$$

由于 $\varliminf\limits_{n\to\infty} \varphi_k^{(1)}(\overline{x}) \leqslant w'(\overline{x}) \leqslant \varlimsup\limits_{n\to\infty} \varphi_k^{(1)}(\overline{x})$, 所以存在 $\{\varphi_k^{(1)}\}$ 的子列 $\{\Psi_i^{(1)}\}$, 使对每个 $w \in L(\Psi_i^{(1)})$, 有
$$\lim_{k\to\infty} \varphi_k^{(1)}(\overline{x}) = \lim_{i\to\infty} \Psi_i^{(1)}(\overline{x}) = w(\overline{x}) \leqslant w'(\overline{x}).$$

以 w 代替上面的 w' 得到
$$\alpha_1(1-\varepsilon_1) < (g_1 - w)(\overline{x}), \quad w \in L(\varphi_k^{(1)}).$$

设
$$\alpha_2 = \inf\left\{\sup\left[\left\|\lambda_1 g_1 + \left(\sum_{i=2}^{\infty}\lambda_i\right)g - w\right\| : w \in L(\varphi_k)\right] : \right.$$
$$\left. g \in \operatorname{co}\{\Psi_k^{(1)}\}_{k\geqslant 2}, \varphi_k \in \operatorname{co}\{\Psi_k^{(1)}, \Psi_{k+1}^{(1)}, \cdots\}_{k\geqslant 1}\right\},$$

同理, 存在 $g_2 \in \operatorname{co}\{\Psi_k^{(1)}\}_{k\geqslant 2}$ 及序列 $\{\varphi_k^{(2)}\}, \varphi_k^{(2)} \in \operatorname{co}\{\Psi_k^{(1)}, \Psi_{k+1}^{(1)}, \cdots\}$ ($k = 1, 2, \cdots$), 使
$$\alpha_2 \leqslant \sup\left\{\left\|\lambda_1 g_1 + \left(\sum_{i=2}^{\infty}\lambda_i\right)g_2 - w\right\| : w \in L(\varphi_k^{(2)}), k \geqslant 1\right\} < \alpha_2(1+\varepsilon_2).$$

选取 $w' \in L(\varphi_k^{(2)})$, 使
$$\alpha_2(1-\varepsilon_2) < \left\|\lambda_1 g_1 + \left(\sum_{i=2}^{\infty}\lambda_i\right)g_2 - w'\right\| < \alpha_2(1+\varepsilon_2).$$

又有 $\overline{x} \in X, \|\overline{x}\| \leqslant 1$, 使
$$\alpha_2(1-\varepsilon_2) < \left(\lambda_1 g_1 + \left(\sum_{i=2}^{\infty}\lambda_i\right)g_2 - w'\right)(\overline{x}).$$

如上选取 $\{\varphi_k^{(2)}\}$ 的子列 $\{\Psi_i^{(2)}\}$, 使对每个 $w \in L(\Psi_i^{(2)})$, 有
$$\lim_{k\to\infty} \varphi_k^{(2)}(\overline{x}) = \lim_{i\to\infty} \Psi_i^{(2)}(\overline{x}) = w(\overline{x}) \leqslant w'(\overline{x}).$$

如此下去, 一般地, 令

$$\alpha_n = \inf\left\{\sup\left[\left\|\sum_{i=1}^{n-1}\lambda_i g_i + \left(\sum_{i=n}^{\infty}\lambda_1\right)g - w\right\| : w \in L(\varphi_k)\right] : \right.$$
$$\left. g \in \operatorname{co}\{\Psi_k^{(n-1)}\}_{k \geq n}, \varphi_k \in \operatorname{co}\{\Psi_k^{(n-1)}, \Psi_{k+1}^{(n-1)}, \cdots\}, k \geq n\right\}.$$

选取 $g_n \in \operatorname{co}\{\Psi_k^{(n-1)}\}_{k \geq n}$ 及序列 $\{\varphi_k^{(n)}\} \subset \operatorname{co}\{\Psi_k^{(n-1)}, \Psi_{k+1}^{(n-1)}, \cdots\}(k = 1, 2, \cdots)$, 使得

$$\alpha_n \leq \sup\left\{\left\|\sum_{i=1}^{n-1}\lambda_i g_i + \left(\sum_{i=n}^{\infty}\lambda_i\right)g_n - w\right\| : w \in L(\varphi_k^{(n)})\right\} < \alpha_n(1 + \varepsilon_n).$$

然后选 $w' \in L(\varphi_k^{(n)})$, 使得

$$\alpha_n(1 - \varepsilon_n) < \left\|\sum_{i=1}^{n-1}\lambda_i g_i + \left(\sum_{i=n}^{\infty}\lambda_i\right)g_n - w'\right\| < \alpha_n(1 + \varepsilon_n). \qquad (1.5.2)$$

再取 $\overline{x} \in X, \|\overline{x}\| \leq 1$, 使得

$$\alpha_n(1 - \varepsilon_n) < \sum_{i=1}^{n-1}\lambda_i g_i(\overline{x}) + \left(\sum_{i=n}^{\infty}\lambda_i\right)g_n(\overline{x}) - w'(\overline{x}). \qquad (1.5.3)$$

由于 $\liminf_{k \to \infty} \varphi_k^{(n)}(\overline{x}) \leq w'(\overline{x})$, 故有 $\{\varphi_k^{(n)}\}_{k \geq 1}$ 的子列 $\{\Psi_i^{(n)}\}_{i \geq 1}$, 使对每个 $w \in L(\Psi_i^{(n)})$, 有

$$\lim_{k \to \infty}\varphi_k^{(n)}(\overline{x}) = \lim_{i \to \infty}\Psi_i^{(n)}(\overline{x}) = w(\overline{x}) \leq w'(\overline{x}).$$

因此, 在 (1.5.3) 式中可用 w 代替上 w'.

下面证明 $\{g_n\}$ 满足引理的要求.

事实上, 由于对每个 $i \geq 1, L(g_n) \subset L(\varphi_i^{(n)})$ 及 (1.5.2) 式, 有

$$\alpha_n(1 - \varepsilon_n) < \left\|\sum_{i=1}^{n-1}\lambda_i g_i + \left(\sum_{i=n}^{\infty}\lambda_i\right)g_n - w\right\| < \alpha_n(1 + \varepsilon_n) \qquad (1.5.4)$$

对一切 $w \in L(g_n)$ 成立.

显然, 对一切 $n \geq 1, \|g_n\| \leq 1$, 从而当 $g \in \operatorname{co}\{g_n\}$ 时, $\|g\| \leq 1$. 因此, 当 $w \in L(g_n)$ 时, $\|w\| \leq 1$, 所以有 $\alpha_n \leq 2$. 易知, $\theta \leq \alpha_1 \leq \alpha_2 \leq \cdots \leq 2$, 从而极限 $\alpha = \lim_{n \to \infty}\alpha_n$ 存在, 且满足

$$\theta \leq \alpha = \left\|\sum_{n=1}^{\infty}\lambda_n(g_n - w)\right\| \leq 2.$$

最后估计 $\left\|\sum\limits_{i=1}^{\infty}\lambda_i(g_i-w)\right\|$.

在引理 1.5.1 中,将 g_i 换成 g_i-w,得到

$$\left\|\sum_{i=1}^{\infty}\lambda_i(g_i-w)\right\|<\alpha\left(1-\theta\sum_{i=n+1}^{\infty}\lambda_i\right).$$

□

定理1.5.5 设 X 是 Banach 空间,则下述命题等价:

(1) X 为非自反的;

(2) 假设 $0<\theta<1$,则存在序列 $\{f_n\}\subset X^*,\|f_n\|\leqslant 1$,及 X 的子空间 X_0,对一切 $f\in\operatorname{co}\{f_n\}$ 及 $w\in X_0^\perp=\{w\in X^*:w(x)=0,x\in X_0\}$ 有 $\|f-w\|\geqslant\theta$ 且对每一个 $x\in X_0$,有

$$f_n(x)\to 0\quad(n\to\infty);$$

(3) 假设 $0<\theta<1,\lambda_n>0,\sum\limits_{n=1}^{\infty}\lambda_n=1$,则存在 $\alpha,\tau\leqslant\alpha\leqslant 2$ 及序列 $\{g_n\}\subset X^*,\|g_n\|\leqslant 1$,使对每个 $w\in L(g_n)$,有 $\left\|\sum\limits_{n=1}^{\infty}\lambda_n(g_n-w)\right\|=\alpha$ 并且

$$\left\|\sum_{i=1}^{\infty}\lambda_i(g_i-w)\right\|<\alpha\left(1-\theta\sum_{i=n+1}^{\infty}\lambda_i\right);$$

(4) 存在 $f\in X^*$,在 X 的闭单位球上达不到它的范数.

证明 (1) $\Rightarrow$ (2) 因 X 不自反,故 X 有不自反的可分子空间 X_0. 事实上,因 X 不自反,则 X 的闭单位球 $U(X)$ 非弱紧,从而存在 $\{x_n\}\subset U(X)$,使 $\{x_n\}$ 无弱收敛的子列,令 $X_0=\overline{\operatorname{span}}\{x_n\}$,则 X_0 为非自反的子空间.

对于 X_0 应用定理 1.5.3,可得一列 $\{f_n\}\subset X^*,\|f_n\|\leqslant 1$,对每个 $x\in X_0, f_n(x)\to 0\ (n\to\infty)$,且对一切 $f\in\operatorname{conv}\{f_n\}$,有 $\|f\|_{X_0^*}\geqslant\tau$,于是对每个 $f\in\operatorname{conv}\{f_n\}$ 及 $w\in X_0^\perp$,有

$$\|f-w\|\geqslant\|f-w\|_{X_0^*}=\|f\|_{X_0^*}\geqslant\theta.$$

(2) $\Rightarrow$ (3) 由引理 1.5.4 立即可得.

(3) $\Rightarrow$ (4) 如下选取 $\{\lambda_n\}:\lambda_n>0,\sum\limits_{n=1}^{\infty}\lambda_n=1$,且 $0<\hat{\theta}<\frac{\theta^2}{2}$,使对一切 n 有 $\lambda_{n+1}<\hat{\theta}\lambda_n$;由 (3),对于 $w\in L(g_n)$,令 $f=\sum\limits_{n=1}^{\infty}\lambda_n(g_n-w)$,则 $f\in X^*$,下面证 f 在 $U(X)$ 上达不到它的范数.

事实上, 任取 $x \in U(X)$, 则对一切 $w \in L(g_n), \lim\limits_{i \to \infty} g_i(x) \leqslant w(x)$, 因为 $\theta \leqslant \alpha$ 故必存在 n, 使得

$$(g_{n+1} - w)(x) < \theta^2 - 2\hat{\theta} \leqslant \alpha\theta - 2\hat{\theta}.$$

但是

$$\begin{aligned}
|f(x)| &= \left| \sum_{n=1}^{\infty} \lambda_n (g_n - w)(x) \right| \\
&< \left| \sum_{i=1}^{n} \lambda_i (g_i - w)(x) \right| + (\alpha\theta - 2\hat{\theta})\lambda_{n+1} + \sum_{i=n+2}^{\infty} \lambda_i (g_i - w)(x) \\
&\leqslant \left\| \sum_{i=1}^{n} \lambda_i (g_i - w) \right\| + (\alpha\theta - 2\hat{\theta})\lambda_{n+1} + 2\sum_{i=n+2}^{\infty} \lambda_i \\
&< \alpha \left(1 - \theta \sum_{i=n+1}^{\infty} \lambda_i \right) + (\alpha\theta - 2\hat{\theta})\lambda_{n+1} + 2\hat{\theta} \sum_{i=n+1}^{\infty} \lambda_i \\
&= \alpha + (2\hat{\theta} - \alpha\theta) \sum_{i=n+1}^{\infty} \lambda_i + (\alpha\theta - 2\hat{\theta})\lambda_{n+1} \\
&= \alpha - (\alpha\theta - 2\hat{\theta}) \sum_{i=n+2}^{\infty} \lambda_i \\
&< \alpha,
\end{aligned}$$

但 $\alpha = \left\| \sum_{i=1}^{\infty} \lambda_i (g_i - w) \right\| = \|f\|$, 从而 f 在 $U(X)$ 上达不到它的范数.

(4) $\Rightarrow$ (1) 显然. $\square$

推论1.5.6 Banach 空间是自反的充要条件有界集是弱序列紧的.

证明 必要性. 任取 X 的有界序列 $\{x_n\}$. 令 $X_0 = \text{span}\{x_n\}$, 则 X_0 是 X 的可分子空间. 又 X 自反, 故 X_0 也是自反的. 于是由 $\{x_n\}$ 是弱*序列紧的, 从而是弱序列紧的.

充分性. 任取 $f \in S(X^*)$, 则存在 $\{x_n\} \subset S(X)$, 满足 $f(x_n) \to \|f\|$, $x_{n_i} \xrightarrow{w} x_0$,

$$\|x_0\| \leqslant \lim_{i \to \infty} \|x_{n_i}\| = 1,$$

$f(x_{n_i}) \to f(x_0) = \|f\|$. 由 James 引理知, X 自反. $\square$

1.6 超 幂

超幂技巧已经成为处理 Banach 空间几何问题的一个重要工具. 下面介绍一

些关于超幂的基本结果.

定义1.6.1 设 I 是一给定集合, 非空的子集族 $\mathcal{F} \subseteq 2^I$ 称为滤子, 满足

(i) 若 $A \in \mathcal{F}$ 且 $A \subseteq B \subseteq I$, 则 $B \in \mathcal{F}$;

(ii) 若 $A, B \in \mathcal{F}$, 则 $A \cap B \in \mathcal{F}$.

注1.6.1 若存在 $i_0 \in I$ 使得任意的 $U \in \mathcal{U}$, 都有 $i_0 \in U$, 则称滤子 $\mathcal{U}$ 为平凡滤子, 否则称为非平凡滤子.

注1.6.2 若滤子 $\mathcal{F} \neq 2^I$, 则称 $\mathcal{F}$ 为真滤子. 其等价条件还有: $\varnothing \notin \mathcal{F}$; 或者 $\mathcal{F}$ 具有有限交性质, 即有限个滤子元素的交非空.

定义1.6.2 滤子 $\mathcal{U}$ 称为超滤子, 是指 $\mathcal{U}$ 关于 I 上滤子序包含关系是最大的, 即若 $\mathcal{U} \subseteq \mathcal{F}$, 且 $\mathcal{F}$ 为 I 上真滤子, 则 $\mathcal{F} = \mathcal{U}$.

由 Zorn 引理知, 每一个滤子都可以扩展成为一个超滤子. 关于超滤子, 有下面的等价表述.

引理1.6.3 $\mathcal{U}$ 为 I 上的超滤子当且仅当对任意的 $A \subseteq I$ 或者 $A \in \mathcal{U}$ 或者 $I \backslash A \in \mathcal{U}$.

由前面引理容易得到: (1) 对于超滤子 $\mathcal{U}$, 若 $A_1 \cup A_2 \cup \cdots \cup A_n \in \mathcal{U}$, 则集合 $A_1, A_2, \cdots, A_n$ 中至少有一个属于 $\mathcal{U}$; (2) 超滤子 $\mathcal{U}$ 是非平凡的, 当且仅当 $\mathcal{U}$ 不包含含有有限元素的子集. 从而, 通常假设滤子和超滤子是非平凡的.

定义1.6.3 设 $\mathcal{U}$ 为 I 上的超滤子, $(x_n)_{i \in I} \subseteq X$. 则

$$\lim_{\mathcal{U}} x_i = x_0,$$

是指若对任意的 x_0 的邻域 V 都有 $\{i \in I : x_i \in V\} \in \mathcal{U}$.

关于超滤子 $\mathcal{U}$ 的极限是唯一的. 并且若 I 取为自然数集 $\mathbb{N}$, (x_n) 为有界序列, 则

$$\liminf_n x_n \leqslant \lim_{\mathcal{U}} x_n \leqslant \limsup_n x_n.$$

进一步, 若 $C \subset X$ 为有界闭集, 且 $(x_i)_{i \in I} \subseteq C$, 则 $\lim_{\mathcal{U}} x_i$ (若存在) 属于 C.

注1.6.4 设 $\mathcal{U}$ 为超滤子, $(x_n) \subset X$. 若 $\lim_{\mathcal{U}} x_n = x$, 则序列 (x_n) 存在子列收敛于 x.

利用超滤子刻画紧性, 可以得到下面的定理.

定理1.6.5 X 是紧的当且仅当对任意的 $(x_i)_{i \in I} \subset X$ 以及超滤子 $\mathcal{U}$ 都有 $\lim_{\mathcal{U}} x_i$ 存在.

关于超滤子的收敛与一般的收敛性是类似的, 特别地, 有下面命题.

命题1.6.6 设 $\mathcal{U}$ 为 I 上的超滤子, $(x_i)_{i \in I}, (y_i)_{i \in I} \subset X$, 若 $\lim_{\mathcal{U}} x_i$ 和 $\lim_{\mathcal{U}} y_i$ 存在, 则有

$$\lim_{\mathcal{U}} (x_i + y_i) = \lim_{\mathcal{U}} x_i + \lim_{\mathcal{U}} y_i \quad \text{且} \quad \lim_{\mathcal{U}} \alpha x_i = \alpha \lim_{\mathcal{U}} x_i, \quad \forall \alpha \in \mathbb{R}.$$

接下来, 定义 Banach 空间的超幂空间. 设 X 为 Banach 空间, $\mathcal{U}$ 为 $\mathbb{N}$ 上的超滤子. 考虑空间

$$\ell_\infty(X) := \left\{ x = (x_n)_{n\in\mathbb{N}} \subset X : \sup_{1\leqslant i<\infty} \|x_i\| < \infty \right\}.$$

容易验证, $\ell_\infty(X)$ 赋以范数

$$\|(x_n)\|_\infty = \sup_{1\leqslant i<\infty} \|x_i\|$$

构成 Banach 空间. 令

$$\mathcal{N}_\mathcal{U}(X) = \left\{ x = (x_n) \in \ell_\infty(X) : \lim_\mathcal{U} \|x_n\| = 0 \right\}.$$

定义1.6.4 Banach 空间 X 关于超滤子 $\mathcal{U}$ 的超幂空间 $\tilde{X}$ 定义为如下的商空间:

$$\tilde{X} := \ell_\infty(X)/\mathcal{N}_\mathcal{U}(X).$$

于是, $\tilde{X}$ 中的元即为 X 中有界序列 (x_n) 的等价类 $[(x_n)]$. 注意到序列 (x_n) 与 (y_n) 是等价的, 当且仅当 $\lim_\mathcal{U} \|x_n - y_n\| = 0$. $\tilde{X}$ 上的范数 $\|\cdot\|_\mathcal{U}$ 为通常的商范数, 即对于 $\tilde{x} = [(x_n)] \in \tilde{X}$, 有

$$\|\tilde{x}\|_\mathcal{U} = \inf \left\{ \|(x_n + y_n)\|_\infty : (y_n) \in \mathcal{N}_\mathcal{U}(X) \right\}.$$

由于 $\{\|x_n\|\} \subset \mathbb{R}$ 有界, 故极限 $\lim_\mathcal{U} \|x_n\|$ 总是存在. 而且有下面的命题.

命题1.6.7 $\|\tilde{x}\|_\mathcal{U} = \lim_\mathcal{U} \|x_n\|$.

证明 设 $\tilde{x} = [(x_n)] \in \tilde{X}$, 则 $\tilde{x} = \{(x_n + y_n) : (y_n) \in \mathcal{N}_\mathcal{U}(X)\}$. 因此, 对于 $(y_n) \in \mathcal{N}_\mathcal{U}(X)$, 有

$$\lim_\mathcal{U} \|x_n\| = \lim_\mathcal{U} |\|x_n\| - \|y_n\|| \leqslant \lim_\mathcal{U} \|x_n + y_n\| \leqslant \|(x_n + y_n)\|_\infty.$$

这就证明了 $\lim_\mathcal{U} \|x_n\| \leqslant \|\tilde{x}\|_\mathcal{U}$.

下面证明相反的不等式. 令 $\varepsilon > 0$, 以及

$$I = \{ n \in \mathbb{N} : \|x_n\| \leqslant \lim_\mathcal{U} \|x_n\| + \varepsilon \}.$$

显然, 存在足够大的 $n_0 \in \mathbb{N}$ 使得 $\mathcal{U}$ 在 n_0 之后都落在 I 里面. 定义 $(y_n) \in \ell_\infty(X)$ 如下

$$y_n = \begin{cases} -x_n, & n \notin I, \\ 0, & n \in I. \end{cases}$$

则 $\lim_\mathcal{U} y_n = 0$. 从而

$$\|\tilde{x}\|_\mathcal{U} \leqslant \|(x_n+y_n)\|_\infty = \sup_n \|(x_n+y_n)\| = \sup_{n\in I} \|x_n\| \leqslant \lim_\mathcal{U} \|x_n\| + \varepsilon.$$

由 ε 的任意性, 得到 $\|\tilde{x}\|_\mathcal{U} \leqslant \lim_\mathcal{U} \|x_n\|$. □

命题 1.6.8 若 X 是 Banach 空间, 则 $\tilde{X}$ 是 Banach 空间.

证明 设 $\{\tilde{x}_k\}_{k=1}^\infty$ 为 $\tilde{X}$ 中的 Cauchy 列. 提取子列, 不妨设

$$\|\tilde{x}_k - \tilde{x}_{k-1}\|_\mathcal{U} < \frac{1}{2^k}, \quad k=1,2,\cdots.$$

令 $\tilde{u}_1 = \tilde{x}_1, \tilde{u}_2 = \tilde{x}_2 - \tilde{x}_1, \cdots, \tilde{u}_k = \tilde{x}_k - \tilde{x}_{k-1}$, 则对任意的 $k=1,2,\cdots$, 都有 $\tilde{x}_k = \sum_{j=1}^k \tilde{u}_j$ 且 $\|\tilde{u}_k\|_\mathcal{U} < 1/2^k$. 对每一个 k, 考虑 $\tilde{u}_k$ 的等价类形式 $[(u_n^{(k)})]$. 进一步, 由于 $\|\tilde{u}_k\|_\mathcal{U} = \lim_\mathcal{U} \|u_n^{(k)}\| < 1/2^k$. 构造 $(v_n^{(k)}) \in [(u_n^{(k)})]$, 若 $\|u_n^{(k)})\| < 1/2^k$, 令 $v_n^{(k)} = u_n^{(k)}$; 否则, 令 $v_n^{(k)} = 0$.

注意到 $\lim_\mathcal{U} \|u_n^{(k)} - v_n^{(k)}\| = 0$, 从而对任意的 $n \geqslant 1$, 都有 $\|v_n^{(k)}\| < 1/2^k$. 故可推得对每一个 n, 序列 $\{\sum_{j=1}^k v_n^{(j)}\}_{k=1}^\infty$ 是 X 中的 Canchy 列, 从而它有极限 $u_n \in X$ (实际上, 令 $w_k = \sum_{j=1}^k v_n^{(j)}$, $k=1,2,\cdots$, 则 $\|w_{k+1} - w_k\| = \|v_n^{(k+1)}\| < 1/2^{k+1}$, 从而, $\sum_{k=1}^\infty \|w_{k+1} - w_k\| < \infty$).

令 $\tilde{u} = [(u_n)]$. 下面证明 $\lim_{k\to\infty} \|\tilde{x}_k - \tilde{u}\|_\mathcal{U} = 0$. 设 $k < m$, 则

$$\left\|\sum_{j=1}^k v_n^{(j)} - \sum_{j=1}^m v_n^{(j)}\right\| = \left\|\sum_{j=k+1}^m v_n^{(j)}\right\| \leqslant \sum_{j=k+1}^m \|v_n^{(j)}\| < \frac{1}{2^k}.$$

令 $m \to \infty$, 可得

$$\left\|\sum_{j=1}^k v_n^{(j)} - u_n\right\| \leqslant \frac{1}{2^k}.$$

但是

$$\sum_{j=1}^k (v_n^{(j)}) \in \sum_{j=1}^k [(u_n^{(j)})] = \sum_{j=1}^k \tilde{u}_j = \tilde{x}_k.$$

从而

$$\lim_\mathcal{U} \left\|\sum_{j=1}^k v_n^{(j)} - u_n\right\| = \|\tilde{x}_k - \tilde{u}\|_\mathcal{U} \leqslant \frac{1}{2^k}.$$

因此, $\{\tilde{x}_k\}$ 收敛于 $\tilde{u}$. □

注 1.6.9 映射 $\mathcal{J}: X \to \tilde{X}$ 定义如下

$$\mathcal{J}(x) := [(x)] := [(x_n)], \text{ 其中 } x_n = x, \forall n \in \mathbb{N},$$

是 X 到 $\tilde{X}$ 的同构嵌入. 利用映射 $\mathcal{J}$, 可得 X 与 $\mathcal{J}(X)$ 对等 (同构), 而 $\mathcal{J}(X)$ 是 $\tilde{X}$ 的子空间. 通常忽略映射 $\mathcal{J}$, 简单地称 X 为 $\tilde{X}$ 的子空间.

定义1.6.5 设 X, Y 为 Banach 空间, 则 X 到 Y 的 Banach-Mazur 距离定义为

$$d(X, Y) = \inf\{\|T\|\|T\|^{-1} : T \text{ 为从 } X \text{ 到 } Y \text{ 的同构映射}\}.$$

若 X 与 Y 不同构, 则规定 $d(X, Y) = \infty$.

定义1.6.6 称 X 在 Y 中有限表示, 是指对任意的 $\varepsilon > 0$ 和 X 的有限维子空间 X_0, 存在 Y 的子空间 Y_0 满足 Y_0 与 X_0 维数相同, 且 $d(X_0, Y_0) < 1 + \varepsilon$.

定理1.6.10 $\tilde{X}$ 在 X 中有限表示.

证明 设 $\tilde{X}_0$ 为 $\tilde{X}$ 的有限维子空间, 记为 m 维. 取 $\{\tilde{x}^1, \tilde{x}^2, \cdots, \tilde{x}^m\}$ 为 $\tilde{X}_0$ 单位代数基. 对每个 $j = 1, 2, \cdots, m$, 令 $\tilde{x}^j = [(x_n^j)]$, 注意到 $\|\tilde{x}^j\|_\mathcal{U} = \lim_\mathcal{U} \|x_n^j\| = 1$, 不妨假设 $\|x_n^j\| \leqslant 2, \forall n \in \mathbb{N}$.

对每个 $n \in \mathbb{N}$, 令 X_n 为由 $\{x_n^1, \cdots, x_n^m\}$ 生成的子空间, 并定义线性映射 $T_n : \tilde{X}_0 \to X_n$ 为 $T_n(\tilde{x}^j) = x_n^j, j = 1, 2, \cdots, m$, 并线性延拓到整个 $\tilde{X}_0$. 从而, 对于 $\tilde{x} = \sum_{j=1}^m \lambda_j \tilde{x}^j \in \tilde{X}_0$, 令

$$T_n(\tilde{x}) = \sum_{j=1}^m (T_n \lambda_j \tilde{x}^j) = \sum_{j=1}^m \lambda_j T_n(\tilde{x}^j) = \sum_{j=1}^m \lambda_j x_n^j \in X_n.$$

由有限表示的定义, 只需证明, 对任意的 $\varepsilon > 0$, 存在 $n \in \mathbb{N}$, 使得 T_n 是从 $\tilde{X}_0$ 到 X_n 的线性同构且满足

$$(1 - \varepsilon)\|\tilde{x}\|_\mathcal{U} \leqslant \|T_n(\tilde{x})\| \leqslant (1 + \varepsilon)\|\tilde{x}\|_\mathcal{U}, \quad \forall \tilde{x} \in \tilde{X}_0.$$

由 T_n 的定义知, $\|T_n\| \leqslant 2K$, 其中

$$K = \max\left\{\sum_{j=1}^m |\lambda_j| : \left\|\sum_{j=1}^m \lambda_j \tilde{x}^j\right\|_\mathcal{U} = 1\right\}.$$

对任意的 $\tilde{x} = \sum_{j=1}^m \lambda_j \tilde{x}^j \in \tilde{X}_0$, 有

$$\|\tilde{x}\|_\mathcal{U} = \left\|\sum_{j=1}^m \lambda_j \tilde{x}^j\right\|_\mathcal{U} = \left\|\sum_{j=1}^m \lambda_j [(x_n^j)]\right\|_\mathcal{U} = \lim_\mathcal{U} \left\|\sum_{j=1}^m \lambda_j x_n^j\right\| = \lim_\mathcal{U} \|T_n \tilde{x}\|.$$

从而

$$N_{\tilde{x}} = \left\{n \in \mathbb{N} : \big|\|T_n \tilde{x}\| - \|\tilde{x}\|_\mathcal{U}\big| \leqslant \frac{\varepsilon}{2}\|\tilde{x}\|\right\} \in \mathcal{U}.$$

现在, 令 $\hat{\theta} = \varepsilon/(4K+2) > 0$. 选取 $\tilde{y}^1, \tilde{y}^2, \cdots, \tilde{y}^k$ 为 $\tilde{X}_0$ 单位球面的有限 $\hat{\theta}$-网. 令
$$N_0 = \bigcap_{i=1}^{k} N_{\tilde{y}^i},$$
则 $N_0 \neq \emptyset$. 对任意的 $\tilde{x} \in \tilde{X}_0$ 且 $\|\tilde{x}\| = 1$, 有

$$\begin{aligned}|\|T_n\tilde{x}\| - \|\tilde{x}\|_{\mathcal{U}}| &\leqslant \min_{i=1,\cdots,k}\left(\|T_n(\tilde{x} - \tilde{y}^i)\| + \|\tilde{x} - \tilde{y}^i\|_{\mathcal{U}} + |\|T_n(\tilde{y}^i)\| - \|\tilde{y}^i\|_{\mathcal{U}}|\right)\\ &\leqslant (2K+1)\hat{\theta} + \frac{\varepsilon}{2} = \varepsilon.\end{aligned}$$

注意到 T_n 是线性的, 定理得证. □

最后, 引入一个重要的定理, 在后面的内容中将会用到.

定理1.6.11[108] 若 X 是超自反的, 则 $(\tilde{X})^* = \tilde{X^*}$. 确切地说, 即每个线性泛函 $\tilde{f} \in (\tilde{X})^*$ 可以写成 $\tilde{f} = [(f_n)] \in \tilde{X^*}$, 且有 $\tilde{f}(\tilde{x}) = \lim_{\mathcal{U}} f_n(x_n), \forall \tilde{x} \in \tilde{X}$.

第 2 章 与不动点有关的几何性质

不动点问题最早是由德国数学家 L. E. Brouwer 在 1912 年运用度理论在拓扑学的基础上, 证明了关于连续单值映射的一个著名的不动点定理. 后来 Schauder, Kakutani 等人又相继对 Brouwer 的结果进行了推广.

20 世纪初, Banach 提出了著名的 Banach 压缩映象原理. Banach 压缩映象的一种自然推广是非扩张映射, 关于非扩张映射不动点理论得到一个重要结果属于 R. de Marr, 他得出了著名的 Kakutani-Markov 不动点定理的一个有趣推广. 此后不久, Brouwer, Kirk, Petryshyn 等分别讨论了定义在空间中的有界闭凸集上的非扩张映象的不动点的存在性.

2.1 预备知识

若 X 是 Banach 空间, $D \subseteq X$, 称映射 $T: D \to X$ 为非扩张映射是指对任意 $x, y \in D$ 有

$$\|Tx - Ty\| \leqslant \|x - y\|.$$

称 Banach 空间 X 具有不动点性质 (FPP) 是指定义在 X 上的每个非空有界闭凸子集的非扩张自映射具有不动点. 称 Banach 空间 X 具有弱不动点性质 (WFPP) 是指定义在 X 上的每个弱紧凸子集的非扩张自映射具有不动点.

称 Banach 空间 X, 或者更一般的, X 的闭凸子集 K, 具有 (弱) 正规结构是指对 K 的任意 (弱紧) 有界的凸子集 H, H 不是单点集, 存在 $x_0 \in H$ 使得

$$\sup\{\|x_0 - x\| : x \in H\} < \text{diam}(K) = \sup\{\|x - y\| : x, y \in H\},$$

其中 x_0 称为非直径点.

定义2.1.1 设 C 是 X 中的弱紧凸子集, $T: X \to X$, 称 C 是 T 的最小不变子集是指 C 中不存在有界闭凸真子集 A 满足 $T(A) \subset A$.

定义2.1.2 设 (X, d) 是一距离空间, $T: X \to X$, 序列 $\{x_n\} \subseteq X$ 称为 T 的渐近不动点序列 (afps) 是指当 $n \to \infty$, 有 $d(x_n, Tx_n) \to 0$.

定义2.1.3 X 中序列 $\{x_n\}$ 的渐近半径和渐近中心是指对 X 的子集 B 定

义

$$r_a(\{x_n\}, B) = \inf\{\limsup_{n\to\infty} \|x_n - y\| : y \in B\},$$

$$z_a(\{x_n\}, B) = \{y \in B : \limsup_{n\to\infty} \|x_n - y\| = r_a(\{x_n\}, B)\},$$

当 $B = \overline{co}(\{x_n\})$ 时,分别记 $r_a(\{x_n\}, \overline{co}(\{x_n\}))$ 和 $z_a(\{x_n\}, \overline{co}(\{x_n\}))$ 为 $r_a(\{x_n\})$ 和 $z_a(\{x_n\})$.

定义2.1.4 设 $D \subseteq X$ 为有界闭凸集,记

$$r_x(D) = \sup\{\|x - v\| : v \in D\},$$

$$r(D) = \inf\{r_x(D) : x \in D\},$$

$$\mathfrak{C}(D) = \{z \in D : r_z(D) = r(D)\},$$

$r(D)$ 和 $\mathfrak{C}(D)$ 分别称为 D 的 Chebyshev 半径和 Chebyshev 中心. 显然, $\frac{\text{diam}(D)}{2} \leqslant r(D) \leqslant \text{diam}(D)$,且若 $r(D) = \text{diam}(D) > 0$,则称集合 D 为直径集.

定义2.1.5 Banach 空间 X 具有一致正规结构是指对任意的有界凸子集 $K \in X$ 且 $\text{diam}(K) > 0$,存在常数 $0 < c < 1$,使得 $r(K) \leqslant c\,\text{diam}(K)$.

定义2.1.6 Banach 空间 X 是超自反的是指每个在 X 中有有限表示的 Banach 空间 Y 都是自反的.

定理2.1.1 设 Banach 空间 X 具有弱正规结构,C 是 X 中的弱紧凸子集, $T : C \to C$ 是非扩张映射,则 T 在 C 中有不动点.

证明 设

$$\mathfrak{F} = \{D \subseteq C : D \text{ 是闭凸子集}, D \neq \varnothing, T(D) \subseteq D\},$$

显然,$\mathfrak{F}$ 是非空的,且每个递减的子集列都有下界,由 Zorn 引理,$\mathfrak{F}$ 存在最小元,记为 D_0. 另一方面,

$$T(D_0) \subseteq D_0 \Rightarrow T(\overline{co}(T(D_0))) \subseteq T(D_0) \subseteq \overline{co}(T(D_0)).$$

因此,$\overline{co}(T(D_0)) \in \mathfrak{F}$. 由于 D_0 为最小元,可知 $D_0 = \overline{co}(T(D_0))$. 因为 D_0 是弱紧的,故 $\mathfrak{C}(D_0) \neq \varnothing$. 设 $u \in \mathfrak{C}(D_0)$,则 $r_u(D_0) = r(D_0)$. 但

$$\|T(u) - T(v)\| \leqslant \|u - v\| \leqslant r(D_0), \quad v \in D_0,$$

这表明 $T(D_0) \subseteq B(T(u), r(D_0))$. 因此,

$$D_0 = \overline{co}\,(T(D_0)) \subseteq B(T(u), r(D_0))$$

蕴含 $r_{T(u)}(D_0) = r(D_0)$, 故 $T(u) \in \mathfrak{C}(D_0)$. 由 D_0 为最小元可知, $\mathfrak{C}(D_0) = D_0$.

因此, $\operatorname{diam}(D_0) \leqslant r(D_0)$. 因为 Banach 空间 X 具有弱正规结构, 故 D_0 只能是单点集, 即为 T 的不动点. □

定理2.1.2 设 X 为 Banach 空间. 集合 $B \subset X$ 不具有正规结构, 当且仅当存在有界序列 $\{x_n\} \subset B$ 满足

$$\lim_{n \to \infty} \|x_n - x\| = \operatorname{diam}(\{x_n\}) > 0, \quad \forall x \in \overline{\operatorname{co}}(\{x_n\}). \tag{2.1.1}$$

证明 假设 B 中存在一个序列 $\{x_n\}$ 使得条件 (2.1.1) 成立, 则 $\operatorname{co}(\{x_n\})$ 的闭包是直径集, 因此 B 不具有正规结构.

反过来, 假设 B 中包含一个有界闭凸的直径集 A. 记 $d = \operatorname{diam}(A)$. 用归纳法, 构造一列 $\{x_n\} \subset A$ 满足, 对任意的 $y \in \operatorname{co}(\{x_k\}_{k=1}^{n-1})$ 有 $\|y - x_n\| \geqslant d - 2/n$.

令 x_1 为 A 中的任意元, 若已经找到 $x_1, \cdots, x_{n-1}$, 则取 $\operatorname{co}(\{x_k\}_{k=1}^{n-1})$ 的 $1/n$-网 $C = \{y_1, \cdots, y_m\}$, 令

$$z = \frac{1}{m} \sum_{i=1}^{m} y_i.$$

显然可以假设 $m \geqslant n$. 由于 A 是直径集, 则存在 $x_n \in A$ 满足 $\|z - x_n\| \geqslant d - 2/m^2$. 于是, 对任意的 $k = 1, 2, \cdots, m$, 有

$$d - \frac{1}{m^2} \leqslant \left\| \frac{1}{m} \sum_{i=1}^{m} y_i - \frac{1}{m} \sum_{i=1}^{m} x_n \right\|$$

$$\leqslant \frac{1}{m} \|y_k - x_n\| + \frac{1}{m} \sum_{i \neq k} \|y_i - x_n\|$$

$$\leqslant \frac{1}{m} \|y_k - x_n\| + \frac{m-1}{m} d.$$

从而, $\|y_k - x_n\| \geqslant d - 1/m \geqslant d - 1/n$. 因此, 对任意的 $y \in \operatorname{co}(\{x_k\}_{k=1}^{n-1})$ 有 $\|y - x_n\| \geqslant d - 2/n$.

现在取 $y \in \operatorname{co}(\{x_k\})$, 则有

$$d \leqslant \liminf_{n \to \infty} \|y - x_n\| \leqslant \limsup_{n \to \infty} \|y - x_n\| \leqslant \operatorname{diam}(\{x_k\}) \leqslant d.$$

这就证明了 $\{x_n\}$ 满足条件 (2.1.1). □

前面证明中构造的序列 $\{x_n\}$ 不包含 Cauchy 子列, 从而, 特别地, 紧集具有正规结构.

引理2.1.3(Goebel-Karlovitz) 设 K 为 X 中的弱紧凸子集, $T: K \to K$ 为非扩张映射. 假设 K 是 T 的最小不变集, $\{x_n\}$ 为 T 的渐近不动点序列, 则对

任意的 $y \in K$, 有
$$\lim_{n\to\infty} \|y - x_n\| = \text{diam}(K).$$

定理2.1.4[68]　若 $\tilde{X}$ 具有正规结构, 则 X 具有一致正规结构.

证明　假设 X 不具有一致正规结构, 则存在直径为 1 的有界闭凸集列 $\{K_n\}$, 满足 $\lim_{n\to\infty} r(K_n) = 1$, 其中
$$r(K) = \inf\{r(x, K) : x \in K\}.$$

对于 X 的超幂空间 $\tilde{X}$, 考虑
$$\tilde{K} = \{\tilde{x} \in \tilde{X} : \tilde{x} = (x_n), x_n \in K_n, \forall n \geqslant 1\}.$$

只需证明, 对任意的 $\tilde{x} \in \tilde{K}$, 都有 $r(\tilde{x}, \tilde{K}) = \text{diam}(\tilde{K}) = 1$. 实际上, 取正整数列 (ε_n) 满足 $\lim_{n\to\infty} \varepsilon_n = 0$. 令 $\tilde{x} = (x_n)$, 则可以找到一列 (y_n), 其中 $x_n \in K_n, \forall n \geqslant 1$, 满足 $\|x_n - y_n\| \geqslant r(K_n) - \varepsilon_n$. 于是, 若 $\mathcal{U}$ 为定义在 $\tilde{X}$ 上的超幂, 则有
$$\lim_{\mathcal{U}} \|x_n - y_n\| \geqslant \lim_{\mathcal{U}} r(K_n) = 1.$$

令 $\tilde{y} = (y_n)$, 则有 $\|\tilde{x} - \tilde{y}\| = 1 = \tilde{K}$. 从而, $\tilde{x}$ 为 $\tilde{K}$ 的直径点, 因此, $\tilde{X}$ 不具有正规结构. □

注2.1.5　我们不知道, Banach 空间 X 具有一致正规结构与 $\tilde{X}$ 具有正规结构是否等价. 但是, 若 X 是超自反的, 则两者是等价的. 或许有人会问: 一致正规结构是否蕴含超自反? 这仍然是一个开问题.

2.2　严格凸性和光滑性

定义2.2.1　Banach 空间 X 称为严格凸的, 如果对任意 $x, y \in S(X)$, $\|x - y\| > 0$ 时, 有 $\|x + y\| < 2$.

注2.2.1　若 $x_0 \in (x, y) = \{\lambda x + (1-\lambda)y : 0 < \lambda < 1, x, y \in S(X)\}$, 且 $\|x_0\| < 1$, 则对任意的 $z \in (x, y)$, 有 $\|z\| < 1$.

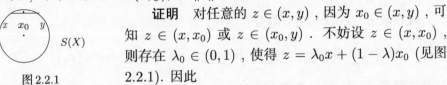

图 2.2.1

证明　对任意的 $z \in (x, y)$, 因为 $x_0 \in (x, y)$, 可知 $z \in (x, x_0)$ 或 $z \in (x_0, y)$. 不妨设 $z \in (x, x_0)$, 则存在 $\lambda_0 \in (0, 1)$, 使得 $z = \lambda_0 x + (1 - \lambda_0)x_0$ (见图 2.2.1). 因此
$$\|z\| \leqslant \lambda_0 \|x\| + (1 - \lambda_0)\|x_0\| < 1. \qquad \square$$

定义2.2.2　$x \in S(X)$ 称为 $B(X)$ 的端点是指若存在 $y, z \in S(X)$ 使得 $x = \frac{y+z}{2}$, 则 $x = y = z$. 易知 Banach 空间 X 是严格凸的充分必要条件是单位球面上的每个元素都是端点.

定义2.2.3 $x \in S(X)$ 称为 $B(X)$ 的强 U-点是指若存在 $y \in S(X)$ 使得 $\|x+y\| = 2$，则 $x = y$. 易知 Banach 空间 X 是严格凸的充分必要条件是单位球面上的每个元素都是强 U-点，且强 U-点一定是端点. 但反之端点不一定为强 U-点[26].

定义2.2.4 $x \in S(X)$ 称为 $B(X)$ 的光滑点是指 x 的支撑泛函是唯一的，若 $S(X)$ 上的每一点都是光滑点，则称 Banach 空间 X 是光滑的.

定义2.2.5 $f \in S(X^*)$ 称为 $B(X^*)$ 的 w^*-光滑点是指存在唯一的 $x \in S(X)$ 使得 $f(x) = 1$，即若存在 $x_1, x_2 \in S(X)$ 满足 $f(x_1) = f(x_2) = 1$，则 $x_1 = x_2$.

定理2.2.2 $x \in S(X)$ 为 $B(X)$ 的强 U-点的充要条件是 x 的支撑泛函是 $B(X^*)$ 的 w^*-光滑点.

证明 设 $x \in S(X)$ 为 $B(X)$ 的强 U-点，由 Hahn-Banach 定理存在 x 的支撑泛函 $f \in S(X^*)$. 若存在 $x_1 \in S(X)$ 使得 $f(x_1) = 1$，则 $\|x + x_1\| = 2$，由 x 为 $B(X)$ 的强 U-点知 $x = x_1$，故 f 为 $B(X^*)$ 的 w^*-光滑点.

若 $x \in S(X)$ 的支撑泛函是 $B(X^*)$ 的 w^*-光滑点，$\|x+y\| = 2$，由 Hahn-Banach 定理知存在 $f \in S(X^*)$ 使得 $f(\frac{x+y}{2}) = 1$，由此知，$f(x) = f(y) = 1$，故 $x = y$. □

推论2.2.3 设 X 是Banach空间，
(1) 若 X^* 是光滑的，则 X 是严格凸的；
(2) 若 X^* 是严格凸的，则 X 是光滑的.

2.3 一致凸性和一致光滑性

1936年，J. Clarkson 引入了一致凸的概念[25]，此后，人们又讨论各种凸性. 凸性在最佳逼近及不动点理论中有着重要的应用.

定义2.3.1 Banach 空间 X 称为一致凸的，如果对任何 $\varepsilon > 0$，存在 $\delta > 0$，使得当 $x, y \in S(X)$，$\|x+y\| > 1 - \delta$ 时，有 $\|x - y\| < \varepsilon$.

定义2.3.2(一致凸的等价定义) 若 $\{x_n\}, \{y_n\} \subseteq S(X)$ 满足 $\|x_n + y_n\| \to 2$，则 $\|x_n - y_n\| \to 0$.

注2.3.1 函数 $\delta_X : [0, 2] \to [0, 1]$，

$$\delta_X(\varepsilon) = \inf\left\{1 - \frac{\|x+y\|}{2} : x, y \in S(X), \|x - y\| \geqslant \varepsilon\right\}$$

被称为凸性模，易知 X 是一致凸的充要条件是对任何 $\varepsilon \in (0, 2]$，有 $\delta_X(\varepsilon) > 0$. 常数 $\varepsilon_0(X) = \sup\{\varepsilon \geqslant 0 : \delta_X(\varepsilon) = 0\}$ 被称为凸系数，显然 X 是一致凸的充要条件是 $\varepsilon_0(X) = 0$. 一致凸的 Banach 空间在几何性质方面具有很多好的

性质, 我们知道一致凸的 Banach 空间具有一致正规结构, 因此蕴含不动点性质. Turett 已经证明若 X 的凸系数 $\varepsilon_0(X) < 1$, 则 X 和 X^* 是超自反的且具有正规结构.

对于给定的 Banach 空间 X, $\delta_X(\varepsilon)$ 是使得下面不等式成立的最大的数:

$$\left.\begin{array}{l}\|x\| \leqslant 1 \\ \|y\| \leqslant 1 \\ \|x-y\| \geqslant \varepsilon\end{array}\right\} \Rightarrow \left\|\frac{x+y}{2}\right\| \leqslant 1 - \delta_X(\varepsilon).$$

一个有用的事实是上面的不等式可以等价地写成下面的形式: 若 $x, y, p \in X$, $R > 0$, 且 $r \in [0, 2R]$, 则

$$\left.\begin{array}{l}\|x-p\| \leqslant R \\ \|y-p\| \leqslant R \\ \|x-y\| \geqslant r\end{array}\right\} \Rightarrow \left\|p - \frac{x+y}{2}\right\| \leqslant \left(1 - \delta_X\left(\frac{r}{R}\right)\right) R.$$

特别地,

$$\left.\begin{array}{l}\|x\| \leqslant R \\ \|x\| \leqslant R\end{array}\right\} \Rightarrow \left\|\frac{x+y}{2}\right\| \leqslant \left(1 - \delta_X\left(\frac{\|x-y\|}{R}\right)\right) R.$$

凸性模有下面的等价定义:

$$\delta_X(\varepsilon) = \inf\left\{1 - \left\|\frac{x+y}{2}\right\| : x, y \in S(X), \|x-y\| = \varepsilon\right\}$$
$$= \inf\left\{1 - \left\|\frac{x+y}{2}\right\| : x, y \in B(X), \|x-y\| = \varepsilon\right\}.$$

这两个等价定义在处理有关凸性模的问题和计算 $\delta_X(\varepsilon)$ 的值时经常会用到. 详细内容可以参考文献[30].

定理2.3.2 设 $2 \leqslant p < \infty$. 则对任意的 $\varepsilon \in (0, 2)$, 都有 $\delta_{\ell_p}(\varepsilon) = 1 - (1-(\varepsilon/2)^p)^{1/p}$.

证明这个结果之前, 先引入一个引理[69].

引理2.3.3 设 $2 \leqslant p < \infty$. 若 $a, b \in \mathbb{R}^+$, 则

(i) $a^p + b^p \leqslant (a^2 + b^2)^{p/2}$;

(ii) $(a^2 + b^2)^{p/2} \leqslant 2^{(p-2)/2}(a^p + b^p)$.

下面证明定理 2.3.2 的结果.

证明 首先, 注意到若 $u, v \in \mathbb{R}$, 则由引理 2.3.3 知

$$|u+v|^p + |u-v|^p \leqslant \left[|u+v|^2 + |u-v|^2\right]^{p/2},$$

$$\left[|u|^2 + |v|^2\right]^{p/2} \leqslant 2^{(p-2)/2}[|u|^p + |v|^p].$$

从而

$$|u+v|^p + |u-v|^p \leqslant [|u+v|^2 + |u-v|^2]^{p/2} = [2|u|^2 + 2|v|^2]^{p/2}$$
$$\leqslant 2^{p-1}[|u|^p + |v|^p].$$

因此, 若 $u = (u_1, u_2, \cdots), v = (v_1, v_2, \cdots) \in \ell_p$, 则有

$$\sum_{i=1}^{\infty} |u_i + v_i|^p + \sum_{i=1}^{\infty} |u_i - v_i|^p \leqslant 2^{p-1} \left[\sum_{i=1}^{\infty} |u_i|^p + \sum_{i=1}^{\infty} |v_i|^p \right].$$

即对任意的 $u, v \in \ell_p$, 都有

$$\|u+v\|^p + \|u-v\|^p \leqslant 2^{p-1} [\|u\|^p + \|v\|^p].$$

令 $\varepsilon \in (0, 2)$. 取 $u, v \in \ell_p$, 满足 $\|u\| \leqslant 1, \|v\| \leqslant 1$ 且 $\|u-v\| \geqslant \varepsilon$. 则

$$\left\| \frac{u+v}{2} \right\|^p \leqslant 2^{p-1} \left[\left\| \frac{u}{2} \right\|^p + \left\| \frac{v}{2} \right\|^p \right] - \left\| \frac{u-v}{2} \right\|^p \leqslant 1 - \left(\frac{\varepsilon}{2}\right)^p.$$

从而, 可以推出

$$\delta_{\ell_p}(\varepsilon) \geqslant 1 - \left(1 - \left(\frac{\varepsilon}{2}\right)^p\right)^{1/p}.$$

对于相反的不等式, 取 $u = (u_1, u_2) \in \ell_p^{(2)}$ 满足

$$u_1 = \left(1 - \left(\frac{\varepsilon}{2}\right)^p\right)^{1/p}, \quad u_2 = \frac{\varepsilon}{2},$$

取 $v = (u_1, -u_2)$. 则 $\|u\| = \|v\| = 1$, 且容易验证 $\|u-v\| = \varepsilon$. 然而

$$\left\| \frac{u+v}{2} \right\| = \left(1 - \left(\frac{\varepsilon}{2}\right)^p\right)^{1/p}.$$

因此, 定理得证. □

例 2.3.1 Banach 空间 $\ell_2 - \ell_1$ 是由空间 $\mathbb{R}^2$ 赋下面的范数:

$$\|(x_1, x_2)\| = \begin{cases} (x_1^2 + x_2^2)^{1/2}, & x_1, x_2 \geqslant 0, \\ |x_1| + |x_2|, & x_1, x_2 < 0 \end{cases}$$

生成的. 通过计算得知

$$\delta_{l_2-l_1}(\varepsilon) = \begin{cases} 0, & 0 \leqslant \varepsilon \leqslant \sqrt{2}, \\ \min\{1 - (2 - \varepsilon^2/2)^{1/2}, (1 - \varepsilon^2/8)^{1/2}\}, & \sqrt{2} < \varepsilon \leqslant 2. \end{cases}$$

注 2.3.4 上面的例子说明函数 $\delta_X(\varepsilon)$ 并不一定是凸函数.

例2.3.2 Bynum 空间 $\ell_{p,q}$ 是由空间 ℓ_p，赋下面的范数

$$\|x\|_{p,q} = \begin{cases} \left(\|x^+\|_p^q + \|x^-\|_p^q\right)^{1/p}, & 1 \leqslant p < \infty, \\ \max\{\|x^+\|_p, \|x^-\|_p\}, & q = \infty. \end{cases}$$

其中，x^+ 和 x^- 分别表示 x 的正部和负部，定义如下

$$x^+(i) := \max\{x(i), 0\} = \frac{x(i) + |x(i)|}{2},$$

$$x^-(i) := \max\{-x(i), 0\} = \frac{-x(i) + |x(i)|}{2}.$$

Bynum 空间经常作为特例出现，下面列举相关的一些结论，具体证明可以参考文献 [22], [56]：

(1) 当 $p, q \in (1, \infty)$ 时，那么空间 $\ell_{p,q}$ 是一致凸的；

(2) $\varepsilon_0(\ell_{p,\infty}) = 1$，$\varepsilon_0(\ell_{p,1}) = 2^{1/p}$；

(3) 当 $p + q = pq$ 且 $p > 1$ 时，$\ell_{q,1}$ 和 $\ell_{p,\infty}$ 互为对偶空间；

(4) 当 $p > 1$ 时，$\ell_{q,1}$ 具有正规结构，但是 $\ell_{p,\infty}$ 不具有正规结构。可见，正规结构不具有继承性。

接下来，考虑凸性模或凸系数有关的一些性质。

命题2.3.5 Banach空间 X 是严格凸的充要条件是 $\delta_X(2) = 1$。

证明 设 Banach 空间 X 是严格凸的，即 $\forall x, y \in S(X)$，$x \neq y$，则 $\frac{\|x+y\|}{2} < 1$。故 $\|x - y\| = 2$ 时，$x = -y$。因此，$\delta_X(2) = 1$。反过来，设 $\delta_X(2) = 1$。若 Banach 空间 X 不是严格凸的，即存在 $x, y \in S(X)$，$x \neq y$，但 $\frac{\|x+y\|}{2} = 1$。此时，$\delta_X(2) < 1$，产生矛盾。 □

命题2.3.6 $\delta_X(\varepsilon)/\varepsilon$ 在区间 $(0, 2]$ 上是非减函数。

证明 设 $0 < \varepsilon_1 \leqslant \varepsilon_2 \leqslant 2$，$x, y \in S(X)$，$\|x - y\| = \varepsilon_2$。令 $z = (x+y)/\|x+y\|$，$t = \varepsilon_1/\varepsilon_2$，$u = tx + (1-t)z$，$v = ty + (1-t)z$，则 $u, v \in B(X)$，且 $\|u - v\| = \varepsilon_1$。从而

$$1 - \left\|\frac{u+v}{2}\right\| = t\left(1 - \left\|\frac{x+y}{2}\right\|\right) = \frac{\varepsilon_1}{\varepsilon_2}\left(1 - \left\|\frac{x+y}{2}\right\|\right).$$

这就蕴含了

$$\frac{\delta_X(\varepsilon_1)}{\varepsilon_1} \leqslant \frac{1 - \|(u+v)/2\|}{\varepsilon_1} = \frac{1 - \|(x+y)/2\|}{\varepsilon_2}.$$

由于 x, y 是任意的，故有 $\delta_X(\varepsilon_1)/\varepsilon_1 \leqslant \delta_X(\varepsilon_2)/\varepsilon_2$。命题得证。 □

命题2.3.7 对任意的 $x, y \in X$，若 $\|x\|^2 + \|y\|^2 = 2$，则 $\|x + y\|^2 \leqslant 4 - 4\delta_X(\|x - y\|/2)$。

2.3 一致凸性和一致光滑性

证明 不妨设 $\|x\| \geqslant \|y\|$，且 $(\|x\|-\|y\|)^2 < 4\delta_X(\|x-y\|/2)$. 否则

$$\|x+y\|^2 \leqslant (\|x\|+\|y\|)^2 = (\|x\|^2+\|y\|^2) - (\|x\|-\|y\|)^2$$
$$\leqslant 4 - 4\delta_X\left(\frac{\|x-y\|}{2}\right).$$

由于 $\delta_X(\varepsilon) \leqslant \delta_H(\varepsilon) = 1-(1-\varepsilon^2/4)^{1/2}$，故

$$(\|x\|-\|y\|)^2 < 4\left(1-\left(1-\frac{\|x-y\|^2}{16}\right)^{1/2}\right)$$
$$\leqslant 4\left(1-\left(1-\frac{\|x-y\|^2}{16}\right)\right) = \frac{\|x-y\|^2}{4}.$$

令 $z = x\|y\|/\|x\|$，则

$$\|y-z\| \geqslant \|x-y\| - \|x-z\| = \|x-y\| - (\|x\|-\|y\|) \geqslant \frac{\|x-y\|}{2}.$$

因此，

$$\delta_X\left(\frac{\|x-y\|}{2\|y\|}\right) \leqslant \delta_X\left(\frac{\|y-z\|}{\|y\|}\right) \leqslant 1 - \frac{\|y+z\|}{2\|y\|},$$

$$\|x+y\| \leqslant \|x-z\| + \|y+z\| \leqslant \|x\|-\|y\| + 2\|y\| - 2\delta_X\left(\frac{\|x-y\|}{2\|y\|}\right)\|y\|.$$

利用 $\delta_X(\varepsilon)/\varepsilon$ 是非降函数以及 $\|y\|\leqslant 1$，有

$$\|x+y\|^2 \leqslant \left(\|x\|+\|y\|-2\delta_X\left(\frac{\|x-y\|}{2}\right)\right)^2$$
$$\leqslant 4\left(1-\delta_X\left(\frac{\|x-y\|}{2}\right)\right)^2$$
$$\leqslant 4 - 4\delta_X\left(\frac{\|x-y\|}{2}\right). \qquad \square$$

命题 2.3.8 对于 $0 \leqslant \varepsilon_1 \leqslant \varepsilon_2 < 2$，有

$$\delta_X(\varepsilon_2) - \delta_X(\varepsilon_1) \leqslant \frac{\varepsilon_2-\varepsilon_1}{2-\varepsilon_1}. \qquad (2.3.1)$$

从而，$\delta_X(\varepsilon)$ 在区间 $[0,2]$ 上是连续函数.

证明 若 $\varepsilon_1 = 0$，则 $\delta_X(\varepsilon_2) \leqslant \varepsilon_2/2$，(2.3.1) 式显然成立.

若 $0 < \varepsilon_1 \leqslant \varepsilon_2 < 2$，取 $x,y \in S(X)$，且 $\|x-y\| = \varepsilon_1$. 令 $\lambda = (\varepsilon_2-\varepsilon_1)/(2-\varepsilon_1)$，$z = (x-y)/\|x-y\|$，$u = (1-\lambda)x+\lambda z$，$v = (1-\lambda)y - \lambda z$，则 $u,v \in B(X)$，$\|u-v\| = \varepsilon_2$，且 $\|u+v\| = (1-\lambda)\|x+y\|$.

从而, 由凸性模的定义,

$$\delta_X(\varepsilon_2) \leqslant 1 - \frac{\|u+v\|}{2} = 1 - (1-\lambda)\frac{\|x+y\|}{2}$$
$$\leqslant 1 - \frac{\|x+y\|}{2} + \lambda.$$

由 x, y 的任意性得, $\delta_X(\varepsilon_2) - \delta_X(\varepsilon_1) \leqslant \lambda$. 从而, (2.3.1) 式成立. $\delta_X(\cdot)$ 的连续性显然. □

函数 $\delta_X(\varepsilon)$ 在 $\varepsilon = 2$ 处可以不连续, 下面的例子可以说明.

例2.3.3 设空间 X 是由 c_0 空间赋下面的新范数:

$$\|x\| = \|x\|_\infty + \left(\sum_{n=1}^\infty \frac{1}{4^n} x_n^2\right)^{1/2}$$

生成的. 可以得到 $\varepsilon_0(X) = 2$, 但是 $\delta_X(2) = 1$, 因此, $\delta_X(\varepsilon)$ 在 $\varepsilon = 2$ 处不连续[111].

尽管如此, 却有下面的结论.

命题2.3.9 $\lim_{\varepsilon \to 2^-} \delta_X(\varepsilon) = 1 - \varepsilon_0(X)/2$.

证明 设 $\varepsilon \in [\varepsilon_0, 2], \eta \in (0, 1 - \delta_X(\varepsilon))$, 取 $x, y \in B(X)$, 使其满足

$$\|x-y\| = \varepsilon, \quad \frac{\|x+y\|}{2} \geqslant 1 - \delta_X(\varepsilon) - \eta.$$

那么

$$\frac{\varepsilon}{2} = \frac{\|x-y\|}{2} \leqslant 1 - \delta_X(\|x-(-y)\|) = 1 - \delta_X(\|x+y\|)$$
$$\leqslant 1 - \delta_X\left(2(1 - \delta_X(\varepsilon) - \eta)\right).$$

由于 η 是任意的, 因此

$$\frac{\varepsilon}{2} \leqslant 1 - \delta_X\left(2(1 - \delta_X(\varepsilon))\right). \tag{2.3.2}$$

令 $\varepsilon \to 2^-$, 由凸函数的定义得到

$$\delta_X\left(2(1 - \delta_X(2^-))\right) = 0,$$

所以 $\varepsilon_0 \geqslant 2\left(1 - \lim_{\varepsilon \to 2^-} \delta_X(\varepsilon)\right)$. 而相反的不等式只需令 $\varepsilon \to \varepsilon_0^+$ 即可得到. □

定理2.3.10 若 $\delta_X(1) > 0$ (或等价地, $\varepsilon_0(X) < 1$), 则 X 具有一致正规结构.

证明 设 C 为 X 中的有界闭凸子集, 且满足 $d = \text{diam}(C) > 0$. 则存在 $u, v \in C$ 使得 $\|u - v\| \geq d(1 - \varepsilon)$. 令 $w = (u+v)/2$, 对任意的 $x \in C$, 有

$$\left.\begin{array}{l} \|u - x\| \leq d \\ \|v - x\| \leq d \\ \|u - v\| \geq d(1-\varepsilon) \end{array}\right\} \Rightarrow \|x - w\| \leq \left(1 - \delta_X\left(\frac{(1-\varepsilon)}{d}\right)\right) d.$$

即 $\|x - w\| \leq \left(1 - \delta_X(1-\varepsilon)\right) d$. 由于 $\delta_X(1) > 0$, 注意到 $\delta_X(\cdot)$ 的连续性, 总是存在足够小的 $\varepsilon > 0$, 使得 $\delta_X(1-\varepsilon) > 0$. 因此, w 是 C 的非直径点. □

注2.3.11 对于 Bynum 空间 $\ell_{p,\infty}$ $(p > 1)$, $\varepsilon_0(\ell_{p,\infty}) = 1$, 然而 $\ell_{p,\infty}$ 不具有正规结构, 故上面给出的条件是严格的.

定义2.3.3 Banach 空间 X 称为弱一致凸的, 若 $\{x_n\}, \{y_n\} \subseteq S(X)$ 满足 $\|x_n + y_n\| \to 2$, 则 $x_n - y_n \xrightarrow{w} 0$.

定义2.3.4 Banach空间 X 称为局部一致凸的, 若 $\forall x \in S(X)$, $\{x_n\} \subseteq B(X)$, 满足 $\|x_n + x\| \to 2$, 则 $x_n \to x$.

定义2.3.5 Banach空间 X 称为弱局部一致凸的, 若 $\forall x \in S(X)$, $\{x_n\} \subseteq B(X)$, 满足 $\|x_n + x\| \to 2$, 则 $x_n \xrightarrow{w} x$.

定义2.3.6 Banach 空间 X 称为紧局部一致凸的, 若 $\forall x \in S(X)$, $\{x_n\} \subseteq B(X)$, 满足 $\|x_n + x\| \to 2$, 则 $\{x_n\}$ 是序列紧的.

定义2.3.7 称 $x \in S(X)$ 是强端点是指若 $x = \frac{y_n + z_n}{2}$ 且 $\lim_{n \to \infty} \|y_n\| = \lim_{n \to \infty} \|z_n\| = 1$, 则有 $\|y_n - z_n\| \to 0$.

定义2.3.8 Banach 空间 X 称为中点局部一致凸的, 若 $S(X)$ 上的每个点都是 $B(X)$ 的强端点.

定义2.3.9 Banach 空间 X 称为各向一致凸的(UCED), 若 $\forall \varepsilon > 0$, $z \in X \setminus \{0\}$, 存在 $\delta(\varepsilon, z) > 0$, 使得当 $x, y \in S(X)$, $x - y = \lambda z$, $\|\frac{x+y}{2}\| > 1 - \delta$, 则 $|\lambda| < \varepsilon$.

另一方面, 为了研究一致凸空间的对偶空间下面给出一致光滑的概念.

定义2.3.10 Banach 空间 X 称为一致光滑的, 如果 $\rho_X'(0) = \lim_{t \to 0} \frac{\rho_X(t)}{t} = 0$, 其中

$$\rho_X(t) = \sup\left\{\frac{\|x + ty\| + \|x - ty\|}{2} - 1 : x, y \in S(X)\right\}.$$

函数 $\rho_X(t)$ 被称为一致光滑模.

显然, 函数 $\rho_X(t)$ 在定义域 $[0, +\infty)$ 上是递增的, 连续的, 同时也是凸的, 而且满足 $\rho_X(0) = 0$. 容易验证 $\max\{0, t-1\} \leq \rho_X(t) \leq t$. 而且确实存在空间 X, 满足 $\rho_X(t) = \max\{0, t-1\}$, 比如一维空间 $\{\mathbb{R}, |\cdot|\}$.

定义 2.3.11　一致光滑的等价定义: 若 $\forall \varepsilon > 0$, $\exists \delta > 0$, 当 $x \in S(X)$, $\|y\| < \delta$, 有
$$\|x+y\| + \|x-y\| < 2 + \varepsilon\|y\|.$$

引理 2.3.12　对任意的 Banach 空间 X, 有

(1) $\rho_{X^*}(t) = \sup\limits_{0 \leqslant \varepsilon \leqslant 2}(t\varepsilon/2 - \delta_X(\varepsilon))$, $t > 0$;

(2) $\rho_X(t) = \sup\limits_{0 \leqslant \varepsilon \leqslant 2}(t\varepsilon/2 - \delta_{X^*}(\varepsilon))$, $t > 0$;

(3) X 是一致凸的充要条件是 X^* 是一致光滑的;

(4) X 是一致光滑的充要条件是 X^* 是一致凸的.

证明　先证明等式 (1). 设 $t > 0$, 有
$$\begin{aligned}
2\rho_{X^*}(t) &= \sup\{\|f+tg\| + \|f-tg\| - 2 : f, g \in S_{X^*}\} \\
&= \sup\{f(x) + tg(x) + f(y) - tg(y) - 2 : x, y \in S(X), f, g \in S_{X^*}\} \\
&= \sup\{\|x+y\| + t\|x-y\| - 2 : x, y \in S(X)\} \\
&= \sup\{\|x+y\| + t\varepsilon - 2 : x, y \in S(X), \|x-y\| = \varepsilon, 0 \leqslant \varepsilon \leqslant 2\} \\
&= \sup\{t\varepsilon - 2\delta_X(\varepsilon) : 0 \leqslant \varepsilon \leqslant 2\}.
\end{aligned}$$

等式 (2) 也可以类似地证明.

下面证明结论 (3). 若 X^* 是一致光滑的, 则 $\forall \varepsilon \in (0, 2), \exists t > 0$, 使得 $\rho_{X^*}(t) \leqslant t\varepsilon/4$. 因此, 由 (1) 知, $t\varepsilon/2 - \delta_X(\varepsilon) \leqslant t\varepsilon/4$, 即 $\delta_X(\varepsilon) \geqslant t\varepsilon/4$, 故 X 是一致凸的. 可类似地证明余下的结论.

最后证明结论 (4). 设 X 是一致光滑的. $\forall \varepsilon > 0, \exists \delta > 0$, 使得
$$\|x+y\| + \|x-y\| < 2 + \frac{\varepsilon\|y\|}{4}$$

对所有的 $x \in S(X)$, $y \in X$, $\|y\| < \delta$ 成立. 设 $f, g \in S(X^*)$ 满足 $\|f-g\| > \varepsilon$, 则存在 $y \in X$ 使得 $\|y\| = \delta/2$, 且 $(f-g)(y) > \varepsilon\delta/4$. 因此
$$\begin{aligned}
\|f+g\| &= \sup\{(f+g)(x) : x \in S(X)\} \\
&= \sup\{f(x+y) + g(x-y) - (f-g)(y) : x \in S(X)\} \\
&\leqslant \sup\left\{\|x+y\| + \|x-y\| - \frac{\varepsilon\delta}{4} : x \in S(X)\right\} \\
&\leqslant 2 + \frac{\varepsilon\|y\|}{4} - \frac{\varepsilon\delta}{4} = 2 - \frac{\varepsilon\delta}{8}.
\end{aligned}$$

这说明 X^* 是一致凸的.

设 X^* 是一致凸的, 则 $\forall \varepsilon > 0$, $\exists \delta > 0$, 对所有 $f, g \in S(X^*)$, $\|f - g\| \geq \varepsilon$ 都有 $\|f+g\| < 2-\delta$. $\forall x \in S(X)$, $y \in X$, $\|y\| < \delta/4$, 选取 $f, g \in S(X^*)$ 使得 $f(x+y) = \|x+y\|$, $g(x-y) = \|x-y\|$. 则

$$\begin{aligned}
\|f+g\| &\geq (f+g)(x) \\
&= f(x+y) + g(x-y) - (f-g)(y) \\
&= \|x+y\| + \|x-y\| - (f-g)(y) \\
&\geq 2 - 4\|y\| \geq 2 - \delta,
\end{aligned}$$

因此, $\|f - g\| < \varepsilon$, 且

$$\begin{aligned}
\|x+y\| + \|x-y\| &= f(x+y) + g(x-y) \\
&= (f+g)(x) + (f-g)(y) \leq 2 + \varepsilon\|y\|,
\end{aligned}$$

这说明 X 是一致光滑的. □

引理 2.3.11 中的(1)式、(2)式, 又称为 Lindenstrauss 公式. 由 Lindenstrauss 公式以及凸性模与光滑模的对偶关系[75], 可以得到下面的结论.

推论2.3.13 $2\rho_0(X^*) = \varepsilon_0(X)$, $2\rho_0(X) = \varepsilon_0(X^*)$.

定理2.3.14 每个一致凸(一致光滑)的 Banach 空间都是自反的.

证明 设 X 是一致凸的, $f \in S(X^*)$. 由 f 范数的定义可知存在 $x_n \in S(X)$ 使得 $f(x_n) \to 1$. 下证 $\{x_n\}$ 是 Cauchy 列. 事实上,

$$\|x_n + x_m\| \geq f(x_n + x_m) \to 2, \quad n, m \to \infty.$$

由一致凸的等价定义, $\|x_n - x_m\| \to 0$, $n, m \to \infty$. 因 X 是完备的, 故 $\{x_n\}$ 收敛. 不妨设 $x_n \to x$, 则 $f(x) = 1$. 因此, f 是范数可达的.

若 X 是一致光滑的, 由于 $\rho_X(t) = \rho_{X^{**}}(t)$, 故 X^{**} 也是一致光滑的. 因此, X^* 是一致凸的, 由前面的结论知 X^* 是自反的, 从而, X 是自反的. □

对于 Hilbert 空间 H, 它既是一致凸也是一致光滑的, 由平行四边形法则可计算得出

$$\delta_H(\varepsilon) = 1 - \left(1 - \frac{\varepsilon^2}{4}\right)^{1/2} = \frac{\varepsilon^2}{8} + O(\varepsilon^4), \quad 0 < \varepsilon < 2,$$

$$\rho_H(t) = (1+t^2)^{1/2} - 1 = \frac{t^2}{2} + O(t^4), \quad t > 0.$$

对于 L_p 空间, $1 < p < \infty$, 它也是一致凸和一致光滑的, 且

$$\rho_{L_p}(t) = \begin{cases} \dfrac{t^p}{p} + o(t^p), & 1 < p < 2, \\ \dfrac{(p-1)t^2}{2} + o(t^2), & 2 \leq p < \infty. \end{cases}$$

对于一般的 Banach 空间 X, 有

$$\delta_X(\varepsilon) \leqslant 1 - \left(1 - \frac{\varepsilon^2}{4}\right)^{1/2}, \quad 0 < \varepsilon < 2,$$

$$\rho_X(t) \geqslant (1+t^2)^{1/2} - 1, \quad t > 0.$$

命题2.3.15 X 的光滑模 $\rho_X(t)$ 是 Orlicz 函数, 并且在原点满足 Δ_2-条件, $\rho_X(t)/t^2$ 是一个递减函数. 具体地, $\rho_X(t)$ 是非降的凸函数, 满足

$$\rho_X(0) = 0, \quad \limsup_{t \to 0} \rho_X(2t)/\rho_X(t) \leqslant 4,$$

且存在常数 $C \in [1, \infty)$, 使得当 $\eta > t > 0$ 时, 有 $\rho_X(\eta)/\eta^2 \leqslant C\rho_X(t)/t^2$.

证明 显然, $\rho_X(t)$ 是非降的凸函数, $\rho_X(0) = 0$, 且 $\rho_{X^{**}}(t) = \rho_X(t), \forall t > 0$. 下面证明 $\rho_X(t)$ 在原点满足 Δ_2-条件. 对于给定的 $t > 0$, 令 $x, y \in X$, 满足 $\|x\| = 1, \|y\| = t$. 则

$$\|x + 2y\| \leqslant 2\|x + y\|\rho_X\left(\frac{t}{\|x+y\|}\right) + 2\|x + y\| - 1,$$

$$\|x - 2y\| \leqslant 2\|x - y\|\rho_X\left(\frac{t}{\|x-y\|}\right) + 2\|x - y\| - 1.$$

从而

$$\frac{\|x+2y\| + \|x-2y\|}{2} - 1$$
$$\leqslant \|x+y\|\rho_X\left(\frac{t}{\|x+y\|}\right) + \|x-y\|\rho_X\left(\frac{t}{\|x-y\|}\right) + \|x+y\| + \|x-y\| - 2$$
$$\leqslant \|x+y\|\rho_X\left(\frac{t}{\|x+y\|}\right) + \|x-y\|\rho_X\left(\frac{t}{\|x-y\|}\right) + 2\rho_X(t).$$

因此, $\rho_X(2t) \leqslant 2(1+t)\rho_X(t/(1-t)) + 2\rho_X(t)$.

若 $0 < t < 1/5$, 利用 $\rho_X(t)$ 是凸函数, 可知

$$\rho_X\left(\frac{t}{1-t}\right) \leqslant \rho_X(t(1+2t)) \leqslant (1-2t)\rho_X(t) + 2t\rho_X(2t).$$

从而

$$\rho_X(2t) \leqslant \left(\frac{4 - 2t - 4t^2}{1 - 4t - 4t^2}\right)\rho_X(t) = (4 + 14t + O(t^2))\rho_X(t).$$

故存在 $t_0 \in (0, 1/5)$ 使得

$$\rho_X(2t) \leqslant (4 + 15t)\rho_X(t), \quad 0 < t < t_0.$$

因此, $\rho_X(t)$ 在原点满足 Δ_2-条件.

下面证明 $\rho_X(t)/t^2$ 是递减函数. 设 $0 < t < \eta$, 考虑如下三种情况:

(1) $t \geqslant t_0$. 利用 $\rho_X(t)$ 是凸函数, 可知

$$\frac{\rho_X(t)}{t} \geqslant \frac{\rho_X(t_0)}{t_0} \geqslant \frac{\rho_2(t_0)}{t_0}.$$

由于 $\rho_X(\eta) \leqslant \eta$, 则有

$$\frac{\rho_X(t)}{t^2} \geqslant \frac{\rho_2(t_0)}{t_0 t} \geqslant \frac{\rho_2(t_0)}{t_0 \eta} \geqslant \left(\frac{\rho_X(t_0)}{t_0}\right) \frac{\rho_X(\eta)}{\eta^2}.$$

(2) $0 < \eta \leqslant t_0$. 选取整数 m 使得 $\eta/2^m \leqslant t < \eta/2^{m-1}$, 则有

$$\frac{\rho_X(\eta)}{\eta^2} \leqslant \frac{\rho_X(t)}{\eta^2} \prod_{j=1}^{m} \frac{\rho_X(\eta/2^{j-1})}{\rho_X(\eta/2^j)}$$

$$\leqslant \left(4^m \frac{\rho_X(t)}{\eta^2}\right) \prod_{j=1}^{m} \left(1 + \frac{15\eta}{4 \cdot 2^j}\right)$$

$$\leqslant 4\left(\frac{\rho_X(t)}{t^2}\right) \prod_{j=1}^{m} \left(1 + \frac{15\eta}{4 \cdot 2^j}\right).$$

(3) $t < t_0 < \eta$. 由上述两种情况可知, $\rho_X(\eta)/\eta^2 \leqslant C \rho_X(t)/t^2$, 其中,

$$C = \left(\frac{4 t_0}{\rho_2(t_0)}\right) \prod_{j=1}^{m} \left(1 + \frac{15\eta}{4 \cdot 2^j}\right) < \infty. \qquad \square$$

定理2.3.16 设 $\alpha \leqslant 2$ 则 $\lim_{t \to 0} \rho_X(t)/t < \alpha/2 \Leftrightarrow \varepsilon_0(X^*) < \alpha$.

证明 必要性. 设 $\alpha \in [0, 2]$, 若 $\varepsilon_0(X^*) \geqslant \alpha$, 则存在 $\{f_n\}, \{g_n\} \subset S(X^*)$ 使得

$$\|f_n - g_n\| \geqslant \alpha, \quad \lim_{n \to \infty} \|f_n + g_n\| = 2,$$

另一方面, 利用 $\rho_X(\cdot)$ 的定义, 对任意的 $t > 0, x, y \in S(X)$, 有

$$\rho_X(t) \geqslant \left\|\frac{x + ty}{2}\right\| + \left\|\frac{x - ty}{2}\right\| - 1.$$

因此, 对任意的 $f, g \in S_{X^*}$, 有

$$\rho_X(t) \geqslant \left|\frac{f(x) + g(x)}{2}\right| + t\left|\frac{f(y) - g(y)}{2}\right| - 1.$$

由 x, y 的任意性知

$$\rho_X(t) \geqslant \left\|\frac{f+g}{2}\right\| + t\left\|\frac{f-g}{2}\right\| - 1.$$

因此对每个 $n \in \mathbb{N}$,

$$\rho_X(t) \geqslant \left\|\frac{f_n+g_n}{2}\right\| + t\left\|\frac{f_n-g_n}{2}\right\| - 1.$$

令 $n \to \infty$, 则有 $\rho_X(t) \geqslant t\alpha/2$, 与假设矛盾. 故 $\lim_{t\to 0} \rho_X(t)/t < \alpha/2$ 蕴含 $\varepsilon_0(X^*) < \alpha$.

充分性. 设 $\varepsilon_0(X^*) < \alpha$, 取 $\beta \in (\varepsilon_0(X^*), \alpha)$. 令 $\eta = \delta_{X^*}(\beta)$, 下面分两种情况考虑 $\varepsilon \in [0, 2]$.

若 $\varepsilon < \beta$, 则 $t\varepsilon/2 < t\beta/2$. 故 $t\varepsilon/2 - \delta_{X^*}(\varepsilon) < t\beta/2$.

若 $\beta \leqslant \varepsilon$, 由于凸性模是非降函数, 则有 $\delta_{X^*}(\varepsilon) \geqslant \delta_{X^*}(\beta) = \eta$. 因此, 对任意 $t < \eta$, 有 $t\varepsilon/2 \leqslant t < \eta < \delta_{X^*}(\varepsilon)$, 但这表明 $t\varepsilon/2 - \delta_{X^*}(\varepsilon) < 0$.

综上所述, 对 $\forall t < \eta$, 都有 $\sup\{t\varepsilon/2 - \delta_{X^*}(\varepsilon) : \varepsilon \in [0, 2]\} \leqslant t\beta/2$. 由 Lindenstrauss 公式知 $\rho_X(t) \leqslant t\beta/2$. 因此 $\lim_{t\to 0} \rho_X(t)/t \leqslant \beta/2 < \alpha/2$. □

定义 2.3.12 Banach 空间 X 称为一致非方的是指存在 $\delta > 0$, 当 $x, y \in S(X)$, 有 $\|\frac{x+y}{2}\| < 1 - \delta$ 或者 $\|\frac{x-y}{2}\| < 1 - \delta$.

定理 2.3.17 设 X 是非平凡的 Banach 空间, 则下面的条件是等价的:

(i) X 是一致非方的;

(ii) 存在 $\varepsilon \in (0, 2)$ 使得 $\delta_X(\varepsilon) > 0$;

(iii) $\varepsilon_0(X) < 2$;

(iv) 存在 $t_0 > 0$, 使得 $\rho_X(t_0) < t_0$;

(v) 对于所有的 $t > 0$, $\rho_X(t) < t$;

(vi) $\rho'_X(0) < 1$;

(vii) $\varepsilon_0(X^*) < 2$;

(viii) $\rho'_{X^*}(0) < 1$.

证明 (i) $\Rightarrow$ (ii) 若 X 是一致非方的, 由定义, 取 $\varepsilon = 2 - 2\delta \in (0, 2)$, 则得到 $\delta_X(\varepsilon) \geqslant 1 - \varepsilon/2 > 0$.

(ii) $\Rightarrow$ (i) 若存在 $\varepsilon_0 \in (0, 2)$ 满足 $\delta_X(\varepsilon_0) > 0$, 即存在 $\eta_0 \in (0, 1)$ 使得 $\delta_X(\varepsilon_0) \geqslant \eta_0 > 0$. 令 $2 - 2\delta = \varepsilon \in [\varepsilon_0, 2)$, 则 $\delta \in (0, 1 - \varepsilon_0/2)$, 并且 $\delta_X(2 - 2\delta) = \delta_X(\varepsilon) \geqslant \delta_X(\varepsilon_0) \geqslant \eta_0 > 0$. 这就蕴含了对任意的 $x, y \in S(X)$, 若 $\|x - y\| \geqslant 2 - 2\delta$, 则 $1 - \|x + y\|/2 \geqslant \eta_0$.

令 $\delta' = \min\{\delta, \eta_0\}$, 则 $\delta' \in (0, 1)$. 要证 X 一致非方, 只需证明 $\|x-y\|/2 \leqslant 1 - \delta'$ 或者 $\|x+y\|/2 \leqslant 1 - \delta'$. 分两种情形, 若 $\|x - y\|/2 \leqslant 1 - \delta'$, 则证毕.

若 $\|x-y\|/2 > 1-\delta'$，则 $\|x-y\| > 2(1-\delta') \geqslant 2(1-\delta)$。由前面的推导可知 $1-\|x+y\|/2 \geqslant \eta_0$，即 $\|x+y\|/2 \leqslant 1-\eta_0 \leqslant 1-\delta'$。因此，$X$ 是一致非方的。

(ii) $\Leftrightarrow$ (iii) 由 $\varepsilon_0(X)$ 的定义显然可得。

(iv) $\Leftrightarrow$ (v) 利用 Kato 的一个结果[67]：对于 $\rho_X(t)$，或者 $\rho_X(t) = t, \forall t > 0$，或者 $\rho_X(t) < t, \forall t > 0$。即得。

(iv) $\Leftrightarrow$ (vi) 是因为 $\rho_X(t)/t$ 是一个递增的函数。

(vi) $\Leftrightarrow$ (vii) 和 (viii) $\Leftrightarrow$ (iii) 都可以利用推论 2.3.13 得到。 □

定理2.3.18 若 $\lim_{t \to 0} \rho_X(t)/t < 1/2$，则 X 具有一致正规结构。

证明 由定理 2.3.16 知，$\lim_{t \to 0} \rho_X(t)/t < 1/2$ 蕴含 $\varepsilon_0(X^*) < 1$，因此，X^* 是超自反的。从而 X 也是超自反的。又由于 $\rho_X(\cdot) = \rho_{\tilde X}(\cdot)$，以及定理 2.1.4，故只需证明 X 具有弱正规结构。

若 X 不具有弱正规结构，则由引理 2.1.2 知，存在存在有界序列 $\{x_n\} \subset B$ 满足
$$\lim_{n \to \infty} \|x_n - x\| = \operatorname{diam}(\{x_n\}) = c > 0, \quad \forall x \in \operatorname{co}(\{x_n\}).$$
由于 X 是自反的，不妨设 $x_n \xrightarrow{w} w$。令 $t \in [0,1]$，则
$$\frac{1}{2}\left(\|x_n - x_m + t(w - x_m)\| + \|x_n - x_m - t(w - x_m)\|\right)$$
$$\leqslant \|x_n - x_m\| \left(1 + \rho_X\left(\frac{t\|w - x_n\|}{\|x_n - x_m\|}\right)\right).$$
令 $n \to \infty$，则有
$$\frac{1}{2} \limsup_{n \to \infty} \|x_n - x_m + t(w - x_m)\| \leqslant \frac{c}{2}\left(1 + 2\rho_X\left(\frac{t\|w - x_n\|}{c}\right)\right),$$
又由于 $\{x_n\}$ 弱收敛于 w，故
$$\frac{1}{2}(1+t)\|w - x_n\| \leqslant \frac{c}{2}(1 + 2\rho_X(t)).$$
这表明 $t/2 \leqslant \rho_X(t)$，因此，可推知 $\lim_{t \to 0} \rho_X(t)/t \geqslant 1/2$，矛盾。 □

命题2.3.19 凸性模 $\delta_X(\varepsilon)$ 与函数 $\tilde\delta_X(\varepsilon) = \sup\{t\varepsilon/2 - \rho_{X^*}(t) : t \geqslant 0\}$ 等价，函数 $\tilde\delta_X(\varepsilon)$ 是 $\delta_X(\varepsilon)$ 的最大凸生成函数，且 $\delta_X(\varepsilon)/\varepsilon^2$ 是非增函数。

证明 显然 $\tilde\delta_X(\varepsilon)$ 是非降的凸函数，且 $\tilde\delta_X(\varepsilon) \leqslant \delta_X(\varepsilon)$。下面证明 $\tilde\delta_X(\varepsilon)$ 是 $\delta_X(\varepsilon)$ 最大凸生成函数。若对于 $\varepsilon \in (0,2)$，仿射函数 $a\varepsilon + b, a > 0$ 是 $\delta_X(\varepsilon)$ 最大凸生成函数，则它也是 $\tilde\delta_X(\varepsilon)$ 的最大凸生成函数。事实上，若 $\delta_X(\varepsilon) \geqslant a\varepsilon + b, 0 < \varepsilon < 2$。则对任意的 $\eta \in (0,2)$，有
$$\tilde\delta_X(\eta) \geqslant \frac{2a\eta}{2} - \rho_{X^*}(2a) = a\eta - \sup_{0 < \varepsilon < 2}\{a\varepsilon - \delta_X(\varepsilon)\} \geqslant a\eta + b.$$

下证 $\tilde{\delta}_X(\varepsilon)/\varepsilon^2$ 是非增函数. 由命题 2.3.15 知, 存在 $C < \infty$ 使得 $\rho_{X^*}(t_1)/t_1^2 \leqslant C\rho_{X^*}(t_2)/t_2^2$, $t_1 > t_2 > 0$. 令 $0 < \varepsilon_1 < \varepsilon_2 < 2$, 考虑如下两种情况:

(1) $\varepsilon_1 C \geqslant \varepsilon_2$. 利用 $\delta_X(\varepsilon)$ 的凸性, 可得
$$\tilde{\delta}_X(\varepsilon_1) \leqslant \frac{\delta_X(\varepsilon_2)\varepsilon_1}{\varepsilon_2} \leqslant C\frac{\delta_X(\varepsilon_2)\varepsilon_1^2}{\varepsilon_2^2}.$$

(2) $\varepsilon_1 C < \varepsilon_2$. 令 $\alpha = \varepsilon_2/C\varepsilon_1 > 1$. 则
$$\tilde{\delta}_X(\varepsilon_1) \leqslant \sup\left\{\frac{\varepsilon_1 t}{2} - \frac{\rho_{X^*}(\alpha t)}{C\alpha^2} : t \geqslant 0\right\}$$
$$= C^{-1}\alpha^{-2}\sup\left\{\frac{\varepsilon_1 t C\alpha^2}{2} - \rho_{X^*}(\alpha t) : t \geqslant 0\right\}$$
$$= C^{-1}\alpha^{-2}\tilde{\delta}_X(\varepsilon_1 C\alpha) = C^{-1}\alpha^{-2}\tilde{\delta}_X(\varepsilon_2)$$
$$= \frac{C\tilde{\delta}_X(\varepsilon_2)\varepsilon_1^2}{\varepsilon_2^2}. \qquad \square$$

设 $f: [0,1] \to X$ 是可测函数, $L_2(X)$ 表示所有可测函数 f 的全体, 其中
$$\|f\|_{L_2(X)} = \left(\int_0^1 \|f(t)\|_X^2 \mathrm{d}t\right)^{1/2} < \infty.$$

定理2.3.20 存在常数 $a, b, C > 0$ 使得如下式子成立:
(i) $\delta_X(\varepsilon) \geqslant \delta_{L_2(X)}(\varepsilon) \geqslant a\delta_X(b\varepsilon)$, $0 \leqslant \varepsilon \leqslant 2$;
(ii) $\rho_X(t) \leqslant \rho_{L_2(X)}(t) \leqslant C\rho_X(t)$, $t \geqslant 0$.

证明 由于 X 是 $L_2(X)$ 的一个子空间, 故 (i) 和 (ii) 式的左端不等式都成立. 下面证明两式的右端不等式成立.

设 $f, g \in S(L_2(X))$, 不失一般性, 令 $\varphi(t) = \left((\|f(t)\|_X^2 + \|g(t)\|_X^2)/2\right)^{1/2}$, 则
$$\|f+g\|^2 \leqslant \int_0^1 \varphi(t)^2\left(4 - 4\delta_X\left(\frac{\|f(t)-g(t)\|_X}{2\varphi(t)}\right)\right)\mathrm{d}t.$$

令 $\alpha(\varepsilon) = \delta_X(\varepsilon^{1/2})$, $\tilde{\alpha}(\varepsilon)$ 表示 α 的最大凸生成函数, 则存在常数 $k_1, k_2 > 0$ 使得
$$k_1\delta_X(k_2\varepsilon) \leqslant \tilde{\alpha}(\varepsilon^2) \leqslant \delta_X(\varepsilon), \quad 0 \leqslant \varepsilon \leqslant 2.$$

注意到 $\int_0^1 \varphi^2(t)\mathrm{d}t = 1$, 以及 $\tilde{\alpha}$ 是凸函数, 则有
$$\int_0^1 \varphi^2(t)\delta_X\left(\frac{\|f(t)-g(t)\|_X}{2\varphi(t)}\right)\mathrm{d}t \geqslant \int_0^1 \varphi^2(t)\tilde{\alpha}\left(\frac{\|f(t)-g(t)\|_X^2}{4\varphi^2(t)}\right)\mathrm{d}t$$
$$\geqslant \tilde{\alpha}\left(\frac{\|f-g\|^2}{4}\right).$$

2.3 一致凸性和一致光滑性

故 $\|f+g\|^2 \leqslant 4 - 4\tilde{\alpha}(\|f-g\|^2/4)$,从而 $\|f+g\|/2 \leqslant 1 - \tilde{\alpha}(\|f-g\|^2/4)/2$. 因此,$\delta_{L_2(X)}(\varepsilon) \geqslant k_1 \delta_X(\varepsilon k_2/2)/2$. 利用对偶性质,可知 (ii) 式的右端亦成立. □

定理2.3.21 局部一致凸空间是中点局部一致凸空间.

证明 对任何 $\varepsilon > 0$,$x_0 \in S(X)$,选取

$$\delta_1(x_0, \varepsilon) = \delta\left(\frac{1}{2}\varepsilon, x_0\right),$$

其中 $\delta(\frac{1}{2}\varepsilon, x_0)$ 是局部一致凸空间定义中相应于点 x_0 及 $\frac{\varepsilon}{2}$ 的数 δ.

当 $x_1, x_2 \in S(X)$,$\|x_0 - \frac{x_1+x_2}{2}\| < \delta_1$ 时,选取 $f \in S(X^*)$,使得 $f(x_0) = 1$,则

$$f(x_1) > 1 - 2\delta, \quad f(x_2) > 1 - 2\delta,$$

从而有 $\|x_0 + x_2\| > 2 - 2\delta$,$\|x_1 + x_0\| > 2 - 2\delta$,故

$$\|x_0 - x_1\| < \frac{\varepsilon}{2}, \quad \|x_0 - x_2\| < \frac{\varepsilon}{2}.$$

从而,$\|x_1 - x_2\| < \varepsilon$,故 X 是中点局部一致凸的. □

定理2.3.22 中点局部一致凸空间是严格凸空间.

证明 若存在 $x, y \in S(X)$,$x \neq y$,使得 $[x, y] \subset S(X)$,选取 $x_0 = \frac{x+y}{2}$,令 $\|x - y\| = \varepsilon$,则对一切 $\delta > 0$,$\|x_0 - \frac{x+y}{2}\| = 0$,但 $\|x - y\| = \varepsilon$,这与 X 是中点局部一致凸空间矛盾. □

定理2.3.23 弱局部一致凸空间是严格凸空间.

证明 若存在 $x, y \in S(X)$,$x \neq y$,使得 $[x, y] \subset S(X)$,选取 $x_0 = \frac{x+y}{2}$,及 $f \in S(X^*)$,使得 $f(x) \neq f(y)$,因而 $f(x_0) \neq f(x)$,令 $\varepsilon = |f(x_0) - f(x)|$,这时有 $\|x_0 + x\| = 2$,但是 $|f(x_0) - f(x)| = \varepsilon$. 这与 X 是弱局部一致凸空间矛盾. □

定理2.3.24 各向一致凸空间是严格凸空间.

证明 若存在 $x \neq y$,使得 $[x, y] \subseteq S(X)$,令 $\varepsilon = \|x - y\|$,$z = x - y$,则对任意 $\delta > 0$,$\|\frac{x+y}{2}\| = 1 > 1 - \delta$,但 $\|x - y\| = \|z\| = \varepsilon$,这与 X 是各向一致凸的矛盾. □

定理2.3.25 一致凸空间是各向一致凸的.

定义2.3.13 设 X 是 Banach 空间,定义如下的模函数:

$$\delta_X(z; \varepsilon) = \inf\left\{1 - \frac{\|x+y\|}{2} : x, y \in B(X), \|x - y\| \geqslant \varepsilon, x - y = tz, t \in \mathbb{R}\right\},$$

其中,$z \in X$.

易知,若 $\forall \varepsilon > 0$,$z \in X$,有 $\delta_X(z; \varepsilon) > 0$,则 X 是各向一致凸的.

命题2.3.26 设 A 为 Banach 空间 X 中的有界凸子集且 $\mathrm{diam}(A) > 0$，则存在 $z \in S(X)$ 满足

$$r(A) \leqslant \bigl(1 - \delta_X(z;1)\bigr) \mathrm{diam}(A).$$

证明 记 $d = \mathrm{diam}(A)$，对任意给定的 $0 < \varepsilon < d$，选取 $x, y \in A$ 满足 $\|x - y\| \geqslant d - \varepsilon$，并令 $z = (x - y)/\|x - y\|$．对任意的 $u \in A$，有 $\|u - x\| \leqslant d, \|u - y\| \leqslant d$ 且 $(u - y) - (u - x) = \|x - y\|z$．从而

$$\left\| u - \frac{x + y}{2} \right\| \leqslant d\left(1 - \delta_X\left(z; \frac{d - \varepsilon}{d}\right)\right).$$

这就推出了 $r(A) \leqslant d\bigl(1 - \delta_X(z; 1 - \varepsilon/d)\bigr)$．注意到 $\delta_X(z;\varepsilon)$ 的连续性，命题的结论成立． □

命题 2.3.26 证明了若对任意的 $z \in S(X)$ 都有 $\delta_X(z;1) > 0$，则 X 具有正规结构. 特别地，有下面的结果.

推论2.3.27 若 Banach 空间 X 是各向一致凸的，则 X 具有正规结构.

2.4 对偶映射

定义2.4.1 设 X 是 Banach 空间，$F_X : X \to X^*$ 是集值映射，$\forall x \in X$，

$$F_X(x) = \{x^* \in X^* : x^*(x) = \|x\|^2 = \|x^*\|^2\},$$

称 F_X 是 X 上的对偶映射.

定义2.4.2 设 $x_0 \in X, y \in X, t > 0$，

$$\Delta(x_0, y, t) = \frac{\|x_0 + ty\| - \|x_0\|}{t}$$

称为范数在 x_0 沿 y 方向的差商．

因为 $f(t) = \|x_0 + ty\|$ 是关于 t 的凸函数，

$$f'_+(0) = \lim_{t \to 0^+} \frac{f(t) - f(0)}{t} = \lim_{t \to 0^+} \frac{\|x_0 + ty\| - \|x_0\|}{t}$$

与

$$f'_-(0) = \lim_{t \to 0^-} \frac{f(t) - f(0)}{t} = \lim_{t \to 0^-} \frac{\|x_0 + ty\| - \|x_0\|}{t}$$

都存在且

$$\frac{\|x_0 - ty\| - \|x_0\|}{-t} \leqslant \Delta'_-(x_0, y, 0) \leqslant \Delta'_+(x_0, y, 0) \leqslant \frac{\|x_0 + ty\| - \|x_0\|}{t}.$$

定义2.4.3 光滑点的等价定义：若 $\forall y \in X$，有 $\Delta'_-(x_0, y, 0) = \Delta'_+(x_0, y, 0)$，即 $\lim\limits_{t\to 0} \frac{\|x_0+ty\|-\|x_0\|}{t}$ 存在，则称 x_0 为光滑点.

稍后将给出该等价定义的证明.

定义2.4.4 $x \in S(X)$ 称为 Fréchet-光滑点是指若存在泛函 $f \in X^*$ 使得

$$\lim_{y\to 0} \frac{\|x+y\|-\|x\|-f(y)}{\|y\|} = 0.$$

若 $\forall x \in S(X)$ 都是 Fréchet-光滑点，则称 Banach 空间 X 的范数 $\|\cdot\|$ 是 Fréchet-光滑的.

定义2.4.5 Banach 空间 X 称为强光滑的，是指 $\forall x \in S(X)$，当 $f_n \in S(X^*)$，$f_n(x) \to 1$，存在 $f \in S(X^*)$ 使得 $f_n \to f$. 相应的可给出强光滑点的定义.

定义2.4.6 Banach 空间 X 称为很光滑的，是指 $\forall x \in S(X)$，它在 $S(X^{***})$ 中有唯一的支撑泛函.

相应地可给出很光滑点的定义.

引理2.4.1 设 X 是 Banach 空间，

(1) $x \in S(X)$ 是光滑点的充要条件是 $\forall y \in X$，

$$\lim_{t\to 0} \frac{\|x+ty\|-\|x-ty\|-2\|x\|}{t} = 0.$$

(2) $x \in S(X)$ 是 Fréchet-光滑点的充要条件是

$$\lim_{y\to 0} \frac{\|x+y\|-\|x-y\|-2\|x\|}{\|y\|} = 0.$$

定理2.4.2 对于任何一个 Banach 空间 X，有

$$F_X(x_0) = \{x^* \in X^* : \Delta'_-(x_0, y, 0)\|x_0\| \leqslant x^*(y) \leqslant \Delta'_+(x_0, y, 0)\|x_0\|, \forall y \in X\}.$$

证明 设 $x^* \in X^*$，对 $\forall y \in X$，满足

$$\Delta'_-(x_0, y, 0)\|x_0\| \leqslant x^*(y) \leqslant \Delta'_+(x_0, y, 0)\|x_0\|.$$

取 $y = x_0$，则 $\Delta'_-(x_0, x_0, 0) = \Delta'_+(x_0, x_0, 0) = 1$，

$$\|x_0\|^2 \leqslant x^*(x_0) \leqslant \|x_0\|^2,$$

故 $x^*(x_0) = \|x_0\|^2$，$\|x^*\| = \|x_0\|$. 因此，$x^* \in F_X(x_0)$.

另一方面，若 $x^* \in F_X(x_0)$，则

$$\|x_0\|^2 + tx^*(y) = x^*(x) + tx^*(y)$$
$$= x^*(x_0 + ty)$$
$$\leqslant \|x^*\|\|x_0 + ty\|$$
$$= \|x\|\|x_0 + ty\|.$$

因此，
$$\Delta'_-(x_0, y, 0)\|x_0\| \leqslant x^*(y) \leqslant \Delta'_+(x_0, y, 0)\|x_0\|. \qquad \Box$$

定理2.4.3 F_X 是有界的齐次集值映射.

证明 先证明 F_X 是有界的. 设 C 是 X 中的有界集合，即存在 $M > 0$，对 $\forall x \in C$，$\|x\| \leqslant M$. 对任意 $y \in F_X(C)$，存在 $x \in C$ 使得 $y \in F_X(x)$. 因此，$\|y\| = \|x\| \leqslant M$. 故 F_X 是有界的.

当 $\lambda \neq 0$ 时，

$$F_X(\lambda x) = \{x^* \in X^* : x^*(\lambda x) = \|\lambda x\|^2 = \|x^*\|^2\}$$
$$= \left\{\lambda \frac{x^*}{\lambda} \in X^* : \frac{x^*}{\lambda}(x) = \|x\|^2 = \left\|\frac{x^*}{\lambda}\right\|^2\right\}$$
$$= \lambda F_X(x).$$

当 $\lambda = 0$ 时，$F_X(\lambda x) = \lambda F_X(x)$ 显然成立. 因此，F_X 的齐次性得证. $\qquad \Box$

定理2.4.4 F_X 是满射的充要条件是 X 是自反的.

证明 若 F_X 是满射，即对 $\forall x^* \in S(X^*)$，存在 $x \in X$ 使得 $x^* \in F_X(x)$，故

$$x^*(x) = \|x\|^2 = \|x^*\|^2 = 1.$$

因此，x^* 是范数可达的.

若 X 是自反的，对 $\forall x^* \in X^*$，由 Hahn-Banach 定理，存在 $x \in S(X)$，$x^*(x) = \|x^*\|$. 取 $y = \|x^*\|x$，则

$$x^*(y) = \|y\|^2 = \|x^*\|^2. \qquad \Box$$

定理2.4.5 F_X 是单射的充要条件是 X 是严格凸的.

证明 先证明必要性. 设 $x, y \in S(X)$，且 $\|x + y\| = 2$. 由 Hahn-Banach 定理，存在 $x^* \in S(X^*)$，使得

$$x^*\left(\frac{x+y}{2}\right) = 1,$$

则 $x^*(x) = x^*(y) = 1$. 因 F_X 是单射, 当 $x \neq y$ 时, $F_X(x) \cap F_X(y) = \varnothing$, 故 $x = y$.

若 X 是严格凸的, 而 F_X 不是单射, 即存在 $x \neq y$, 但 $F_X(x) \cap F_X(y) \neq \varnothing$. 不妨设 $\|x\| = \|y\| = 1$, 存在 $x^* \in X^*$, 使得 $x^*(x) = x^*(y) = 1$, 由此知 $\|x+y\| = 2$, 与 X 是严格凸矛盾. $\square$

定理2.4.6 F_X 是单值的充要条件是 X 是光滑的.

定理2.4.7 $\forall x, y \in X$, $f \in F_X(x)$, $g \in F_X(y)$, 则 $(f - g, x - y) \geqslant 0$.

定理2.4.8 $\forall x, y \in X$, $f \in F_X(y)$, 则 $\|x\|^2 - \|y\|^2 \geqslant 2(f(x - y))$.

定理2.4.9 X 是严格凸的充要条件是 $x, y \in S(X)$, $x \neq y \Rightarrow x^*(y) < 1$, $\forall x^* \in F_X(x)$.

证明 必要性. 设 $x, y \in S(X)$, $x \neq y$, $x^* \in F_X(x)$, 则

$$\begin{aligned} x^*(y) = x^*(x + y - x) &= x^*(x + y) - x^*(x) \\ &\leqslant \|x^*\|\|x + y\| - \|x^*\|\|x\| \\ &= \|x^*\|(\|x + y\| - \|x\|) \\ &= \|x + y\| - 1. \end{aligned}$$

因为 X 是严格凸的, 故 $\|x + y\| < 2$, 则 $x^*(y) < 1$.

充分性. 若 X 不是严格凸的, 即存在 $x, y \in S(X)$, $x \neq y$, 且 $\|x+y\| = 2$. 由 Hahn-Banach 定理, $\exists f \in S(X^*)$ 使得 $f(\frac{x+y}{2}) = 1$, 由此知 $f(x) = f(y) = 1$, 即 $f \in F_X(x)$. 由题设知 $f(y) < 1$, 产生矛盾. $\square$

定理2.4.10 Banach 空间 X 是严格凸的充要条件是 $\forall x, y \in X$, $x \neq y$, $x^* \in F_X(x)$, $y^* \in F_X(y)$, 则 $(x^* - y^*, x - y) > 0$.

证明 必要性. $\forall x, y \in X$, $x \neq y$, $x^* \in F_X(x)$, $y^* \in F_X(y)$, 有

$$\begin{aligned} x^*(y) &= x^*(x + y - x) \\ &= x^*(x + y) - x^*(x) \leqslant \|x^*\|(\|x + y\| - \|x\|), \end{aligned}$$

$$\begin{aligned} \|x^*\|\|y\| - x^*(y) &\geqslant \|x^*\|\|y\| - \|x^*\|(\|x + y\| - \|x\|) \\ &= \|x^*\|(\|x\| + \|y\|) - \|x^*\|\|x + y\| \\ &= \|x^*\|(\|x\| + \|y\| - \|x + y\|). \end{aligned}$$

类似地, 可知 $\|y^*\|\|x\| - y^*(x) \geqslant \|y^*\|(\|x\| + \|y\| - \|x + y\|)$, 则

$$(x^* - y^*, x - y) = x^*(x) - x^*(y) - y^*(x) + y^*(y)$$

$$\begin{aligned}
&=(\|x^*\|-\|y^*\|)(\|x\|-\|y\|)+(\|x^*\|\|y\|-x^*(y))\\
&\quad+(\|y^*\|\|x\|-y^*(x))\\
&\geqslant (\|x\|-\|y\|)^2+\|x\|(\|x\|+\|y\|-\|x+y\|)\\
&\quad+\|y\|(\|x\|+\|y\|-\|x+y\|)\\
&=(\|x\|-\|y\|)^2+(\|x\|+\|y\|)(\|x\|+\|y\|-\|x+y\|)\\
&>0.
\end{aligned}$$

充分性. 若 X 不是严格凸的, 由引理 2.4.9, 存在 $x,y \in S(X)$, $x \neq y$, $x^* \in F_X(x)$, 使得 $x^*(y)=1$. 可知 $\|x+y\|=2$, 令 $z=\frac{x+y}{2}$, $z^* \in F_X(z)$, 易知 $z^* \in F_X(x)$, 则

$$(x^*-z^*, x-z)=0,$$

与题设矛盾. □

引理2.4.11 Banach 空间 X 是一致凸的充分必要条件是

$$\beta_X(\varepsilon)=\inf\{1-x^*(y): \|x-y\|\geqslant \varepsilon, x,y\in S(X), x^*\in F_X(x)\}>0.$$

证明 必要性. 设 $x,y \in S(X)$, $x^* \in F_X(x)$, 则

$$1-x^*(y)\geqslant 2-\|x+y\|.$$

若 $\|x-y\|\geqslant \varepsilon$, 则

$$2-\|x+y\|\geqslant \delta_X(\varepsilon),$$

故 $\beta_X(\varepsilon)\geqslant \delta_X(\varepsilon)>0$.

充分性. 设 $\beta_X(\varepsilon)>0$, $\forall \varepsilon >0$. 若 X 不是一致凸的, 则存在序列 $\{x_n\}$, $\{y_n\} \subseteq S(X)$ 满足 $\|x_n+y_n\|\to 2$, 且 $\|x_n-y_n\|\geqslant \varepsilon_0 >0$.

令 $\alpha_n=\frac{1}{\|x_n+y_n\|}$, $z_n=\alpha_n(x_n+y_n)$, $n\in \mathbb{N}$. 选取 $x_n^* \in F_X(x_n)$, $z_n^* \in F_X(z_n)$, $y_n^* \in F_X(y_n)$, 则

$$\begin{aligned}
\|x_n-z_n\| &= \|x_n-\alpha_n(x_n+y_n)\|\\
&=\|(1-\alpha_n)x_n-\alpha_n y_n\|\\
&=\|\alpha_n(x_n-y_n)+(1-2\alpha_n)x_n\|\\
&\geqslant \alpha_n\varepsilon_0-|1-2\alpha_n|.
\end{aligned}$$

类似地, $\|y_n-z_n\|\geqslant \alpha_n\varepsilon_0-|1-2\alpha_n|$. 由于 $\lim_{n\to\infty}\alpha_n=\frac{1}{2}$, 故存在 $n_0 \in \mathbb{N}$, 当 $n\geqslant n_0$,

$$\|x_n-z_n\|\geqslant \frac{\varepsilon_0}{4}, \quad \|y_n-z_n\|\geqslant \frac{\varepsilon_0}{4},$$

$$2 - \|x_n + y_n\| = 2 - z_n^*(x_n + y_n)$$
$$= 1 - z_n^*(x_n) + 1 - z_n^*(y_n)$$
$$\geqslant 2\beta_X(\frac{\varepsilon_0}{4}) > 0,$$

产生矛盾. □

定理2.4.12 Banach 空间 X 是一致凸的充分必要条件是
$$r_X(\varepsilon) = \inf\{(x^* - y^*)(x - y): \|x - y\| \geqslant \varepsilon,\ x, y \in S(X),$$
$$x^* \in F_X(x), y^* \in F_X(y)\} > 0.$$

下面介绍范数的可微性.

定义2.4.7 若对任意的 $x_0 \in S(X), y \subset S(X)$ 及 $\varepsilon > 0$，存在 $\delta > 0$ 和常数 $\rho(x_0, y)$，使得当 $|t| < \delta$，有
$$\left|\frac{\|x_0 + ty\| - \|x_0\|}{t} - \rho(x_0, y)\right| < \varepsilon,$$

则称 Banach 空间 X 为 Gâteaux 可微空间.

定义2.4.8 若对任意固定的 $y_0 \in S(X)$，$\varepsilon > 0$，存在 $\delta > 0$ 和实值函数 $\rho(x, y_0)$，使得当 $|t| < \delta$，有
$$\sup\left\{\left|\frac{\|x + ty_0\| - \|x\|}{t} - \rho(x, y_0)\right|: x \in S(X)\right\} < \varepsilon,$$

则称 Banach 空间 X 为一致 Gâteaux 可微空间.

定义2.4.9 若对任意固定的 $x_0 \in S(X)$，$\varepsilon > 0$，存在 $\delta > 0$ 和实值函数 $\rho(x_0, y)$，使得当 $|t| < \delta$，有
$$\sup\left\{\left|\frac{\|x_0 + ty\| - \|x_0\|}{t} - \rho(x_0, y)\right|: y \in S(X)\right\} < \varepsilon,$$

则称 Banach 空间 X 为 Fréchet 可微空间.

定义2.4.10 若对任意 $\varepsilon > 0$ 存在 $\delta > 0$ 和实值函数 $\rho(x, y)$，使得当 $|t| < \delta$，有
$$\sup\left\{\left|\frac{\|x_0 + ty\| - \|x_0\|}{t} - \rho(x_0, y)\right|: x, y \in S(X)\right\} < \varepsilon,$$

则称 Banach 空间 X 为一致 Fréchet 可微空间.

下面来研究范数的可微性与光滑性的关系，为此先引入支撑函数的概念.

定义2.4.11 设 X 是 Banach 空间，$\forall x \in S(X)$，$\sigma : S(X) \to S(X^*)$，且 $\sigma(x) \in F_X(x)$，则 σ 称为一个支撑函数．

定理2.4.13 设 $t>0$，$x,y \in S(X)$，σ 是任意的支撑函数，则
$$\frac{\sigma(x)(y)}{\|x\|} \leqslant \frac{\|x+ty\|-\|x\|}{t} \leqslant \frac{\sigma(x+ty)(y)}{\|x+ty\|}.$$

证明
$$\frac{\sigma(x)(y)}{\|x\|} = \frac{\sigma(x)(ty)}{t\|x\|}$$
$$= \frac{\sigma(x)(x)+\sigma(x)(ty)-\|x\|^2}{t\|x\|}$$
$$= \frac{\sigma(x)(x+ty)-\|x\|^2}{t\|x\|} \leqslant \frac{\|\sigma(x)\|\|x+ty\|-\|x\|^2}{t\|x\|}$$
$$= \frac{\|x+ty\|-\|x\|}{t} = \frac{\|x+ty\|^2-\|x\|\|x+ty\|}{t\|x+ty\|}$$
$$\leqslant \frac{\|x+ty\|^2-|\sigma(x+ty)(x)|}{t\|x+ty\|}$$
$$= \frac{\sigma(x+ty)(x+ty)-|g\sigma(x+ty)(x)|}{t\|x+ty\|}$$
$$= \frac{\sigma(x+ty)(ty)+g(x)-|\sigma(x+ty)(x)|}{t\|x+ty\|}$$
$$\leqslant \frac{\sigma(x+ty)(y)}{\|x+ty\|}. \qquad \square$$

推论2.4.14 若 $0 < |t| < 1$，则
$$\left|\frac{\sigma(x)(y)}{\|x\|} - \frac{\sigma(x+ty)(y)}{\|x+ty\|}\right| \leqslant \frac{|t|}{1-|t|} + \frac{1}{1-|t|}|\sigma(x)(y)-\sigma(x+ty)(y)|.$$

证明
$$\left|\frac{\sigma(x)(y)}{\|x\|} - \frac{\sigma(x+ty)(y)}{\|x+ty\|}\right| \leqslant \left|\frac{\sigma(x)(y)}{\|x\|} - \frac{\sigma(x)(y)}{\|x+ty\|}\right|$$
$$+ \left|\frac{\sigma(x)(y)}{\|x+ty\|} - \frac{\sigma(x+ty)(y)}{\|x+ty\|}\right|$$
$$\leqslant |\sigma(x)(y)|\left|1-\frac{1}{\|x+ty\|}\right|$$
$$+ \frac{1}{\|x+ty\|}|\sigma(x)(y)-\sigma(x+ty)(y)|$$
$$\leqslant \left|1-\frac{1}{\|x+ty\|}\right| + \frac{1}{\|x+ty\|}|\sigma(x)(y)-\sigma(x+ty)(y)|.$$

2.4 对偶映射

由于 $\|x+ty\| \geqslant \|x\| - |t|\|y\| = 1 - |t| > 0$,故

$$\frac{1}{\|x+ty\|} < \frac{1}{1-|t|}.$$

当 $\|x+ty\| < 1$ 时,

$$\left|1 - \frac{1}{\|x+ty\|}\right| \leqslant \frac{1}{\|x+ty\| - 1}$$
$$\leqslant \frac{1}{1-|t|} - 1 = \frac{|t|}{1-|t|}.$$

当 $\|x+ty\| \geqslant 1$ 时,

$$\left|1 - \frac{1}{\|x+ty\|}\right| \leqslant 1 - \frac{1}{\|x+ty\|}$$
$$\leqslant 1 - \frac{1}{1+|t|} = \frac{|t|}{1+|t|} \leqslant \frac{|t|}{1-|t|}.$$

因此,

$$\left|\frac{\sigma(x)(y)}{\|x\|} - \frac{\sigma(x+ty)(y)}{\|x+ty\|}\right| \leqslant \frac{|t|}{1-|t|} + \frac{1}{1-|t|}|\sigma(x)(y) - \sigma(x+ty)(y)|. \quad \square$$

定理2.4.15 设 X 是 Banach 空间,$x \in S(X)$,则如下结论等价:
(1) x 是光滑点;
(2) 每个支撑函数 σ 在 x 点范数到弱*连续;
(3) 存在一个支撑函数 σ 在 x 点范数到弱*连续;
(4) 范数在 x 点是 Gâteaux 可微的.

证明 (1) $\Rightarrow$ (2) 设 $x_n \in S(X)$,且 $x_n \to x$. 任取支撑函数 $\sigma : S(X) \to S(X^*)$,只需证明 $\{\sigma(x_n)\}$ 的任意子列都有唯一的弱*闭包点.

设 $\{\sigma(x_{n_k})\} \subseteq \{\sigma(x_n)\}$,由于 $B(X^*)$ 是弱*紧的,故 $\{\sigma(x_{n_k})\}$ 存在弱*收敛的子列,不妨仍记为 $\{\sigma(x_{n_k})\}$,$\sigma(x_{n_k}) \overset{w^*}{\to} f$.

从而,$\|f\| \leqslant 1$,且

$$|1 - f(x)| = |\sigma(x_{n_k})(x_{n_k}) - f(x)|$$
$$\leqslant |\sigma(x_{n_k})(x) - f(x)| + |\sigma(x_{n_k})(x_{n_k}) - \sigma(x_{n_k})(x)|$$
$$\leqslant |(\sigma(x_{n_k}) - f)(x)| + \|x_{n_k} - x\| \to 0,$$

故 $f(x) = 1$. 因此,$f \in F_X(x)$,由 x 是光滑点知 f 是唯一的.

(2) $\Rightarrow$ (3) 显然成立.

(3) $\Rightarrow$ (4) 令 $\sigma: S(X) \to S(X^*)$ 是一个支撑函数, 它在 x 点范数到弱*连续.

任取 $y \in S(X)$, $\varepsilon > 0$, 则存在 $\delta > 0$, 使得 $\delta < \varepsilon$, $\delta < 4$, 且当 $|t| < \delta$ 时, 有
$$|\sigma(x)(y) - \sigma(x+ty)(y)| < \varepsilon.$$

由引理 2.4.13 及推论 2.4.14 知
$$\left| \frac{\|x+ty\| - \|x\|}{t} - \frac{\sigma(x)(y)}{\|x\|} \right| \leqslant \frac{|t|}{1-|t|} + \frac{1}{1-|t|} |\sigma(x)(y) - \sigma(x+ty)(y)|$$
$$\leqslant \frac{\delta + \varepsilon}{1 - |t|} < \frac{\delta + \varepsilon}{1 - \delta} < \frac{8}{3} \varepsilon < 3\varepsilon.$$

(4) $\Rightarrow$ (1) 令 $y \in S(X)$, $f \in F_X(x)$, 由引理 2.4.13 知
$$f(y) = \frac{\sigma(x)(y)}{\|x\|} \leqslant \frac{\|x+ty\| - \|x\|}{t}, \quad \forall t > 0,$$
$$f(y) \geqslant \frac{\|x+ty\| - \|x\|}{t}, \quad \forall t < 0.$$

由于在 x 点是 Gâteaux 可微的, 可知 $f(y) = \rho(x, y)$, 因此, f 是唯一的, 即 x 是 $B(X)$ 的光滑点. $\square$

定理2.4.16 设 X 是 Banach 空间, $x \in S(X)$, 则如下结论等价:

(1) x 是很光滑点;
(2) 若 $\{f_n\}, \{g_n\} \subseteq S(X^*)$, 且 $f_n(x) \to 1$, $g_n(x) \to 1$, 则 $f_n - g_n \xrightarrow{w} 0$;
(3) 每个支撑函数 σ 在 x 点范数到弱连续;
(4) 存在一个支撑函数 σ 在 x 点范数到弱连续.

证明 (1) $\Rightarrow$ (2) 若(2)不成立, 则存在 $\{f_n\}, \{g_n\} \subseteq S(X^*)$, $x^{**} \in S(X^{**})$, 及 $\varepsilon_0 > 0$, 使得 $f_n(x) \to 1$, $g_n(x) \to 1$, 但 $|x^{**}(f_n - g_n)| > \varepsilon_0$.

由于 $B(X^*) \subseteq B(X^{***})$, 不妨设 f^{***}, g^{***} 是 $\{f_n\}, \{g_n\}$ 在 $B(X^{***})$ 中的弱*极限, 则 $f^{***}(x) = g^{***}(x) = 1$. 但
$$|f^{***}(x^{**}) - g^{***}(x^{**})| \geqslant \varepsilon_0 > 0,$$
故 $f^{***} \neq g^{***}$, 这与 x 是光滑点矛盾.

(2) $\Rightarrow$ (3) 设 $\sigma: S(X) \to S(X^*)$ 是任一支撑函数, $\{x_n\} \subseteq S(X)$, 且 $x_n \to x$. 则
$$|\sigma(x_n)(x) - 1| = |\sigma(x_n)(x) - \sigma(x_n)(x_n)| \leqslant \|x_n - x\| \to 0,$$

故 $\sigma(x_n)(x) \to 1$. 由 (2) 知
$$\sigma(x_n) - \sigma(x) \xrightarrow{w} 0,$$
故支撑函数 σ 在 x 点范数到弱连续.

(3) $\Rightarrow$ (4) 显然成立.

(4) $\Rightarrow$ (1) 仿照上述定理 (3) $\Rightarrow$ (4) 的过程即可得到. □

定理 2.4.17 设 X 是 Banach 空间, $x \in S(X)$, 则如下结论等价:

(1) x 是强光滑点;
(2) 每个支撑函数 σ 在 x 点范数到范数连续;
(3) 存在一个支撑函数 σ 在 x 点范数到范数连续;
(4) 范数在 x 点是 Fréchet 可微的.

证明 (1) $\to$ (2) 设 $\sigma : S(X) \to S(X^*)$ 是任一支撑函数, $x_n \in S(X)$, $x_n \to x$. 则
$$\begin{aligned}\sigma(x_n)(x) &= \sigma(x_n)(x - x_n + x) \\ &= \sigma(x_n)(x - x_n) + \sigma(x_n)(x_n) \\ &\leqslant \|x - x_n\| + 1 \to 1.\end{aligned}$$

由 x 是 $B(X)$ 的强光滑点知, $\sigma(x_n) \to \sigma(x)$.

(2) $\Rightarrow$ (3) 显然成立.

(3) $\Rightarrow$ (4) 设 $\sigma : S(X) \to S(X^*)$ 是在 x 点范数到范数连续的支撑函数, 则对任意的 $\varepsilon > 0$, 存在 $\delta_1 > 0$, 使得当 $y \in S(X)$, $|t| < \delta_1$, 有
$$\|\sigma(x) - \sigma(x + ty)\| < \frac{\varepsilon}{3}.$$

选取 $\delta_2 > 0$, 使得当 $|t| < \delta_2$, 有
$$\frac{|t|}{1 - |t|} < \frac{\varepsilon}{3}.$$

令 $\delta = \min\{\delta_1, \delta_2, \frac{1}{2}\}$, 由引理 2.4.13 及推论 2.4.14 知
$$\begin{aligned}\left|\frac{\|x + ty\| - \|x\|}{t} - \sigma(x)(y)\right| &\leqslant \frac{1}{1 - |t|} + \frac{|t|}{1 - |t|}\|\sigma(x) - \sigma(x + ty)\| \\ &< \frac{\varepsilon}{3} + \frac{2\varepsilon}{3} = \varepsilon.\end{aligned}$$

(4) $\Rightarrow$ (1) 由于范数在 x 点是 Fréchet 可微的, 故范数在 x 点是 Gâteaux 可微的, 由定理 2.4.15 知, x 是光滑的, 即存在唯一的 $f \in S(X^*)$ 使得 $f(x) = 1$.

设 $f_n \in S(X^*)$，$f_n(x) \to 1$，则 $\|f_n - f\| \to 0$. 否则, 存在子列不妨仍记为 $\{f_n\}$ 及 $a > 0$, 使得 $\|f_n - f\| \geqslant 3a > 0$.

选 $\{x_n\} \subseteq S(X)$，使得 $f_n(x_n) - f(x_n) \geqslant 2a$，则

$$f(x) - f_n(x) \leqslant (f(x) - f_n(x))\left[\frac{1}{a}(f_n(x_n) - f(x_n)) - 1\right]$$
$$= (f_n(x) - f(x)) + \frac{1}{a}(f(x) - f_n(x))(f_n(x_n) - f(x_n))$$
$$= (f_n - f)\left(x + \frac{1}{a}(f(x) - f_n(x))x_n\right)$$
$$\leqslant \left\|x + \frac{1}{a}(f(x) - f_n(x))x_n\right\| - \|x\|$$
$$- f\left(\frac{1}{a}(f(x) - f_n(x))x_n\right).$$

令 $y_n = \frac{1}{a}(f(x) - f_n(x))x_n$，则 $\|y_n\| = \frac{1}{a}(f(x) - f_n(x))$. 故

$$0 < a = \frac{(f - f_n)(x)}{\|y - n\|} \leqslant \frac{\|x + y_n\| - \|x\| - f(y_n)}{\|y_n\|}.$$

因为数在 x 点是 Fréchet 可微的, 故

$$\frac{\|x + y_n\| - \|x\| - f(y_n)}{\|y_n\|} \to 0,$$

产生矛盾. 因此, $\|f_n - f\| \to 0$. □

定理2.4.18 设 X 是 Banach 空间, 则如下结论等价:
(1) 存在支撑函数 σ 在是范数到范数一致连续的;
(2) 范数是一致 Fréchet 可微的;
(3) X 是一致光滑的;
(4) X^* 是一致凸的;
(5) 每个支撑函数是范数到范数一致连续的.

证明 (1) $\Rightarrow$ (2) 设 $\sigma: S(X) \to S(X^*)$ 是范数到范数一致连续的支撑函数, 则对任意的 $\varepsilon > 0$, 存在 $\delta_1 > 0$, 使得当 $x, y \in S(X)$, $|t| < \delta_1$, 有

$$\|\sigma(x) - \sigma(x + ty)\| < \frac{\varepsilon}{3}.$$

选 $\delta_2 > 0$, 使得当 $|t| < \delta_2$ 时, 有

$$\frac{|t|}{1 - |t|} < \frac{\varepsilon}{3}.$$

2.4 对偶映射

令 $\delta = \min\{\delta_1, \delta_2, \frac{1}{2}\}$，由引理 2.4.13 及推论 2.4.14 知

$$\left|\frac{\|x+ty\|-\|x\|}{t} - \sigma(x)(y)\right| \leqslant \frac{1}{1-|t|} + \frac{|t|}{1-|t|}\|\sigma(x)-\sigma(x+ty)\|$$
$$< \frac{\varepsilon}{3} + \frac{2\varepsilon}{3} = \varepsilon,$$

故范数是一致 Fréchet 可微的.

(2) $\Rightarrow$ (3) 若范数是一致 Fréchet 可微的，则

$$g(x,y,t) = \frac{\|x+ty\|-\|x\|-\sigma(x)(ty)}{t} \to 0 \quad (t \to 0).$$

从而，当 $0 < t < \delta$ 时，$\forall \varepsilon > 0$，

$$g(x,y,t) + g(x,y,-t) < \frac{\varepsilon}{2}, \quad \forall x,y \in S(X).$$

因此，$\forall \varepsilon > 0$，$\exists \delta > 0$，使得

$$\|x+ty\| + \|x-ty\| < 2\|x\| + 2\varepsilon\|ty\| = 2 + \varepsilon\|ty\|, \quad \forall x,y \in S(X).$$

这表明 X 是一致光滑的.

(3) $\Rightarrow$ (4) 若 X 是一致光滑的，则 $\forall \varepsilon > 0$，$\exists \delta > 0$，使得当 $x \in S(X)$，$0 < \|y\| < \delta$，有

$$\|x+y\| + \|x-y\| < 2 + \frac{\varepsilon}{2}\|y\|.$$

令 $\delta' = \frac{\varepsilon\delta}{8}$，则当 $f,g \in S(X^*)$，$\|f-g\| \geqslant \varepsilon$，取 $y_0 \in X$，且 $\|y_0\| = \frac{3\delta}{4}$，使得 $(f-g)(y_0) > \frac{\varepsilon\delta}{2}$. 因此，

$$\|f+g\| = \sup\{(f+g)(x) : x \in S(X)\}$$
$$= \sup\{f(x+y_0) + g(x-y_0) - (f-g)(y_0) : x \in S(X)\}$$
$$< \sup\left\{\|x+y_0\| + \|x-y_0\| - \frac{\varepsilon\delta}{2} : x \in S(X)\right\}$$
$$\leqslant 2 + \frac{\varepsilon}{2}\|y\| - \frac{\varepsilon}{2}\delta = 2 - \frac{\varepsilon\delta}{8} = 2 - \delta'.$$

故 X^* 是一致凸的.

(4) $\Rightarrow$ (5) 设 $\sigma : S(X) \to S(X^*)$ 是任意的支撑函数，令 $\varepsilon > 0$，由于 X^* 是一致凸的，故存在 $\delta > 0$，使得当 $\|\sigma(x)+\sigma(y)\| > 2-\delta$ 时，有 $\|\sigma(x)-\sigma(y)\| < \varepsilon$.

令 $x,y \in S(X)$，$\|x-y\| < \delta$，则

$$\|\sigma(x)+\sigma(y)\| + \|x-y\| \geqslant (\sigma(x)+\sigma(y))(x) + \sigma(y)(y-x) = 2,$$

从而,
$$\|\sigma(x)+\sigma(y)\| \geqslant 2-\|x-y\| > 2-\delta,$$
因此, $\|\sigma(x)-\sigma(y)\| < \varepsilon$. □

2.5 K 一致凸

定义2.5.1 Banach 空间 X 是 K 一致凸的是指如果对任何 $\varepsilon > 0$, 存在 $\delta > 0$, 使得当 $x_1, \cdots, x_{K+1} \in S(X)$, $\|x_1 + \cdots + x_{K+1}\| > (K+1) - \delta$ 时, 有

$$A(x_1, \cdots, x_{K+1})$$
$$= \sup \left\{ \left| \begin{array}{ccc} 1 & \cdots & 1 \\ f_1(x_1) & \cdots & f_1(x_{K+1}) \\ \vdots & & \vdots \\ f_k(x_1) & \cdots & f_K(x_{K+1}) \end{array} \right| : f_i \in S(X^*),\ i=1,2,\cdots,K \right\} < \varepsilon.$$

定义2.5.2 Banach 空间 X 是局部 K 一致凸的 (LKUR) 是指如果对任何 $\varepsilon > 0$, $x \in S(X)$, 存在 $\delta > 0$, 使得当 $x_1, \cdots, x_{K+1} \in S(X)$, $\|x_1 + \cdots + x_{K+1}\| > (K+1) - \delta$ 时, 有 $A(x_1, \cdots, x_{K+1}) < \varepsilon$.

定理2.5.1 对任何正整数 K, K 一致凸的空间是局部 K 一致凸的.

证明 从定义可直接得出相应结果. □

定理2.5.2 对任何正整数 K, K 一致凸的空间是 $(K+1)$ 一致凸的.

证明 易知, 对任何正整数 K, Banach 空间 X 是 K 一致凸的当且仅当对范数等于 1 的 $(K+1)$ 个 X 中元素的序列 $\{x_1^n, x_2^n, \cdots, x_{k+1}^n : n = 1, 2, \cdots\}$, 若当 $n \to \infty$ 时, 满足

$$\|x_1^n + x_2^n + \cdots + x_{K+1}^n\| \to K+1,$$

则当 $n \to \infty$ 时, 有 $A(x_1, \cdots, x_{k+1}) \to 0$. 设 $\{x_1^n, x_2^n, \cdots, x_{K+2}^n : n = 1, 2, \cdots\}$ 为范数等于 1 的 $(K+2)$ 个 X 中元素的序列, 且满足当 $n \to \infty$ 时, $\|x_1^n + x_2^n + \cdots + x_{K+2}^n\| \to K+2$. 利用三角不等式, 易知对任何 j, $1 \leqslant j \leqslant K+2$, 有

$$\|x_1^n + \cdots + x_{j-1}^n + x_{j+1}^n + \cdots + x_{K+2}^n\| \to K+1,$$

由于 X 是 K 一致凸的, 有

$$A(x_1, \cdots, x_{j-1}^n, x_{j+1}^n, \cdots, x_{K+2}) \to 0, \quad 1 \leqslant j \leqslant K+2.$$

但由行列式的性质知

$$A(x_1, \cdots, x_{K+2}) \leqslant \sum_{j=1}^{K+2} A(x_1, \cdots, x_{j-1}^n, x_{j+1}^n, \cdots, x_{K+2}),$$

2.5 K 一致凸

故 $A(x_1,\cdots,x_{K+2}) \to 0$. 因此, X 是 $(K+1)$ 一致凸的. □

定理2.5.3 对任何正整数 K, K 一致凸的空间是超自反的.

证明 利用 James 定理, 若 X 不是自反的, 则对每个 $\varepsilon \in (0,1)$, 选取 $\theta \in (0,1)$ 使得 $\theta > 1 - \frac{\delta(\varepsilon)}{K+1}$, 且 $\theta^K > \varepsilon$, 其中 $\delta(\varepsilon)$ 是 K 一致凸空间中相应与 ε 的 δ 选取. 故存在 $\{x_1,x_2,\cdots,x_{K+1}\} \subset S(X)$, $\{x_1^*,x_2^*,\cdots,x_{K+1}^*\} \subset S(X^*)$, 使得

$$x_j^*(x_i) = \begin{cases} \theta, & j \leqslant i, \\ 0, & j > i. \end{cases}$$

因此,

$$\|x_1+x_2+\cdots+x_{K+1}\| \geqslant x_1^*(x_1+x_2+\cdots+x_{K+1}) = (K+1)\theta > (K+1) - \delta(\varepsilon).$$

另一方面,

$$\varepsilon < \theta^K = \begin{vmatrix} 1 & \cdots & 1 \\ x_2^*(x_1) & \cdots & x_2^*(x_{K+1}) \\ \vdots & & \vdots \\ x_{K+1}^*(x_1) & \cdots & x_{K+1}^*(x_{K+1}) \end{vmatrix} \leqslant A(x_1,\cdots,x_{K+1}),$$

这与 X 是 K 一致凸的空间矛盾. 故当 X 是 K 一致凸时, X 是自反的. 下面进一步证明对每个在 X 中有限表示的 Banach 空间 Y, Y 必是 K 一致凸的, 从而 Y 也必是自反的, 因此 X 是超自反的.

若 Banach 空间 Y 在 X 中有限表示, 但 Y 不是 K 一致凸的, 则存在范数为 1 的 $(K+1)$ 个元素组成的序列 $\{y_1^n, y_2^n, \cdots, y_{K+1}^n : n=1,2,\cdots\}$ 使得

$$\lim_n \|y_1^n + y_2^n + \cdots + y_{K+1}^n\| = K+1,$$

但 $A(y_1^n, y_2^n, \cdots, y_{K+1}^n) > \varepsilon$, 对某个 $\varepsilon > 0$. 利用有限表示定义, 易知 X 中范数为 1 的 $(K+1)$ 个元素组成的序列 $\{x_1^n, x_2^n, \cdots, x_{K+1}^n : n=1,2,\cdots\}$ 使得

$$\lim_n \|x_1^n + x_2^n + \cdots + x_{K+1}^n\| = K+1,$$

然而, $A(x_1^n, x_2^n, \cdots, x_{K+1}^n) > \frac{\varepsilon}{2} > 0$, 这与 X 是 K 一致凸的矛盾. □

定义2.5.3 设 $K \geqslant 2$, Banach 空间 X 称为 K 接近一致凸 (K-NUC) 是指若对每个 $\varepsilon > 0$, 存在 $\delta > 0$ 使得对每个序列 $\{x_n\} \subset B(X)$, $\text{sep}(\{x_n\}) > \varepsilon$, 存在 $\{n_i\}_{i=1}^k$ 和 $\gamma_i \geqslant 0$, $i=1,2,\cdots,k$, $\sum_1^k \gamma_i = 1$, 使得 $\|\sum_1^k \gamma_i x_{n_i}\| \leqslant 1-\delta$.

注2.5.4 存在 Banach 空间是 2-UR 空间但不是 2-NUC 空间, Bynum 空间就是 2-NUC 空间.

2.6 接近一致凸和接近一致光滑

在不动点理论中，一致凸概念的最重要推广是引入了接近一致凸的概念(NUC).

定义2.6.1 Banach空间 X 称为接近一致凸(NUC)，如果对任何 $\varepsilon > 0$，存在 $\delta > 0$，使得 $\{x_n\}_{n=1}^\infty \subset B(X)$，$\text{sep}(x_n) \geqslant \varepsilon$，则 $\text{co}(x_n) \cap B_\delta(0) \neq \varnothing$，其中 $B_\delta(0) = \{x : \|x\| < \delta\}$.

定义2.6.2 Banach 空间 X 称为 UKK 空间，如果对任意 $\varepsilon > 0$，存在 $\delta \in (0,1)$，使得对于 $\{x_n\}_{n=1}^\infty \subset B(X)$，$x_n \xrightarrow{w} x$，$\text{sep}(x_n) \geqslant \varepsilon$，有 $\|x\| < \delta$.

从上述定义可看出 NUC 空间是 UKK 空间，并且有如下定理成立.

定理2.6.1 Banach 空间 X 是 NUC 空间当且仅当 X 是自反的 UKK 空间.

证明 先来证明必要性. 若 X 是 NUC 空间，则 X 是自反的. 若 X 不是自反的，令 $\varepsilon = \frac{1}{2}$，对任意 $\delta \in (0,1)$，选取 $\theta \in (0,1)$ 使得 $\theta > \max\{\delta, \frac{1}{2}\}$. 由 James 定理，因 X 不是自反的，存在 $\{x_n\} \subset S(X)$，$\{x_n^*\} \subset S(X^*)$，使得

$$x_i^*(x_j) = \begin{cases} \theta, & j \geqslant i, \\ 0, & j < i. \end{cases}$$

当 $n \geqslant m$，$\|x_n - x_m\| \geqslant x_n^*(x_n - x_m) = \theta > \frac{1}{2}$，故 $\text{sep}(x_n) > \frac{1}{2}$. 然而，当 $\alpha_i \geqslant 0$，$\sum_{i=1}^n \alpha_i = 1$，有

$$\left\| \sum_{i=1}^m \alpha_i x_i \right\| \geqslant x_1^* \left(\sum_{i=1}^m \alpha_i x_i \right) = \theta > \delta,$$

从而 $\text{co}(x_n) \cap B_\delta(0) = \varnothing$，这与 X 是 NUC 空间矛盾，故 X 是自反的.

下面来证明若 X 是 NUC 空间，则 X 是 UKK 空间. 若 $\{x_n\} \subset B(X)$，$x_n \xrightarrow{w} x$，因 X 是 NUC 空间，选取相应于 ε 的 δ，使 $\text{co}(x_n) \cap B_\delta(0) \neq \varnothing$. 则存在

$$y_n = \sum_{i=p_n}^{q_n} \alpha_i x_i, \quad \alpha_i \geqslant 0, \quad \sum_{i=p_n}^{q_n} \alpha_i = 1, \quad p_1 < q_1 < p_2 < q_2 < \cdots,$$

使 $y_n \in B_\delta(0)$. 此时，$y_n \xrightarrow{w} x$，由 Mazur 定理知，$x \in \overline{B_\delta(0)}$，这表明 X 是 UKK 空间.

充分性. 对任意的 $\varepsilon > 0$，选取 UKK 空间定义中相应的 $\delta > 0$. 当 $\{x_n\} \subset B(X)$，由于 X 是自反的，知存在 $\{x_n\}$ 的子列是弱收敛的，不妨仍记为 $\{x_n\}$. 设 $x_n \xrightarrow{w} x$，$x \in X$. 因为 X 是 UKK 空间，故 $\|x\| < \delta$. 由 Banach-Mazur 定理知，存在 $\{x_n\}$ 的凸组合 $\{y_n\}$ 使得 $y_n \to x$，故 $\text{co}(x_n) \cap B_\delta(0) \neq \varnothing$. 因此，$X$ 是 NUC 空间. □

定理2.6.2 若 Banach 空间 X 是 UKK 空间,则关于弱紧凸子集的 Chebyshev 中心是非空紧凸集.

证明 令 M 是 X 的弱紧凸子集, B 是 X 的有界凸子集. 可知 B 关于 M 的 Chebyshev 中心 A 是非空弱紧凸子集. 令 r_0 是 B 关于 M 的 Chebyshev 半径. 若 A 不是紧的,则 A 包含一个序列 $\{x_n\}$ 使得 $\mathrm{sep}(x_n) \geqslant \varepsilon$,对某个 $\varepsilon > 0$. 因 A 是弱紧的,序列 $\{x_n\}$ 一定存在弱收敛的子列,不妨仍记为 $\{x_n\}$,并设 $x_n \xrightarrow{w} x$.

选 $\delta = \delta(\frac{\varepsilon}{r_0}) > 0$ 是 UKK 空间定义中相应于 $\frac{\varepsilon}{r_0}$ 的 δ. 固定 $y \in B$,由定义知

$$\left\|\frac{x_n - y}{r_0}\right\| \leqslant 1, \quad n = 1, 2, \cdots, \quad \mathrm{sep}\left(\frac{x_n - y}{r_0}\right) \geqslant \frac{\varepsilon}{r_0},$$

且 $\frac{x_n - y}{r_0} \xrightarrow{w} \frac{x - y}{r_0}$. 因此,利用 X 是 UKK 空间,有 $\|x - y\| \leqslant (1-\delta)r_0$. 由于 y 是 B 中的任意元素,这与 r_0 是 B 关于 M 的 Chebyshev 半径矛盾. □

定理2.6.3 若 Banach 空间 X 是 NUC 空间,则 X 具有正规结构.

证明 由于 NUC 空间是自反的,故 X 中的每个有界闭凸集 M 是弱紧的. 若 M 是紧的,则 M 具有正规结构. 事实上,若 M 不具有正规结构,则存在 M 的有界闭凸集 B,使得对任何 $x_1 \in B$,存在 $x_2 \in B$ 使得 $\|x_1 - x_2\| = \mathrm{diam}(B)$. 但由于 A 是凸的,故 $\frac{x_1 + x_2}{2} \in B$,因此,存在 $x_3 \in A$,使

$$\left\|\frac{x_1 + x_2}{2} - x_3\right\| = \mathrm{diam}(B).$$

按照这种方式可得到 B 的一个子序列 $\{x_n\}$ 使得

$$\left\|x_{n+1} - \frac{x_1 + x_2 + \cdots + x_n}{n}\right\| = \mathrm{diam}(B).$$

另一方面,

$$\begin{aligned}
\mathrm{diam}(B) &= \left\|x_{n+1} - \frac{x_1 + x_2 + \cdots + x_n}{n}\right\| \\
&= \left\|\frac{x_{n+1} - x_1}{n} + \frac{x_{n+1} - x_2}{n} + \cdots + \frac{x_{n+1} - x_n}{n}\right\| \\
&\leqslant \frac{1}{n}\sum_{i=1}^{n}\|x_{n+1} - x_i\| \\
&\leqslant \mathrm{diam}(B).
\end{aligned}$$

则有 $\|x_{n+1} - x_i\| = \mathrm{diam}(B)$, $i = 1, 2, \cdots$. 这表明序列 $\{x_n\}$ 没有收敛子列,与 M 是紧的矛盾.

若 M 是弱紧的而非紧集, 由定理 2.6.2 知, M 关于自身的 Chebyshev 中心 A 是非空紧凸子集, 故 A 是 M 的真子集. 因此, M 关于自身的 Chebyshev 半径 $r_0 < \text{diam}(M)$, 从而, A 中每个元素都是 M 的非直径点. 故 M 具有正规结构. □

推论2.6.4 若 Banach 空间 X 是 NUC 空间, 则 X 具有不动点性质.

证明 由定理 2.1.1 及 NUC 空间是自反的, 易知该结论成立. □

注2.6.5 俞鑫泰[1]已经证明了 K 一致凸空间是 NUC 空间, 因此, K 一致凸空间具有正规结构, 从而具有不动点性质.

定理2.6.6 若 Banach 空间 X 是 UKK 空间, 则 X 具有弱不动点性质.

证明 事实上, 由定理 2.6.3 的证明过程可知, 若 Banach 空间 X 是 UKK 空间, 则 X 具有弱正规结构. 因此, 由定理 2.1.1 知, X 具有弱不动点性质. □

人们对 UKK 这一概念进行了推广, 下面给出 WUKK 和 WUKK′ 的概念.

定义2.6.3 Banach 空间 X 具有 WUKK 是指若存在 $\varepsilon, \delta > 0$ 使得对于 $\{x_n\}_{n=1}^{\infty} \subset B(X)$, $x_n \xrightarrow{w} x$, $\text{sep}(x_n) \geqslant \varepsilon$, 有 $\|x\| < 1 - \delta$.

定义2.6.4 Banach 空间 X 具有 WUKK′ 是指若存在 $\varepsilon, \delta > 0$ 使得对于 $\{x_n\}_{n=1}^{\infty} \subset B(X)$, $x_n \xrightarrow{w} x$, $\liminf \|x_n - x\| \geqslant \varepsilon$, 有 $\|x\| < 1 - \delta$.

显然, WUKK ⇒ WUKK′.

定理2.6.7 若 Banach 空间 X 是 WUKK 空间, 则具有弱正规结构.

证明 由定理 2.6.2 及定理 2.6.3 的证明过程易知结论成立. □

定义2.6.5 对偶空间 X^* 具有 W*UKK 是指对任意的 $\varepsilon > 0$, 存在 $\delta \in (0,1)$, 使得 $\{x_n^*\}_{n=1}^{\infty} \subset B(X^*)$, $x_n^* \xrightarrow{w^*} x^*$, $\text{sep}(x_n^*) \geqslant \varepsilon$, 有 $\|x^*\| < 1 - \delta$.

2006年, J. Garcia-Falset 等[2]解决了一致非方的Banach空间具有不动点性质这一开问题, 下面给出该定理的证明.

定理2.6.8 一致非方的 Banach 空间 X 具有不动点性质.

证明 假设 Banach 空间 X 不具有不动点性质. 由于一致非方蕴含自反, 对于 X 而言, 不动点性质和弱不动点性质是相同的. 因此, 存在非扩张映射 $T: K \to K$ 在 K 中不具有不动点, 其中 K 是直径为 1 的对 T 不变的最小的非空弱紧凸子集. 设 $\{x_n\}$ 是 T 在 K 中的渐近不动点序列, 不失一般性, 可假设 $\{x_n\}$ 弱收敛于 0.

下面考虑空间 $\ell_\infty(X)/c_0(X)$, 赋予商空间范数

$$\|[w_n]\| = \limsup_n \|w_n\|,$$

---

[1] 俞鑫泰. 科学通报, 1983, 24.
[2] J. Garcia-Falset, et al. Journal of Functional Analysis, 2006, 233: 494–514.

2.6 接近一致凸和接近一致光滑

其中 $[w_n]$ 是 $\{w_n\} \in \ell_\infty(X)$ 的等价类. 对 X 中的有界集合 C, 定义 $[C] \subset \ell_\infty(X)/c_0(X)$:

$$[C] = \{[w_n] : w_n \in C, \, n \in \mathbb{N}\}.$$

令

$$[W] = \left\{ [z_n] \in [K] : \|[z_n] - [x_n]\| \leqslant \frac{1}{2}, \, \limsup_n \limsup_m \|z_m - z_n\| \leqslant \frac{1}{2} \right\}.$$

易知 $[W] \subset [K]$ 是非空的有界闭凸子集, 且是 $[T]$-不变的, 其中 $[T]:[K] \to [K]$ 定义为 $[T][z_n] = [T(z_n)]$. 因此, 对每个 $x \in K$, 有 $\sup_{[z_n]\in[W]} \|[z_n]-x\| = 1$. 特别地, 取 $x = 0$, 则 $\sup_{[z_n]\in[W]} \|[z_n]\| = 1$.

令 $\varepsilon > 0$, 选取 $[z_n] \in [W]$ 满足 $\|z_n\| > 1 - \varepsilon$. 令 $\{y_j\} = \{z_{n_j}\}$ 满足 $\lim \|y_n\| = \|[z_n]\|$ 且 $\{y_n\}$ 弱收敛于 K 中的元素 y. 不失一般性, 可设 $\|y_n\| > 1 - \varepsilon$, $n \in \mathbb{N}$, 令 $Y = \overline{\{\sum_{i=1}^n \lambda_i x_i : n \in \mathbb{N}, \, \lambda_i \in \mathbb{R}\}}$, 由于 Y 是可分的, 故 $B(Y^*)$ 是弱*序列紧的, 可选取 $y_n^* \in Y^*$ 使得

$$\|y_n^*\| = 1, \quad y_n^*(y_n) = \|y_n\|, \quad y_n^* \xrightarrow{w^*} y^*.$$

由 $[W]$ 的定义和范数的弱下半连续性, 对充分大的 n, 有

$$\|y_n - y\| \leqslant \liminf_m \|y_n - y_m\| < \frac{1+\varepsilon}{2}, \quad \|y\| \leqslant \liminf_j \|y_j - x_{n_j}\| \leqslant \frac{1}{2}.$$

因此, 令 $u_n = \frac{2}{1+\varepsilon}(y_n - y)$, $u = \frac{2}{1+\varepsilon}y$, 则对充分大的 n, 有

$$\|u_n + u\| = \left\| \frac{2}{1+\varepsilon}(y_n - y) + \frac{2}{1+\varepsilon}y \right\| = \frac{2}{1+\varepsilon}\|y_n\| > 2\frac{1-\varepsilon}{1+\varepsilon} > 2(1-2\varepsilon).$$

再次利用范数的弱下半连续性, 对充分大的 n, 有

$$\liminf_m \|(u_n - u_m) + u\| \geqslant \|u_n + u\| > 2(1-2\varepsilon).$$

如有需要可选取子列使得对所有 n 及 $m > n$, 有 $\|u_n + u\| > 2(1-2\varepsilon)$, 且 $\|(u_n - u_m) + u\| > 2(1-2\varepsilon)$. 进而, 因为 $y_m^* \xrightarrow{w^*} y^*$, 故

$$\begin{aligned}
\liminf_m \|(u_n - u_m) - u\| &= \liminf_m \|(u_m + u) - u_n\| \\
&\geqslant \liminf_m y_m^*((u_m + u) - u_n) \\
&= \liminf_m (\|u_m + u\| - y_m^*(u_n)) \\
&\geqslant 2(1-2\varepsilon) - y^*(u_n).
\end{aligned}$$

因为 $u_n \overset{w}{\to} 0$, 故对充分大的 n, 有 $\liminf_m \|(u_n - u_m) - u\| > 2(1 - 3\varepsilon)$. 因此, 对充分大的 n, 当 $m > n$ 也充分大时, 有

$$\|(u_n - u_m) + u\| > 2(1 - 3\varepsilon), \quad \|(u_n - u_m) - u\| > 2(1 - 3\varepsilon).$$

由 ε 的任意性知, $\|u_n - u_m\| < 1$, $\|u\| < 1$, 结合上述不等式知 X 不是一致非方的, 产生矛盾. □

引理2.6.9 设 Banach 空间 X 不具有弱不动点性质. 对于给定的 $\varepsilon > 0$, 存在序列 $\{y_n^*\}_{n=1}^\infty \subset S(X^*)$, $\{y_n\}_{n=1}^\infty \subset B(X)$, $y^* \in B(X^*)$ 及 $y \in B(X)$ 满足

(1) $y_n \overset{w}{\to} y$, $y_n^* \overset{w^*}{\to} y^*$;
(2) 对每个 $n \in \mathbb{N}$, 有 $1 - \varepsilon < \|y_n\| = y_n^*(y_n) \leqslant 1$;
(3) 对每个 $n \in \mathbb{N}$, 有 $\frac{1-3\varepsilon}{2} < y_n^*(y) \leqslant \|y\| < \frac{1+\varepsilon}{2}$;
(4) $\frac{1-3\varepsilon}{2} < \|y_n - y\| < \frac{1+\varepsilon}{2}$;
(5) 若 $n \neq m$, 则 $\frac{1-3\varepsilon}{2} < \|y_n - y_m\| < \frac{1+\varepsilon}{2}$;
(6) 若 $n \neq m$, 则 $\frac{1-3\varepsilon}{2} < y_n^*(y_m) < \frac{1+2\varepsilon}{2}$;
(7) $\frac{1-3\varepsilon}{2} \leqslant y^*(y) \leqslant \frac{1+\varepsilon}{2}$.

证明 由定理 2.6.8 的证明过程可得到序列 $\{y_n\}_{n=1}^\infty \subset B(X)$, $\{y_n^*\} \subset S(X^*)$ 及元素 $y^* \in B(X^*)$ 和 $y \in B(X)$ 满足结论 (1),(2),(3) 中的第三个不等式, 以及结论 (4),(5) 中的第二个不等式. 则

$$\|y\| \geqslant y_n^*(y) = y_n^*(y_n) - y_n^*(y_n - y) > (1 - \varepsilon) - \frac{1+\varepsilon}{2} = \frac{1-3\varepsilon}{2},$$

结论 (3) 得证. 并且

$$\|y_n - y\| \geqslant y_n^*(y_n - y) = \|y_n\| - y_n^*(y) > (1 - \varepsilon) - \frac{1+\varepsilon}{2} = \frac{1-3\varepsilon}{2},$$

结论 (4) 得证.

如果 $n > m$,

$$\begin{aligned}\|y_n - y_m\| &= \|(y_n - x_n) + (x_n - y_m)\| \\ &\geqslant \|x_n - y_m\| - \|y_n - x_n\| \\ &> (1 - \varepsilon) - \frac{1+\varepsilon}{2} \\ &= \frac{1-3\varepsilon}{2},\end{aligned}$$

这表明结论 (5) 成立.

由于 $y_n^* \overset{w^*}{\to} y^*$, 结合结论 (3), 可得到 (7).

如果 $n \neq m$, 则
$$1-\varepsilon < y_n^*(y_n) = y_n^*(y_n - y_m) + y_n^*(y_m)$$
$$\leqslant \|y_n - y_m\| + y_n^*(y_m)$$
$$< \frac{1+\varepsilon}{2} + y_n^*(y_m).$$

因此, 当 $n \neq m$, 有 $\frac{1-3\varepsilon}{2} < y_n^*(y_m)$. 下面来证明 (6) 的后半部分.

令 $\tilde{y}_1 = y_1$, $\tilde{y}_1^* = y_1^*$. 由于
$$y_n \xrightarrow{w} y, \quad \frac{1-3\varepsilon}{2} < y_1^*(y) < \frac{1+\varepsilon}{2},$$
存在 $n_1 \in \mathbb{N}$ 使得若 $n \geqslant n_1$, 有
$$\frac{1-3\varepsilon}{2} < y_1^*(y_n) < \frac{1+\varepsilon}{2}.$$

令 $\tilde{y}_2 = y_{n_1}$, $\tilde{y}_2^* = y_{n_1}^*$. 由于
$$y_n \xrightarrow{w} y, \quad \frac{1-3\varepsilon}{2} < y_{n_1}^*(y) < \frac{1+\varepsilon}{2},$$
存在 $n_2 \in \mathbb{N}$ 使得若 $n \geqslant n_2$, 有
$$\frac{1-3\varepsilon}{2} < y_{n_1}^*(y_n) < \frac{1+\varepsilon}{2}.$$

令 $\tilde{y}_3 = y_{n_2}$, $\tilde{y}_3^* = y_{n_2}^*$, 按照上述方式可生成序列 $\{\tilde{y}_n\}$ 和 $\{\tilde{y}_n^*\}$ 满足结论 (1)~(5) 且当 $n < m$, 有 $\tilde{y}_n^*(\tilde{y}_n) < \frac{1+\varepsilon}{2}$.

若 $n > m$, 由于 $y_n \xrightarrow{w} y$, 可设 $y^*(y_n) < \frac{1+2\varepsilon}{2}$, $n \in \mathbb{N}$. 因为 $y_n^* \xrightarrow{w^*} y^*$, 故存在 $n_1 \in \mathbb{N}$ 使得若 $n \geqslant n_1$, 有 $y_n^*(y_1) < \frac{1+2\varepsilon}{2}$. 令 $\tilde{y}_1 = y_1$, $\tilde{y}_1^* = y_1^*$, $\tilde{y}_2 = y_{n_1}$, $\tilde{y}_2^* = y_{n_1}^*$, 从而, $\tilde{y}_2^*(\tilde{y}_1) < \frac{1+2\varepsilon}{2}$. 又因为 $y^*(\tilde{y}_2) < \frac{1+2\varepsilon}{2}$, $y_n^* \xrightarrow{w^*} y^*$, 故存在 $n_2 \in \mathbb{N}$ 使得若 $n \geqslant n_2$, 有 $y_n^*(y_2) < \frac{1+2\varepsilon}{2}$. 令 $\tilde{y}_3 = y_{n_2}$, $\tilde{y}_3^* = y_{n_2}^*$. 按照上述方式可生成序列 $\{\tilde{y}_n\}$ 和 $\{\tilde{y}_n^*\}$ 满足引理的所有结论. □

定理2.6.10 设 X 是 Banach 空间, 若 X^* 具有 W*UKK 性质, 则 X 具有弱不动点性质.

证明 若 X 不具有弱不动点性质, 考虑上述引理中的序列 $\{y_n\}$ 和 $\{y_n^*\}$. 特别地, 注意到, 若 $n \neq m$, 则
$$(y_n^* - y_m^*)(y_n - y_m) = y_n^*(y_n) - y_n^*(y_m) - y_m^*(y_n) + y_m^*(y_m)$$
$$> (1-\varepsilon) - \frac{1+2\varepsilon}{2} - \frac{1+2\varepsilon}{2} + (1-\varepsilon)$$
$$= 1 - 4\varepsilon.$$

因此,
$$2 \geqslant \|y_n^* - y_m^*\| \geqslant (y_n^* - y_m^*)\left(\frac{y_n - y_m}{\|y_n - y_m\|}\right) > \frac{1-4\varepsilon}{(1+\varepsilon)/2} = 2\frac{1-4\varepsilon}{1+\varepsilon} > 2 - 10\varepsilon.$$

若 $\varepsilon < \frac{1}{10}$,则有 $\text{sep}(y_n^*) > 1$. 结合序列 $\{y_n^*\}_{n=1}^\infty \subset S(X^*)$,$y_n^* \xrightarrow{w^*} y^*$,由 X^* 具有 W*UKK 性质,知存在 $\delta > 0$ 使得 $\|y^*\| < 1 - \delta$.

但另一方面,由引理 2.6.9 的 (3) 和 (7),有
$$\frac{1-3\varepsilon}{2} \leqslant y^*(y) \leqslant \|y\|\|y^*\| < \frac{1+\varepsilon}{2}\|y^*\|.$$

因此,令 $\varepsilon < \min\{\frac{1}{10}, \frac{\delta}{4}\}$,则有
$$\|y^*\| > \frac{1-3\varepsilon}{1+\varepsilon} > 1 - 4\varepsilon > 1 - \delta,$$

产生矛盾. 故 X 具有弱不动点性质. □

推论2.6.11 设 X 是 Banach 空间,若 X^* 具有 W*UKK,Y 是 X 的一个闭子空间,则 X/Y 具有弱不动点性质.

定义2.6.6 Banach 空间 X 具有 H 性质是指若 $\{x_n\}_{n=1}^\infty \subset S(X)$,且 $x_n \xrightarrow{w} x$,$\text{sep}(x_n) > 0$,有 $\|x\| < 1$.

注2.6.12 事实上,H 性质的等价定义为单位球面上序列的依范数收敛与弱收敛是一致的. 具有 H 性质的空间也称为 KK 空间. 从上述定义可看出 UKK$\Rightarrow$ H 性质,从而,K 一致凸也蕴含 H 性质.

1989年,Prus 给出了 NUC 空间的对偶空间的刻画,他将这类空间称为接近一致光滑 (NUS) 空间. 而 Bynum 空间给出了一个 NUC 空间的对偶空间不具有正规结构的例子,因此,人们考虑 NUS 空间是否具有不动点性质? 1997 年,Garcia-Falset 引入的常数 $R(X)$ 对这一问题给出了正面的回答,NUS 空间具有不动点性质. 下面我们给出接近一致光滑(NUS)的概念.

定义2.6.7 Banach 空间 X 称为接近一致光滑(NUS),如果对任意 $\varepsilon > 0$,存在 $\eta > 0$,使得对任何 $t \in [0, \eta)$ 和每个 $S(X)$ 中的基序列 $\{x_n\}$ 都存在 $k \in \mathbb{N}$ 使得 $\|x_1 + tx_k\| \leqslant \varepsilon t + 1$.

注2.6.13 函数
$$\Gamma_X(t) = \sup\left\{\inf\left\{\frac{\|x_1 + tx_n\| + \|x_1 - tx_n\|}{2} - 1 : n > 1\right\}\right\},$$

其中上确界取遍单位球所有的基序列 $\{x_n\}$,称为空间 X 的接近一致光滑模,从定义可看出对任意 $t \geqslant 0$,$\rho_X(t) \geqslant \Gamma_X(t)$. 若 X 是一致光滑的,则 $\lim\limits_{t\to 0}\frac{\Gamma_X(t)}{t} = 0$.

定理2.6.14 设 X 是自反的 Banach 空间, 则
$$\Gamma_X(t) = \sup\left\{\inf\left\{\frac{\|x_1 + tx_n\| + \|x_1 - tx_n\|}{2} - 1 : n > 1\right\}\right\},$$
其中上确界取遍单位球里弱零序列 $\{x_n\}$.

证明 设
$$\Gamma'_X(t) = \sup\left\{\inf\left\{\frac{\|x_1 + tx_n\| + \|x_1 - tx_n\|}{2} - 1 : n > 1\right\}\right\},$$
其中上确界取遍单位球里弱零序列 $\{x_n\}$. 由于 X 是自反的, 每个基序列都是弱零序列, 故 $\Gamma'_X(t) \geq \Gamma_X(t)$. 另一方面, 令 $\{x_n\}$ 是 $B(X)$ 中的弱零序列. 如果 $\liminf \|x_n\| > 0$, 则存在 $\{x_n\}$ 的一个子基序列 $\{y_n\}$ 使得 $y_1 = x_1$. 因此,
$$\Gamma_X(t) \geq \inf\left\{\frac{\|y_1 + ty_n\| + \|y_1 - ty_n\|}{2} - 1 : n > 1\right\}$$
$$\geq \inf\left\{\frac{\|x_1 + tx_n\| + \|x_1 - tx_n\|}{2} - 1 : n > 1\right\}.$$

若 $\liminf \|x_n\| = 0$, 则存在 $\{x_n\}$ 的一个子基序列 $\{y_n\}$ 使得 $y_1 = x_1$, $\lim \|y_n\| = 0$. 对任意的 $\eta > \Gamma_X(t)$, 则存在 $n_0 \in \mathbb{N}$ 使得当 $n \geq n_0$, 有 $\|y_n\| < \frac{\eta}{t}$. 则
$$\eta \geq \frac{\|y_1 + ty_n\| + \|y_1 - ty_n\|}{2} - 1$$
$$\geq \inf\left\{\frac{\|y_1 + ty_n\| + \|y_1 - ty_n\|}{2} - 1 : n > 1\right\}$$
$$\geq \inf\left\{\frac{\|x_1 + tx_n\| + \|x_1 - tx_n\|}{2} - 1 : n > 1\right\}.$$

因此, $\eta \geq \Gamma'_X(t)$. 从而, $\Gamma'_X(t) \leq \Gamma_X(t)$. □

定理2.6.15 设 X 是 Banach 空间, 则 X 是 NUS 空间当且仅当 X 是自反的且 $\lim_{t \to 0} \frac{\Gamma_X(t)}{t} = 0$.

证明 充分性. 设 X 是自反的且 $\lim_{t \to 0} \frac{\Gamma_X(t)}{t} = 0$. 对任意 $\varepsilon > 0$, 存在 $\eta > 0$ 使得 $\Gamma_X(t) \leq t\varepsilon$, $t \in [0, \eta]$. 令 $\{x_n\}$ 是 $B(X)$ 中的基序列, 因 X 是自反的, 可设 $\{x_n\}$ 不依范数收敛, 且
$$\|x_1 + tx_{n_k}\| \leq \frac{1}{2}((1+c)\|x_1 - 2tx_{n_k}\| + \|x_1 + 2tx_{n_k}\|),$$
这里 $c > 1$, $1 + c < (1 + 3t\varepsilon)/(1 + 2t\varepsilon)$, $\{x_{n_k}\}$ 是 $\{x_n\}$ 的子序列. 则对某个 k, 有
$$\|x_1 + 2tx_{n_k}\| \leq (1+c)(1+2t\varepsilon) < 1 + 3t\varepsilon.$$

必要性. 设 X 是 NUS 空间, 则 X 是自反的, 下证 $\lim\limits_{t\to 0}\frac{\Gamma_X(t)}{t}=0$. 令 $\{x_n\}$ 是 $B(X)$ 中的弱零序列. 则对任意 $\varepsilon>0$, 存在 $\eta>0$ 使得 $\|x_1+tz_n\|\leqslant 1+t\varepsilon$, $n>1$, $\{z_n\}$ 是 $\{x_n\}$ 的子序列且满足 $z_1=x_1$. 由于序列 $\{x_1,-z_2,-z_3,\cdots\}$ 也是弱零序列, 则对某个 $n>1$ 及任意 $t\in[0,\eta]$, 有 $\|x_1-tz_n\|\leqslant 1+t\varepsilon$. 因此,

$$\frac{(\|x_1-tz_n\|+\|x_1+tz_n\|)}{2}-1\leqslant t\varepsilon.$$

故 $\lim\limits_{t\to 0}\frac{\Gamma_X(t)}{t}=0$. □

1994年, Garcia-Falset 引入了如下的几何常数:

$$R(X)=\sup\left\{\liminf_n\|x_n+x\|:\{x_n,x\}\subseteq S(X),\ x_n\xrightarrow{w}0\right\},$$

显然, $1\leqslant R(X)\leqslant 2$. 容易验证, 上面定义中的 "$\liminf$" 可以用 "$\limsup$" 代替.

定义2.6.8 Banach 空间 X 具有 Schur 性质是指 X 中的每个弱收敛序列都是依范数收敛的.

引理2.6.16 设 K 为 X 中的弱紧凸子集, $T:K\to K$ 为非扩张映射. 假设 K 是 T 的最小不变集且 $\mathrm{diam}(K)=1$, $\{x_n\}$ 为 T 的渐近不动点序列且 $x_n\xrightarrow{w}0$. 则对任意的 $\varepsilon>0$ 存在 K 中的序列 $\{z_n\}$ 满足

(i) 存在点 $z\in K$ 使得 $z_n\xrightarrow{w}z$;
(ii) 对任意的 $n\in\mathbb{N}$, 都有 $\|z_n\|>1-\varepsilon$;
(iii) 对任意的 $n,m\in\mathbb{N}$, 都有 $\|z_n-z_m\|\leqslant 1/2$;
(iv) $\limsup_n\|z_n-x_n\|\leqslant 1/2$.

证明 不妨设 $0\in K$. 设 $\{w_n\}\subset K$ 为 T 的渐近不动点序列, 由引理 2.1.3 知, $\lim_n\|w_n\|=1$. 因此, 对任意的 $\varepsilon>0$, 存在 $\delta(\varepsilon)>0$ 使得, 若 $x\in K$ 且 $\|Tx-x\|<\delta(\varepsilon)$, 则有 $\|x\|>1-\varepsilon$. 实际上, 若不然, 即存在 $\varepsilon_0>0$, 使得对每一个 $n\in\mathbb{N}$, 都可以找到 $w_n\in K$ 满足, $\|Tw_n-w_n\|<1/n$ 且 $\|w_n\|\leqslant 1-\varepsilon_0$. 从而, 序列 $\{w_n\}$ 是 T 的渐近不动点序列, 且 $\limsup_n\|w_n\|\leqslant 1-\varepsilon_0$, 矛盾.

任意给定的 $\varepsilon_0>0$, 取 $\gamma<\min\{1,\delta(\varepsilon)\}$. 对每一个 $n\in\mathbb{N}$, 定义压缩映射 $S_n:K\to K$ 如下

$$S_n(x)=(1-\gamma)T(x)+\gamma/2 x_n.$$

Banach 压缩映射原理保证了每一个 S_n 都存在(唯一的)不动点 z_n.

由于 K 是弱紧的, 故可以假设(如果有必要则提取子列)序列 $\{z_n\}$ 满足(i). 由于

$$\|z_n-Tz_n\|\leqslant\gamma\left\|Tz_n-\frac{1}{2}x_n\right\|\leqslant\gamma\delta(\varepsilon)$$

易知 $\{z_n\}$ 满足(ii).

(iii) 容易推得.

(iv) 是下面不等式的一个结果,

$$\|z_n - x_n\| \leqslant \left\|(1-\gamma)Tz_n + \frac{\gamma x_n}{2} - x_n\right\|$$

$$\leqslant (1-\gamma)\|Tz_n - Tx_n\| + (1-\gamma)\|Tx_n - Tx_n\| + \frac{\gamma\|x_n\|}{2}.$$

从而有

$$\|z_n - x_n\| \leqslant \frac{1}{2} + \frac{1-\gamma}{\gamma}\|Tx_n - x_n\|.$$

令 n 趋于无穷大并取上极限, 则得到 (iv). □

定理2.6.17 若 $R(X) < 2$, 则 X 具有弱不动点性质.

证明 假设 X 不具有 w-FPP, 则存在弱紧凸子集 $K \subset X$ 和非扩张映射 T, 满足 $\mathrm{diam}(K) = 1$ 且 K 为 T 的最小不变集. 在 K 中取 T 的渐近不动点序列 $\{x_n\}$, 考虑到可以做平移, 不妨假设 $x_n \xrightarrow{w} 0$. 由引理 2.6.16, 存在序列 $\{z_n\}$ 满足 (i)~(iv). 如果需要则提取子列, 我们可以假定 $\lim_n \|z_n - z\|$ 存在. 而且

$$\lim_n \|z_n - z\| \leqslant \limsup_n \limsup_m \|z_n - z_m\| \leqslant \frac{1}{2}.$$

选取正数 η 满足 $\eta R(X) < 1 - R(X)/2$. 则对足够大的 n, 有 $\|z_n - z\| \leqslant 1/2 + \eta$. 又由于 $\|z\| \leqslant \liminf_{n\to\infty} \|z_n - x_n\| \leqslant 1/2$. 因此

$$\left\|\frac{z_n}{1/2+\eta}\right\| = \left\|\frac{z_n - z}{1/2+\eta} + \frac{z}{1/2+\eta}\right\| \leqslant R(X).$$

从而, $\limsup_{n\to\infty} \|z_n\| \leqslant R(X)(1/2 + \eta) < 1$, 注意到 $0 \in K$, 得到矛盾. □

注2.6.18 设 X 为 NUS 的 Banach 空间, 则 $R(X) < 2$. 因此, NUS 空间具有 w-FPP, 但不具有正规结构.

证明 由于 X 是 NUS 的, 则对任意的 $\varepsilon > 0$, 存在 $\delta > 0$, 使得对任意的 $0 < t < \delta$, $x \in B(X)$, 以及弱零序列 $\{x_n\} \subset B(X)$, 存在正整数 k 使得 $\|x + tx_k\| \leqslant 1 + \varepsilon t$. 从而

$$\|x + x_k\| \leqslant \|x + tx_k\| + (1-t)\|x_k\| \leqslant 2 - t(1-\varepsilon).$$

因为同样的推理可以应用于序列 $\{y_n\}$, 其中 $y_1 = x$; $y_n = x_{k+n}, n > 1$, 所以 k 可以取到足够大. 因此, 由 $R(X)$ 的定义知 $R(X) < 2$. □

定义2.6.9 称 X 是弱接近一致光滑 (WNUS) 的, 是指对于任意的 $\varepsilon > 0$, 存在 $\mu > 0$ 使得若 $t \in (0,\mu)$ 并且 $\{x_n\}$ 是 $B(X)$ 中的基本序列, 则存在 $k > 1$ 满足 $\|x_1 + x_n\| \leqslant 1 + \varepsilon t$.

J. Garcia-Falset 在文献 [51] 还刻画了一类满足条件 $R(X) < 2$ 的 Banach 空间.

定理2.6.19 设 X 为 Banach 空间, 则下列条件等价:

(i) 存在 $\varepsilon \in (0,1)$ 以及 $\eta > 0$ 使得对任意的 $t \in [0,\eta)$ 和弱零序列 $\{x_n\} \subset B(X)$, 总能找到 $k > 1$, 满足 $\|x_1 + tx_k\| \leqslant 1 + t\varepsilon$;

(ii) 存在 $c \in (0,1)$ 使得对任意的弱零序列 $\{x_n\} \subset B(X)$, 总能找到 $k > 1$, 满足 $\|x_1 + x_k\| \leqslant 2 - c$;

(iii) $R(X) < 2$.

证明 (ii) $\Rightarrow$ (iii) 设 $\{x_n\} \subset B(X)$ 为弱零序列, $x \in B(X)$. 考虑序列 $\{y_n\}$, 其中 $y_1 := x$, $y_{n+1} := x_n$, $n = 1, 2, \cdots$, 则 $\{y_n\}$ 是 $B(X)$ 中的弱零序列. 从而由条件 (ii) 知, 存在 $k_1 > 1$ 满足 $\|x + x_{k_1}\| \leqslant 2 - c$.

接着再选取序列 $\{z_n\}$, 其中 $z_1 := x$, $z_n := x_{k_1+n}$, $n = 1, 2, \cdots$, 则 $\{z_n\}$ 是 $B(X)$ 中的弱零序列, 因此存在 $k_2 > 1$ 满足 $\|x + x_{k_2}\| \leqslant 2 - c$.

重复前面的步骤, 可以得到 $\liminf_n \|x + x_n\| \leqslant 2 - c$, 从而 $R(X) < 2$.

(iii) $\Rightarrow$ (ii) 设 $\{x_n\}$ 为 $B(X)$ 中的弱零序列, 由于 $R(X) < 2$, 则存在 $c \in (0,1)$ 使得 $R(X) < 2 - c$, 从而 $\liminf_n \|x_1 + x_n\| \leqslant R(x) < 2 - c$, 因此存在 $k > 1$, 满足 $\|x_1 + x_k\| \leqslant 2 - c$.

(i) $\Rightarrow$ (ii) 存在 $\varepsilon \in (0,1)$ 以及 $\eta > 0$ 使得对任意的 $t \in [0,\eta)$ 和弱零序列 $\{x_n\} \subset B(X)$, 存在 $k > 1$, 满足 $\|x_1 + tx_k\| \leqslant 1 + t\varepsilon$. 令 $\delta = \min\{1, \eta\}$, 则若 $t < \delta$, 有

$$\|x_1 + x_k\| \leqslant \|x_1 + tx_k\| + (1-t)\|x_k\| \leqslant 1 + \varepsilon t + 1 - t = 2 - t(1-\varepsilon).$$

(ii) $\Rightarrow$ (i) 由于存在 $c \in (0,1)$ 使得对任意的弱零序列 $\{x_n\} \subset B(X)$, 总能找到 $k > 1$, 满足 $\|x_1 + x_k\| \leqslant 2 - c$, 则对任意的 $t \in (0,1)$ 有

$$\|x_1 + tx_k\| \leqslant t\|x_1 + x_k\| + (1-t)\|x_1\| \leqslant 1 + t(1-c). \qquad \square$$

由前面的定理和弱接近一致光滑 (WNUS) 的定义, 可以得到下面结论.

推论2.6.20 X 是弱接近一致光滑的, 当且仅当 X 是自反的且 $R(X) < 2$.

事实上, 若 Banach 空间 X 是自反的 WUKK′ 空间, 则 X^* 是 WNUS 空间. 因此, 有如下推论.

推论2.6.21 若 Banach 空间 X 是自反的 WUKK′ 空间, 则 X 和 X^* 具有不动点性质.

定理2.6.22 设 X 是自反的 Banach 空间, 若 $\lim\limits_{t \to 0} \frac{\Gamma_X(t)}{t} < \frac{1}{2}$, 则 X 具有不动点性质.

2.6 接近一致凸和接近一致光滑

证明 事实上，当 X 是自反的 Banach 空间，且 $\lim\limits_{t\to 0}\frac{\Gamma_X(t)}{t}<\frac{1}{2}$，有 X 是 WNUS 空间，故 $R(X)<2$. 因此，X 具有不动点性质. □

2006年，J. Garcia-Falset 等[①]对上述结果进行了推广，给出了如下定理.

定理2.6.23 设 X 是自反的 Banach 空间，若它的接近一致光滑模满足 $\lim\limits_{t\to 0}\frac{\Gamma_X(t)}{t}<1$，则 X 具有不动点性质.

在证明此结果前，我们先给出一些有用的定义和引理.

定义2.6.10 设 X 是 Banach 空间. 对每个 $a>0$，定义

$$\mathrm{RW}(a,X)=\sup\{(\liminf_{n\to\infty}\|x_n+x\|)\wedge(\liminf_{n\to\infty}\|x_n-x\|):$$
$$x_n\in B(X),\ x_n\xrightarrow{w}0,\ \|x\|\leqslant a\},$$
$$\mathrm{MW}(X)=\sup\left\{\frac{1+a}{\mathrm{RW}(a,X)}:a>0\right\}.$$

显然，对任意 Banach 空间 X，$a>0$，有

$$\max\{a,1\}\leqslant \mathrm{RW}(a,X)\leqslant 1+a,$$

故 $1\leqslant \mathrm{MW}(X)\leqslant 2$.

命题2.6.24 设 X 是 Banach 空间. 对每个 $a>0$，

$$\mathrm{RW}(a,X)=\sup\left\{\inf_{n>1}(\|ax_1+x_n\|)\wedge(\|ax_1-x_n\|):x_n\in B(X),\ x_n\xrightarrow{w}0\right\}.$$

引理2.6.25 设 X 是自反的 Banach 空间.
(1) 对所有 $t>0$，有 $\Gamma_X(t)\leqslant \frac{t(\mathrm{RW}(\frac{1}{t},X)+1)-1}{2}$；
(2) 对所有 $a>0$，有 $\mathrm{RW}(a,X)\leqslant a(1+\Gamma_X(\frac{1}{a}))$，特别地，

$$\mathrm{MW}(X)\geqslant \sup\left\{\frac{1+t}{1+\Gamma_X(t)}:t>0\right\}.$$

证明 (1) 任取 $t>0$，$\eta>0$. 令 $\{x_n\}\subset B(X)$ 是弱零序列. 由先前命题知

$$\inf_{n>1}(\|x_1+tx_n\|\wedge\|x_1-tx_n\|)=t\inf_{n>1}\left(\left\|\frac{1}{t}x_1+x_n\right\|\wedge\left\|\frac{1}{t}x_1-x_n\right\|\right)$$
$$\leqslant t\,\mathrm{RW}\left(\frac{1}{t},X\right),$$

[①] J. Garcia-Falset, et al. Journal of Functional Analysis, 2006, 233: 494–514.

故存在 $k > 1$ 使得

$$\|x_1 + tx_k\| \wedge \|x_1 - tx_k\| \leqslant t\,\mathrm{RW}\left(\frac{1}{t}, X\right) + \eta.$$

由于

$$\|x_1 + tx_k\| \vee \|x_1 - tx_k\| \leqslant 1 + t,$$

可得到

$$\begin{aligned}\|x_1 + tx_k\| + \|x_1 - tx_k\| &= (\|x_1 + tx_k\| \wedge \|x_1 - tx_k\|) \\ &\quad + (\|x_1 + tx_k\| \vee \|x_1 - tx_k\|) \\ &\leqslant t\,\mathrm{RW}\left(\frac{1}{t}, X\right) + 1 + t \\ &= 1 + t\left(\mathrm{RW}\left(\frac{1}{t}, X\right) + 1\right) + \eta.\end{aligned}$$

因此,

$$\inf_{n>1}\left(\frac{\|x_1 + tx_n\| + \|x_1 - tx_n\|}{2} - 1\right) \leqslant \frac{\|x_1 + tx_k\| + \|x_1 - tx_k\|}{2} - 1$$
$$\leqslant \frac{t(\mathrm{RW}(\frac{1}{t}, X) + 1) - 1 + \eta}{2}.$$

当 X 是自反的 Banach 空间时, 有

$$\Gamma_X(t) = \sup\left\{\inf_{n>1}\left\{\frac{\|x_1 + tx_n\| + \|x_1 - tx_n\|}{2} - 1 : \{x_n\} \in B(X),\ x_n \xrightarrow{w} 0\right\}\right\}.$$

故

$$\Gamma_X(t) \leqslant \frac{t(\mathrm{RW}(\frac{1}{t}, X) + 1) - 1 + \eta}{2}.$$

最后, 令 $\eta \to 0$, 可得到

$$\Gamma_X(t) \leqslant \frac{t(\mathrm{RW}(\frac{1}{t}, X) + 1) - 1}{2}.$$

(2) 令 $a > 0$, $\eta > 0$, $\{x_n\} \subset B(X)$ 是弱零序列. 可知

$$\inf_{n>1}\left(\frac{\|x_1 + \frac{1}{a}x_n\| + \|x_1 - \frac{1}{a}x_n\|}{2} - 1\right) \leqslant \Gamma_X\left(\frac{1}{a}\right),$$

存在 $k > 1$ 使得

$$\left\|x + \frac{1}{a}x_k\right\| + \left\|x - \frac{1}{a}x_k\right\| < 2\left(1 + \Gamma_X\left(\frac{1}{a}\right) + \eta\right).$$

因此,
$$\inf_{n>1}(\|ax_1+x_n\|\wedge\|ax_1-x_n\|)\leqslant\|ax_1+x_k\|\wedge\|ax_1-x_k\|$$
$$\leqslant\frac{1}{2}(\|ax_1+x_k\|+\|ax_1-x_k\|)$$
$$=\frac{a}{2}\left(\left\|x_1+\frac{1}{a}x_k\right\|+\left\|x_1-\frac{1}{a}x_k\right\|\right)$$
$$<a\left(1+\Gamma_X\left(\frac{1}{a}\right)+\eta\right).$$

由先前命题知, 对所有 $\eta>0$, 有
$$\mathrm{RW}(a,X)\leqslant a\left(1+\Gamma_X\left(\frac{1}{a}\right)+\eta\right).$$

因此, $\mathrm{RW}(a,X)\leqslant a(1+\Gamma_X(\frac{1}{a}))$. $\square$

引理 2.6.26 设 X 是 Banach 空间. 考虑如下定义的函数 f 和 g:
$$f(s)=\frac{\Gamma_X(s)}{s},\quad g(s)=1+\Gamma_X(s)-s,$$
对每个 $s>0$. 则 f 是非降函数, 而 g 是非增函数.

证明 令 $0<t<s$, $\{x_n\}\subset B(X)$ 是基序列. 对每个 $n\geqslant 1$, 有 $\|x_1\pm sx_n\|\leqslant\|x_1\pm tx_n\|+s-t$, 于是,
$$\inf_{n>1}\left(\frac{\|x_1+sx_n\|+\|x_1-sx_n\|}{2}-1\right)$$
$$\leqslant\inf_{n>1}\left(\frac{\|x_1+tx_n\|+\|x_1-tx_n\|}{2}-1\right)+s-t$$
$$\leqslant\Gamma_X(t)+s-t.$$

另一方面,
$$\|x_1\pm tx_n\|=\frac{t}{s}\left\|\frac{s}{t}x_1\pm sx_n\right\|$$
$$\leqslant\frac{t}{s}\left(\frac{s}{t}-1+\|x_1\pm sx_n\|\right)$$
$$=1+\frac{t}{s}(\|x_1\pm sx_n\|-1),$$

故
$$\inf_{n>1}\left(\frac{\|x_1+tx_n\|+\|x_1-tx_n\|}{2}-1\right)\leqslant\frac{t}{s}\left(\frac{\|x_1+sx_n\|+\|x_1-sx_n\|}{2}-1\right)$$
$$\leqslant\frac{t}{s}\Gamma_X(s).$$

因此,
$$\Gamma_X(s) \leqslant \Gamma_X(t) + s - t, \quad \Gamma_X(t) \leqslant \frac{t}{s}\Gamma_X(s).$$

引理2.6.27 设 X 是自反的 Banach 空间, 令
$$\Gamma = \inf\left\{1 + \Gamma_X(s) - \frac{s}{2} : s \in [0,1]\right\}.$$

则 $M(X) \geqslant \frac{3}{1+2\Gamma}$.

下面给出定理 2.6.23 的证明:

由引理 2.6.26 中函数 g 是非增函数, 对每个 $t > 0$, 有
$$\inf\{1 + \Gamma_X(s) - s : 0 < s \leqslant t\} = 1 + \Gamma_X(t) - t,$$

特别地,
$$\inf\{1 + \Gamma_X(s) - s : s \in [0,1]\} = \Gamma_X(1).$$

由引理 2.6.25 知, $\mathrm{MW}(X) \geqslant \frac{2}{1+\Gamma_X(1)}$. 令 $s \in [0,1]$. 因 $\Gamma_X(s) \geqslant 0$, 可得到
$$\begin{aligned}
1 + \Gamma_X(1) &\leqslant 2 + \Gamma_X(s) - s \\
&= 2\left(1 + \Gamma_X(s) - \frac{s}{2}\right) - \Gamma_X(s) \\
&\leqslant 2\left(1 + \Gamma_X(s) - \frac{s}{2}\right).
\end{aligned}$$

因此,
$$1 + \Gamma_X(1) \leqslant 2\Gamma.$$

故 $M(X) \geqslant \mathrm{MW}(X) \geqslant \frac{1}{\Gamma}$, 可知 $\frac{1}{\Gamma}$ 是 $M(X)$ 的下界.

对于 NUS 概念的另一种推广是 NUS*, 它比 NUS 条件弱, 例如, c_0 是 NUS* 空间, 但却不是 NUS 空间.

定义2.6.11 Banach 空间 X 是 NUS* 空间是指对任意 $\varepsilon > 0$, 存在 $\eta > 0$, 使得若 $0 < t < \eta$, $x_n \in B(X)$, 对某些整数 $n > m > 1$, 有
$$\|x_1 + t(x_m - x_n)\| \leqslant 1 + \varepsilon t.$$

对于 NUS* 空间, 可以引入类似光滑模的函数来刻画该空间.
$$R_X(t) = \sup\left\{\liminf_{n \to \infty} \|x_1 + tx_n\|\right\}, \quad t \geqslant 0$$

这里上确界取遍单位球中所有弱零序列. 易知, $R_X(t) \geqslant 1$ 且函数 $\frac{1}{t}(R_X(t) - 1)$ 关于 $t > 0$ 是非降函数.

2.6 接近一致凸和接近一致光滑

引理2.6.28(Rosenthal 二分枝原理) 设 $\{x_n\}$ 是 Banach 空间 X 中的有界序列,则

(1) 或者有一子列 $\{x_{n_i}\}$ 等价于 l_1 的单位向量基;

(2) 或者有一子列 $\{x_{n_i}\}$ 是弱 Cauchy 列.

定理2.6.29 Banach 空间 X 是 NUS* 空间当且仅当 X 不包含与 l_1 同构的子空间且满足
$$\lim_{t\to 0}\frac{1}{t}(R_X(t)-1)=0.$$

证明 设 X 是 NUS* 空间. 由定义 2.6.11, 对任意 $\varepsilon>0$, 存在 $t>0$ 使得若 $\{y_n\}\subset B(X)$, 则
$$\|y_1+t(y_i-y_j)\|\leqslant 1+t\frac{\varepsilon}{2},$$
对某个 $j>i>1$.

令 t_1 对应于 $\varepsilon=1$. 设 $\gamma=\frac{t_1}{1+2t_1}$, 若 X 包含与 l_1 同构的子空间, 则存在序列 $\{y_n\}\subset B(X)$ 使得
$$(1-\gamma)\sum_{k=1}^m |a_k|\leqslant \left\|\sum_{k=1}^m a_k y_k\right\|,$$
对所有 $\{a_k\}\in\mathbb{R}^n$ 成立. 由假设知存在整数 $j>i>1$ 使得 $\|y_1+t_1(y_i-y_j)\|\leqslant 1+\frac{1}{2}t_1$. 但另一方面,
$$\|y_1+t_1(y_i-y_j)\|\geqslant (1-\gamma)(1+2t_1)=1+t_1,$$
产生矛盾. 下面设
$$\lim_{t\to 0}\frac{1}{t}(R_X(t)-1)>0.$$
则存在 $\varepsilon>0$ 使得对每个 $t>0$, 可找到弱零序列 $\{x_n\}\subset B(X)$ 满足对每个 $n>1$, 有 $\|x_1+tx_n\|>1+t\varepsilon$. 但对每个 $m>1$,
$$\|x_1+tx_m\|\leqslant \liminf_{n\to\infty}\|x_1+t(x_m-x_n)\|.$$
因此, 可选取递增序列 $\{n_k\}$ 使得当 $i<j$ 时,
$$\|x_1+tx_{n_i}\|\leqslant \|x_1+t(x_{n_i}-x_{n_j})\|+\frac{\varepsilon}{4}t.$$
由定义 2.6.11 知, 存在 $i\in\mathbb{N}$ 使得 $\|x_1+tx_{n_i}\|\leqslant 1+\frac{\varepsilon}{2}t$, 产生矛盾.

反之, 假设 X 不包含与 l_1 同构的子空间且满足 $\lim_{t\to 0}\frac{1}{t}(R_X(t)-1)=0$. 任取子列 $\{y_n\}\subset B(X)$, 由 Rosenthal 二分枝定理, 可设 $\{y_n\}$ 是弱 Cauchy 列, 则

$\{(y_n - y_{n+1})\}$ 是 $2B(X)$ 中的弱零序列. 因此, 对任意 $\varepsilon > 0$, 存在 $\eta > 0$ 使得若 $0 < t < \eta$, 则存在 $m > 1$, 有

$$\|y_1 + t(y_m - y_{m+1})\| \leqslant 1 + t\varepsilon.$$

由定义 2.6.11 知, X 是 NUS* 空间. □

定理2.6.30 设 Banach 空间 X 是 NUS* 空间, 则 X 具有弱不动点性质.

证明 事实上, 对任意 $t \in (0,1)$, $R(X) \leqslant R_X(t) + 1 - t$. 因为 X 是 NUS* 空间, 有 $\lim\limits_{t \to 0} \frac{1}{t}(R_X(t) - 1) = 0 < 1$ 成立, 故 $R(X) < 2$. 因此, X 具有弱不动点性质. □

2.7 β-性质

1987年, Rolewicz 在研究 NUC 和 drop 性质的关系时, 引入了 β-性质.

定义2.7.1 Banach 空间 X 具有 β-性质是指对对任意 $\varepsilon > 0$, 存在 $\delta \in (0,1)$, 使得对于 $\{x_n\}_{n=1}^{\infty} \subset B(X)$, $x_n \xrightarrow{w} x$, $\text{sep}(x_n) \geqslant \varepsilon$, 存在 $i \in \mathbb{N}$ 使得 $\frac{\|x+x_i\|}{2} < 1 - \delta$.

Rolewicz 已经证明 "一致凸 $\Rightarrow$ β-性质 $\Rightarrow$ NUC", 因此, 具有 β-性质的 Banach 空间具有不动点性质.

下面研究 Banach 空间的 β^*-性质.

定义2.7.2 Banach 空间 X 具有 β^*-性质是指对任意 $\varepsilon > 0$, 存在 $\eta > 0$, 使得若 $0 < t < \eta$, $\{x_n\}_{n=1}^{\infty} \subset B(X)$, $x_n \xrightarrow{w} x$, $\{y_n\} \subset B(X)$ 是基序列, 则对某个 $k \geqslant 1$,

$$\|x\| + \|x_k + t y_k\| \leqslant 2 + \varepsilon t.$$

注2.7.1 β^*-性质 $\Rightarrow$ NUS $\Rightarrow$ 自反.

定理2.7.2 Banach 空间 X 具有 β^*-性质当且仅当对偶空间 X^* 具有 β-性质.

证明 先设 X 具有 β^*-性质. 对给定的 $\varepsilon > 0$, 可得到某个对应于 $\frac{\varepsilon}{12}$ 的 $\eta > 0$. 固定 $0 < t < \eta$, 选取 $x^* \in B(X^*)$ 以及序列 $\{x_n^*\} \subset B(X^*)$, $\text{sep}(\{x_n^*\}) > \varepsilon$.

由于 X 是自反的, 可得到如下结论:

(1) $x_n^* \xrightarrow{w} z^*$;

(2) $\|x_n^* - z^*\| \geqslant \frac{\varepsilon}{2}$, $n \in \mathbb{N}$;

(3) 存在 $z_n \in B(X)$ 使得

$$(x_n^* - z^*)(z_n) \geqslant \frac{\varepsilon}{2}, \quad z_n \xrightarrow{w} z,$$

且 $\{z_n - z\}$ 是基序列.

下面选取 $x_n \in B(X)$ 满足 $(x^* + x_n^*)(x_n) = \|x^* + x_n^*\|$,并假设 $x_n \xrightarrow{w} x$. 对充分大的 k,有

$$|(x_k^* - z^*)(z)| \leqslant \frac{\varepsilon}{12}, \quad |z^*(z_k - z)| \leqslant \frac{\varepsilon}{12}, \quad |x^*(x_k - x)| \leqslant \frac{t\varepsilon}{12}.$$

因此,由 β^*-性质的定义,可得到某个 k 使得

$$\begin{aligned}\|x^* + x_k^*\| &= x^*(x_k) + x_k^*(x_k) = x^*(x) + x^*(x_k - x) + x_k^*(x_k) \\ &\leqslant \|x\| + \frac{t\varepsilon}{12} + x_k^*(x_k + t(z_k - z)) - tx_k^*(z_k - z) \\ &\leqslant \|x\| + \|x_k + t(z_k - z)\| + \frac{t\varepsilon}{12} - \frac{t\varepsilon}{3} \\ &\leqslant 2 - \frac{t\varepsilon}{6}.\end{aligned}$$

由定义 2.7.1 知,X^* 具有 β-性质.

现在设 X^* 具有 β-性质. 对 $0 < \varepsilon, \gamma < 1$,由定义 2.7.1 知,存在对应于 $(1-\gamma)\varepsilon$ 的 $\delta > 0$,固定 $0 < t < \frac{\delta}{1-\varepsilon}$,考虑序列 $\{x_n\}, \{y_n\} \subset B(X)$,满足 $x_n \xrightarrow{w} x$,$\{y_n\}$ 是基序列. 存在 $x_n^* \in B(X^*)$ 满足 $x_n^*(x_n + ty_n) = \|x_n + ty_n\|$ 以及 $x^* \in B(X^*)$ 满足 $x^*(x) = \|x\|$. 不妨设 $x_n^* \xrightarrow{w} z^*$,$|z^*(y_n)| \leqslant \frac{\gamma\varepsilon}{2}$,且 $|x^*(x_n - x)| \leqslant \delta$.

下面考虑如下两种情况:

(1) 存在 k 使得 $\|x_k^* - z^*\| \leqslant (1 - \frac{\gamma}{2})\varepsilon$. 则

$$\begin{aligned}\|x\| + \|x_k + ty_k\| &\leqslant 1 + x_k^*(x_k) + tx_k^*(y_k) \\ &\leqslant 2 + t\left((x_k^* - z^*)(y_k) + \frac{\gamma\varepsilon}{2}\right) \\ &\leqslant 2 + t\varepsilon.\end{aligned}$$

(2) 对所有 k,都有 $\|x_k^* - z^*\| > (1 - \frac{\gamma}{2})\varepsilon$.

在此情况下,可设 $\text{sep}(\{x_n^*\}) > (1-\gamma)\varepsilon$. 因此,存在 k 使得

$$\begin{aligned}\|x\| + \|x_k + ty_k\| &\leqslant x^*(x_k) + \delta + x_k^*(x_k) + tx_k^*(y_k) \\ &\leqslant \|x^* + x_k^*\| + \delta + t \\ &\leqslant 2(1-\delta) + \delta + t \leqslant 2 + t\varepsilon.\end{aligned}$$

故 X 具有 β^*-性质. □

定义2.7.3 定义如下系数:

$$D(X) = \sup\{\limsup d(x_{i+1}, \text{conv}\{x_n\}_1^i) : \{x_n\} \subset X, \text{diam}(\{x_n\}) = 1\}.$$

已知 $D(X) \leqslant 1$，且条件 $D(X) < 1$ 弱于一致正规结构，但蕴含正规结构和自反.

定义2.7.4 Banach 空间 X 具有 (β, γ) 性质是指对某个 $\gamma > 0$，若存在 $\eta > 0$，使得对每个 $x \in B(X)$，$\{x_n\}_{n=1}^{\infty} \subset B(X)$，$\text{sep}(\{x_n\}) > \gamma$，存在 $i \in \mathbb{N}$ 使得 $\frac{\|x+x_i\|}{2} < 1 - \delta$.

已知 (β, γ) 性质蕴含自反，且有如下结论成立.

定理2.7.3 若 Banach 空间 X 对某个 $\gamma \in (0, 1)$，具有 (β, γ) 性质，则 $D(X^*) < 1$.

证明 由于 (β, γ) 性质蕴含自反，故可交换 X 和 X^*. 设 $D(X) = 1$，在文献 [14] 中给出了 $D(X)$ 的如下等价定义:

$$D(X) = \sup\{\liminf d(x_{i+1}, \text{conv}\{x_n\}_1^i) : \{x_n\} \subset X, \text{diam}(\{x_n\}) = 1\}.$$

对每个 $\delta \in (0, 1)$，可选取序列 $\{x_n\}$ 满足如下条件:
(1) $\text{diam}(\{x_n\}) \leqslant 1$；
(2) $x_n \xrightarrow{w} 0$；
(3) $\|x_n\| \geqslant 1 - \delta$，对每个 $n \in \mathbb{N}$；
(4) $\{x_n\}$ 是基序列.

对每个自然数 n，选取 $x_n^* \in S(X^*)$ 满足 $x_n^*(x_n) = \|x_n\|$. 由于 X^* 是自反的知，$\{x_n^*\}$ 存在子列是弱收敛的，不妨仍记为 $\{x_n^*\}$，且 $x_n^* \xrightarrow{w} x^*$. 由条件 (2)，存在自然数 n_1 使得当 $n \geqslant n_1$，有

$$|x^*(x_n)| < \delta,$$

令 $n_2 > n_1$ 使得当 $n \geqslant n_2$ 时，有

$$|(x_n^* - x^*)(x_{n_1})| < \delta.$$

因此，当 $n \geqslant n_2$ 时，有 $|x_n^*(x_{n_1})| < 2\delta$.

令 $\{x_{n_k}\} = \{x_{n_1}, x_{n_2}, x_{n_{2+i}} : i > 0\}$. 由于假设 X^* 具有 (β, γ) 性质，故存在 $\varepsilon \in (0, 1)$ 使得对某个 $t > 0$ 和 $k > 1$，有

$$\begin{aligned}
2 + t\varepsilon &\geqslant \|x_{n_1}\| + \|x_{n_k} - x_{n_1} + tx_{n_k}\| \\
&\geqslant 1 - \delta + x_{n_k}^*(x_{n_k} - x_{n_1} + tx_{n_k}) \\
&\geqslant 2 + t - \delta(4 + t),
\end{aligned}$$

由 δ 的任意性及 $\varepsilon < 1$ 知上述式子是矛盾的，故 $D(X) < 1$. □

定理2.7.4 若 X 具有 β-性质，则 X 和 X^* 具有正规结构.

定理2.7.5 设 X 是自反的 Banach 空间. 若 X 是 WUKK′ 空间, 则 $D(X) < 1$.

证明 假设 $D(X) = 1$, 可知对任意的 $\eta < 1$, 存在序列 $\{x_n\}$ 使得
(1) $\mathrm{diam}(\{x_n\}) < 1$;
(2) $x_n \xrightarrow{w} 0$;
(3) $\|x_n\| > \eta$, 对每个 $n \in \mathbb{N}$.

设 ε, δ 是由 WUKK′ 的定义所确定的, 令 $\eta = \max(\varepsilon, 1 - \delta)$. 对上述满足条件 (1)~(3) 的序列 $\{x_n\}$, 令 $z_n = x_1 - x_n$. 由条件 (1) 和 (2) 知, $z_n \in B(X)$, $z_n \xrightarrow{w} x_1$. $\liminf_n \|z_n - x_1\| = \liminf_n \|x_n\| > \varepsilon$. 因此, $\|x_1\| < 1 - \delta \leqslant \eta$, 与条件(3)矛盾. □

由此定理可知, 若 X 是自反的 Banach 空间, 且 X 是 WUKK′ 空间, 则 X 具有不动点性质.

定义2.7.5 Banach 空间 X 具有非严格 Opial 性质是指对任意 $x_n \xrightarrow{w} 0$, $x \in X \setminus \{0\}$, 有 $\lim\limits_{n \to \infty} \|x_n\| \leqslant \lim\limits_{n \to \infty} \|x_n + x\|$.

定理2.7.6 设 X 是具有非严格 Opial 性质的 Banach 空间. 若 X 具有 β^*-性质, 则 X 是 WUKK′ 空间.

证明 因为 X 具有 β^*-性质, 可得到对应 $\frac{1}{8}$ 的 $\eta > 0$. 固定 $0 < t < \eta$, 令 $\gamma = (1 + \frac{t}{3})/(1 + \frac{t}{2})$.

下面令 $\{x_n\} \subset B(X)$, $x_n \xrightarrow{w} x$, 且 $\liminf_n \|x_n - x\| > \gamma$. 可通过选取子列使得 $\{x_n - x\}$ 是基序列, 易知 $\|x_n - x\| \leqslant 2$. 由于 X 具有 β^*-性质, 可选取子列 $\{x_{n_k}\}$ 使得

$$\|x\| + \|x_{n_k} + t(x_{n_k} - x)/2\| \leqslant 2 + \frac{t}{8}.$$

由非严格 Opial 性质知

$$2 + \frac{t}{8} \geqslant \|x\| + \left(1 + \frac{t}{2}\right) \liminf_k \|x_{n_k} - x\| \geqslant \|x\| + 1 + \frac{t}{3}.$$

因此, $\|x\| \leqslant 1 - \frac{5t}{24}$, 这表明 X 是 WUKK′ 空间. □

2.8 F-凸和 P-凸

定义2.8.1 对每个 $n \in \mathbb{N}$, 令

$$P(n, X) = \sup\{r : \exists x_1, \cdots, x_n \in X, 使得 \|x_i - x_j\| \geqslant 2r, \|x_i\| \leqslant 1 - r\}$$

Banach 空间 X 是 P-凸的是指存在某个自然数 n 满足 $P(n, X) < \frac{1}{2}$.

Kottman 引入了 P-凸的对偶性质 F-凸.

定义2.8.2 对 $\varepsilon > 0$, $B(X)$ 的凸子集 A 是 ε-平坦的是指 $A \cap (1-\varepsilon)B(X) = \varnothing$.

定义2.8.3 ε-平坦集的集合 $\mathcal{D}$ 是可补的是指对不相同的两个集合 $A, B \subset \mathcal{D}$, 集合 $A \cup B$ 一定包含一对对映点 (antipodal points).

定义2.8.4

$$F(n, X) = \inf\{\varepsilon : B(X) \text{ 包含一个基数 } n \text{ 的可补 } \varepsilon\text{-平坦的集合全体}\},$$

Banach 空间 X 是 F-凸的是指存在某个自然数 n 满足 $F(n, X) > 0$.

引理2.8.1 设 Banach 空间 X 的对偶空间单位球是弱$*$序列紧的, 且 X 不具有弱正规结构. 对任意的 $\varepsilon > 0$, 自然数 $n \geqslant 2$, 存在 $z_1, z_2, \cdots, z_n \in S(X)$, $g_1, g_2, \cdots, g_n \in S(X^*)$ 使得下列式子成立:

(a) $|\|z_i - z_j\| - 1| < \varepsilon$, 且对所有 $i \neq j$, 有 $|g_i(z_j)| < \varepsilon$;

(b) $g_i(z_i) = 1$, $i = 1, 2, \cdots, n$.

证明 由假设, 这存在 $(x_k) \subset X$ 和 $(f_k) \subset S_{X^*}$ 使得

(1) $x_k \xrightarrow{w} 0$,

(2) 当 $x \in \overline{\mathrm{co}}\{x_k\}_{k=1}^\infty$, 有 $\operatorname{diam}\{x_k\}_{k=1}^\infty = 1 = \lim\limits_{k \to \infty} \|x_k - x\|$,

(3) $f_k(x_k) = \|x_k\|$,

(4) 存在 $f \in B_{X^*}$, 使得 $f_k \xrightarrow{w^*} f$. 注意到 $0 \in \overline{\mathrm{co}^w}\{x_k\}_{k=1}^\infty$, 则 $0 \in \overline{\mathrm{co}}\{x_k\}_{k=1}^\infty$, 这表明 $\lim\limits_{k \to \infty} \|x_k\| = 1$.

取定 $\varepsilon \in (0, 1)$ 和固定的自然数 n, 选取 $\eta = \frac{\varepsilon}{2}$, 选择自然数

$$k_1 < k_2 < \cdots < k_n,$$

使得

$$1 - \eta \leqslant \|x_{k_j}\| \leqslant 1, \quad |f(x_{k_j})| < \frac{\eta}{2} \quad (i = 1, 2, \cdots, n),$$

$$1 - \eta \leqslant \|x_{k_j} - x_{k_i}\| \leqslant 1,$$

$$|f_{k_i}(x_{k_j})| < \eta, \quad |(f_{k_j} - f)(x_{k_i})| < \frac{\eta}{2} \quad (1 \leqslant i < j \leqslant n),$$

这表明

$$|f_{k_j}(x_{k_i})| \leqslant |(f_{k_j} - f)(x_{k_i})| + |f(x_{k_i})| < \eta.$$

令

$$z_i := \frac{x_{k_i}}{\|x_{k_i}\|}, \quad g_i = f_{k_i},$$

现在证明 (a),(b) 成立. 显然 (b) 成立. 当 $i \neq j$ 时,

$$g_i(z_j) = \frac{|f_{k_i}(x_{k_j})|}{\|x_{kj}\|} < \frac{\eta}{1-\eta} < 2\eta.$$

注意到

$$\|z_i - z_j\| = \left\|\frac{x_{k_i}}{\|x_{k_i}\|} - \frac{x_{k_j}}{\|x_{k_j}\|}\right\|$$
$$= \left\|\frac{x_{k_i}}{\|x_{k_i}\|} - x_{k_i}\right\| + \|x_{k_i} - x_{k_j}\| + \left\|\frac{x_{kj}}{\|x_{kj}\|} - x_{k_j}\right\|$$
$$= |1 - \|x_{k_i}\|| + \|x_{k_i} - x_{k_j}\| + |1 - \|x_{k_j}\||$$
$$< 1 + 2\eta - 1 + \varepsilon,$$

而且

$$\|z_i - z_j\| \geqslant g_i(z_i - z_j) = g_i(z_i) - g_i(z_j) \geqslant 1 - \varepsilon,$$

故该引理成立. □

上述引理用超幂可以写成下面形式.

引理2.8.2 设 Banach 空间 X 是超自反的, 且 X 不具有正规结构, 则存在 $\tilde{x}_1, \tilde{x}_2, \cdots, \tilde{x}_n \in S(\tilde{X})$ 和 $\tilde{f}_1, \tilde{f}_2, \cdots, \tilde{f}_n \in S(\tilde{X}^*)$ 使得

(1) $\|\tilde{x}_i - \tilde{x}_j\| = 1$, 且对所有 $i \neq j$, $\tilde{f}_i(\tilde{x}_j) = 0$;

(2) $\tilde{f}_i(\tilde{x}_i) = 1$, $i = 1, 2, \cdots, n$.

定理2.8.3 如下结果成立:

(1) 每个 P-凸的空间是超自反的.

(2) X (X^*)是 P-凸的当且仅当 X^* (X)是 F-凸的.

(3) 每个一致凸(一致光滑)的 Banach 空间是 P-凸和 F-凸的.

定理2.8.4 若 Banach 空间 X 是 F-凸的, 则 X 具有一致正规结构.

证明 假设 X 不具有弱正规结构, 则对所有自然数 n, 下证 $F(n, \tilde{X}) = 0$. 由引理 2.8.2, 存在 $\tilde{x}_1, \cdots, \tilde{x}_n \in S_{\tilde{X}}$ 和 $\tilde{f}_1, \cdots, \tilde{f}_n \in S_{(\tilde{X})^*}$ 使得

(a) 若 $i \neq j$, 有 $\|\tilde{x}_i - \tilde{x}_j\| = 1$, $\tilde{f}_i(\tilde{x}_j) = 0$;

(b) $\tilde{f}_i(\tilde{x}_j) = 1$ $(i = 1, 2, \cdots, n)$, 令

$$A_i = \mathrm{co}(\{\tilde{x}_i - \tilde{x}_j : j \neq i\} \cup \{\tilde{x}_n\}) \quad (i = 1, 2, \cdots, n),$$

容易看到 A_i 是 $B_{\tilde{X}}$ 的凸子集, 而且对 $(i = 1, 2, \cdots, n)$ A_i 是 ε-平的. 这表明

$A_i \subset S_{\tilde{X}}$. 令 $\lambda_k \geqslant 0$, $\sum_{k=1}^{n} \lambda_k = 1$, 则

$$1 = \lambda_i \|x_i\| + \sum_{k \neq i} \lambda_k \|\tilde{x}_i - \tilde{x}_k\|$$

$$\geqslant \left\| \lambda_i \tilde{x}_i - \sum_{k \neq i} \lambda_k (\tilde{x}_i - \tilde{x}_k) \right\|$$

$$\geqslant \tilde{f}_i \left(\lambda_i \tilde{f}_i - \sum_{k \neq i} \lambda_k (\tilde{x}_i - \tilde{x}_k) \right)$$

$$= \lambda_i \tilde{f}_i(\tilde{x}_i) + \sum_{k \neq i} \lambda_k \tilde{f}_i(\tilde{x}_i - \tilde{x}_k)$$

$$= \lambda_i \tilde{f}_i(\tilde{x}_i) + \sum_{k \neq i} \lambda_k \tilde{f}_i(\tilde{x}_i) = 1.$$

最后,当 $i \neq j$, $\pm(\tilde{x}_i - \tilde{x}_j) \in A_i \cup A_j$, $F(n, \tilde{X}) = 0$. 故当 X 是 F-凸的, X 具有正规结构. 利用在超幂作用下, F-凸性闭的, 可推出空间有一致正规结构. □

推论2.8.5 若 Banach 空间 X 是 P-凸的, 则 X^* 具有一致正规结构.

2.9 E-凸和 O-凸

定义2.9.1 ε-平坦集的集合 $\mathcal{D}$ 称为联合可补的是指若对于不相同的集合 A, $B \subset \mathcal{D}$, 集合 $A \cap B$ 和 $A \cap (-B)$ 非空.

定义2.9.2 令

$$E(n, X) = \inf\{\varepsilon : B(X) \text{ 包含一个基数 } n \text{ 的联合可补 } \varepsilon\text{-平坦集的集合}\},$$

Banach 空间 X 是 E-凸的是指存在某个自然数 n 满足 $E(n, X) > 0$.

已经知道 E-凸是严格介于 F-凸和超自反这两个性质之间的性质.

定义2.9.3 Banach 空间 X 具有 WORTH 性质是指对任意的 $x_n \xrightarrow{w} 0$, $x \in X$, 有 $\limsup_{n \to \infty} \|x_n + x\| \leqslant \limsup_{n \to \infty} \|x_n - x\|$.

定理2.9.1 若 Banach 空间 X 是 E-凸的且具有 WORTH 性质, 则 X 具有正规结构.

为了证明定理 2.9.1, 先给出一个引理.

引理2.9.2 若 Banach 空间 X 是超自反空间且具有 WORTH 性质, 若 X 不具有正规结构.则存在 $\tilde{x}_1, \tilde{x}_2, \cdots, \tilde{x}_n \in S(\tilde{X})$ 和 $\tilde{f}_1, \tilde{f}_2, \cdots, \tilde{f}_n \in S(\tilde{X}^*)$ 使得

(1) $\|\tilde{x}_i - \tilde{x}_j\| = 1$, 且对所有 $i \neq j$, $\tilde{f}_i(\tilde{x}_j) = 0$;

(2) $\tilde{f}_i(\tilde{x}_i) = 1$, $i = 1, 2, \cdots, n$.

证明和引理 2.8.1 类似, 故略.

定理 2.9.1 的证明 假设 X 是 E-凸的且具有 WORTH 性质, 由定理 2.8.4 的证明及上述引理, 若 X 不具有正规结构, 则对每个自然数 n, 存在 $\tilde{x}_1, \tilde{x}_2, \cdots, \tilde{x}_n \in S(\tilde{X})$ 和 $\tilde{f}_1, \tilde{f}_2, \cdots, \tilde{f}_n \in S(\tilde{X}^*)$ 使得

(1) $\|\tilde{x}_i - \tilde{x}_j\| = 1$, 且对所有 $i \neq j$, $\tilde{f}_i(\tilde{x}_j) = 0$;

(2) $\tilde{f}_i(\tilde{x}_i) = 1$, $i = 1, 2, \cdots, n$.

令
$$A_i = \operatorname{co}(\tilde{x}_i \pm \tilde{x}_j : i \neq j) \quad (i = 1, 2, \cdots, n),$$

由定理 2.8.4 证明过程中的(a)知, A_i 是 $B_{\tilde{X}}$ 凸子集. 对所有的 $\varepsilon > 0$, A_i ($i = 1, 2, \cdots, n$) 是 ε-平的. 这表明 $A_i \subset S_{\tilde{X}}$. 令 $\lambda_k \geqslant 0$, $\sum_{k=1}^{2n} \lambda_k = 1$, 则

$$\begin{aligned}
1 &= \sum_{k=1}^{n} \lambda_k \|\tilde{x}_i - \tilde{x}_k\| + \sum_{k=n+1}^{2n} \lambda_k \|\tilde{x}_i + \tilde{x}_k\| \\
&\geqslant \left\| \sum_{k=1}^{n} \lambda_k(\tilde{x}_i - \tilde{x}_k) + \sum_{k=n+1}^{2n} \lambda_k(\tilde{x}_i + \tilde{x}_k) \right\| \\
&\geqslant \tilde{f}_i \left(\sum_{k=1}^{n} \lambda_k(\tilde{x}_i - \tilde{x}_k) + \sum_{k=n+1}^{2n} \lambda_k(\tilde{x}_i + \tilde{x}_k) \right) \\
&= \sum_{k=1}^{n} \lambda_k \tilde{f}_i(\tilde{x}_i - \tilde{x}_k) + \sum_{k=n+1}^{2n} \lambda_k \tilde{f}_i(\tilde{x}_i + \tilde{x}_k) = 1.
\end{aligned}$$

而且, 当 $i \neq j$, 有
$$\tilde{x}_i + \tilde{x}_j \in A_i \cup A_j, \quad \tilde{x}_i - \tilde{x}_j \in A_i \cup (-A_j),$$

这表明对任意自然数 n, 有 $E(n, \tilde{X}) = 0$. 故该定理成立.

Naidu 和 Sasry 引入了 E-凸的对偶性质 O-凸.

定义 2.9.4 集合 $A \subseteq X$ 是对称的 ε 可分集是指 $A \cup (-A)$ 中的任意两个不同点的距离不小于 ε.

定义 2.9.5 Banach 空间 X 是 O-凸的是指对某个 $\varepsilon > 0$, 自然数 n, $B(X)$ 包含非对称的基数 n 的 $(2-\varepsilon)$-可分子集.

定理 2.9.3 如下结果成立:

(1) 每个 O-凸的空间是超自反的.

(2) X (X^*) 是 O-凸的当且仅当 X^* (X) 是 E-凸的.

(3) 每个一致非方的 Banach 空间是 O-凸和 E-凸的.

推论2.9.4 若 Banach 空间 X 是 O-凸的且具有 WORTH 性质, 则 X^* 具有正规结构. 特别地, 若 Banach 空间 X 是一致非方的且具有 WORTH 性质, 则 X^* 和 X 都具有正规结构.

2.10 UNC 和 NUNC

设 X 是 Banach 空间, 选取泛函 $x^* \in S(X^*)$, $\delta \in [0,1]$, 集合 $S(x^*, \delta) = \{x \in B(X) : x^*(x) \geqslant 1 - \delta\}$. 特别地, Banach 空间 X 是一致凸的当且仅当对任意 $\varepsilon > 0$, 存在 $\delta > 0$ 使得对每个 $x^* \in S(X^*)$, 有 $\operatorname{diam} S(x^*, \delta) \leqslant \varepsilon$.

下面选取泛函 $x^*, y^* \in S(X^*)$, $\delta \in [0,1]$, 定义

$$S(x^*, y^*, \delta) = S(x^*, \delta) \cap S(y^*, \delta).$$

Banach 空间 X 是一致光滑的当且仅当对任意 $\varepsilon > 0$, 存在 $\delta > 0$ 使得对任意 $x^*, y^* \in S(X^*)$, $\|x^* - y^*\| \geqslant \varepsilon$, 有 $S(x^*, y^*, \delta) = \varnothing$.

定义2.10.1 Banach 空间 X 的单位球具有折线 (crease) 是指存在两个不同元素 $x^*, y^* \in S(X^*)$ 使得 $\operatorname{diam} S(x^*, y^*, 0) > 0$.

定义2.10.2 Banach 空间 X 被称为是非折的 (noncreasy) 是指它的单位球不包含折线.

注2.10.1 显然, 对于维数 $\dim X \leqslant 2$ 的空间一定是非折的 (noncreasy), 如果 X 是严格凸或光滑的, 则其也是非折的 (noncreasy).

定义2.10.3 Banach 空间 X 被称为是一致非折的 (UNC) 对任意 $\varepsilon > 0$, 存在 $\delta > 0$ 使得若 $x^*, y^* \in S(X^*)$, $\|x^* - y^*\| \geqslant \varepsilon$, 则有 $\operatorname{diam} S(x^*, y^*, \delta) \leqslant \varepsilon$.

注2.10.2 对于维数 $\dim X < \infty$ 的空间是一致非折的充分必要条件是 X 是非折的, 如果 X 是一致凸或一致光滑的, 则其是一致非折的.

定理2.10.3 若 Banach 空间 X 是UNC, 则 X 是自反的.

证明 假设 X 不是自反的. 由 James 定理, 对任意 $\delta \in (0,1)$, 存在 $x_i \in S(X), x_i^* \in S_{X^*}$ $(i = 1, 2, 3, \cdots)$, 使得若 $j \geqslant i$, 则 $x_i^*(x_j) = 1 - \delta$. 若 $j < i$, 则 $x_i^*(x_j) = 0$. 显然, $\|x_1^* - x_2^*\| \geqslant (x_1^* - x_2^*)x_1 = 1 - \delta$. 则 $x_2, x_3 \in S(x_1^*, x_2^*, \delta)$ 和 $\|x_3 - x_2\| \geqslant x_3^*(x_3 - x_2) = 1 - \delta$. 这表明 X 不是UNC. $\square$

定理2.10.4 Banach 空间 X 是 UNC 当且仅当 X^* 是 UNC.

证明 若 X 是 UNC, 假设 X^* 不是 UNC. 由上述定理知 X^{**} 在 X 中, 因此, 对 $\varepsilon > 0$, 使得每个 $\delta \in \frac{\varepsilon}{2}$, 存在 $x_1, x_2 \in S(X)$ 满足 $\|x_1 - x_2\| \geqslant \varepsilon$ 和 $x_1, x_2 \in S(x_1^*, x_2^*, \delta)$ 满足 $\|x_1^* - x_2^*\| > \varepsilon$. 令

$$x^* = \frac{x_1^*}{\|x_1^*\|}, y^* = \frac{x_2^*}{\|x_2^*\|},$$

则
$$\|x^* - y^*\| \geqslant \|x_1^* - x_2^*\| - (1 - \|x_1^*\|) - (1 - \|x_2^*\|) > \varepsilon - 2\delta > \frac{\varepsilon}{2}.$$

故 $x_1, x_2 \in S(x^*, y^*, \delta)$. 这表明 X 不是UNC. □

令 $x \in S(X)$, 给定 $t \geqslant 0$, 定义
$$\delta(x, t) = \inf_{y \in S(X)} \{\max\{\|x + ty\|, \|x - ty\|\} - 1\},$$
$$\rho(x, t) = \sup_{y \in S(X)} \left\{\frac{1}{2}(\|x + ty\| + \|x - ty\|) - 1\right\}.$$

定理2.10.5 Banach 空间 X 是 UNC 当且仅当对任意 $\varepsilon > 0$, 存在正数 t 使得对任意 $x \in S(X)$ 有 $\delta(x, \varepsilon) \geqslant t$ 或 $\rho(x, t) \leqslant \varepsilon t$.

证明 假设存在常数 $\varepsilon > 0$, 使得对每个 $t > 0$, 有 $x \in S(X)$, 使得 $\delta(x, \varepsilon) < t$ 且 $\rho(x, t) > \varepsilon t$. 由 $\rho(x, t) > \varepsilon t$ 可知, $\varepsilon < 1$.

下面来证明 X 不是UNC. 对任意 $\delta \in (0, 1)$, 取 $t = \frac{\delta}{6 - 4\varepsilon - \delta}$, 可以找到 $x, y_1, y_2 \in S(X)$, 使得
$$\max\{\|x + \varepsilon y_1\|, \|x - \varepsilon y_1\|\} < 1 + t, \quad 1 + \varepsilon t < \frac{1}{2}(\|x + ty_2\|, \|x - ty_2\|).$$

故存在泛函 $x_1^*, x_2^* \in S_{X^*}$, 满足 $x_1^*(x + ty_2) = \|x + ty_2\|$, $x_2^*(x - ty_2) = \|x - ty_2\|$. 显然
$$1 + \varepsilon t < 1 + \frac{1}{2}(x_1^* - x_2^*)(ty_2) \leqslant 1 + \frac{t}{2}\|x_1^* - x_2^*\| \Rightarrow \|x_1^* - x_2^*\| > 2\varepsilon,$$
而且
$$1 + \varepsilon t < 1 + \frac{1}{2}(x_1^*(x) + x_2^*(x)) + t.$$

因此, $x_i^*(x) > 1 - 2t(1 - \varepsilon)$ $(i = 1, 2)$. 令
$$u_1 = \frac{1}{1 + t}(x + \varepsilon y_1), \quad u_2 = \frac{1}{1 + t}(x - \varepsilon y_1) \Rightarrow u_1, u_2 \in B(X),$$
而且
$$x_1^*(u_1) + x_1^*(u_2) = \frac{2}{1 + t}x_1^*(x) > \frac{2}{1 + t}(1 - 2t(1 - \varepsilon)),$$
因此,
$$x_1^*(u_i) > \frac{(1 - (5 - 4\varepsilon)t)}{1 + t} = 1 - \delta \quad (i = 1, 2).$$

同理
$$x_2^*(u_i) > \frac{(1 - (5 - 4\varepsilon)t)}{1 + t} = 1 - \delta \quad (i = 1, 2),$$

故 $u_1, u_2 \in S(x_1^*, x_2^*, \delta)$. 但 $\|u_1 - u_2\| = \frac{2\varepsilon}{1+t} > \varepsilon$, 这表明 X 不是 UNC.

反之, 假设 X 不是UNC, 则存在 $\varepsilon \in (0,1)$, 使得对每个 $\delta > 0$, 存在 $x^*, y^* \in S_{X^*}$ 满足 $\|x^* - y^*\| \geq \varepsilon$ 和 $x, y \in S(x^*, y^*, \delta)$, 满足 $\|x - y\| \geq \varepsilon$.

取任意 $t \in (0, \frac{\varepsilon}{2})$, 令 $\delta = \frac{t^2}{4}$, 得到相应的泛函 $x^*, y^* \in S_{X^*}$ 和元素 $x, y \in S(x^*, y^*, \delta)$. 令

$$u = \frac{x+y}{\|x+y\|}, \quad v_1 = \frac{x-y}{\|x-y\|}, \quad s = \frac{\|x-y\|}{\|x+y\|}.$$

注意到 $s > \frac{\varepsilon}{2}$, 因此,

$$\left\|u + \frac{\varepsilon}{4}v_1\right\| \leq 1 - \frac{\varepsilon}{4s} + \frac{\varepsilon}{4s}\|u + sv_1\| \leq \frac{2}{\|x+y\|} \leq \frac{1}{1-\delta} < 1+t.$$

同理 $\|u - \frac{\varepsilon}{4}v_1\| < 1+t$, 这表明 $\delta(u, \frac{\varepsilon}{4}v_1) < t$. 因为 $\|x^* - y^*\| \geq \varepsilon$, 则存在 $v_2 \in S(X)$, 使得 $(x^* - y^*)v_2 > \frac{3\varepsilon}{4}$, 则

$$\|u + tv_2\| + \|u - tv_2\| \geq (x^* + y^*)u + t(x^* - y^*)v_2$$
$$\geq \frac{4(1-\delta)}{\|x+y\|} + \frac{3t\varepsilon}{4} \geq 2 - 2\delta + \frac{3t\varepsilon}{4} > 2 + \frac{1}{2}t\varepsilon,$$

从而 $\rho(u,t) > \frac{t\varepsilon}{4}$. □

我们不加证明地给出下面的定理.

定理2.10.6(Murey) 令 K 是不具有不动点性质的非扩张映射 T 的最小不变集. 若 $u = (x_n), v = (x_n)$ 在 K 中关于 T 是渐近不动点序列(afps),则在 K 中存在一个afps $(w = (z_n))$ 使得

$$\|\tilde{w} - \tilde{u}\| = \|\tilde{w} - \tilde{v}\| = \frac{1}{2}\|\tilde{u} - \tilde{v}\|.$$

我们知道 $\tilde{X}$ 在 X 中是有限表示的, 则 X 是UNC $\Rightarrow \tilde{X}$ 是 UNC.

定理2.10.7 若 Banach 空间 X 是 UNC, 则 X 具有不动点性质.

证明 假设存在非扩张映射 T 在 K 中无不动点. 故存在非扩张映射 T 不存在不动点. 令 K 是关于 T 的最小不变集. 不妨设 $\text{diam}(K) = 1$. 考虑在 K 中关于 T 的一个渐近不动点序列 $\{x_n\}$, 不妨设 $0 \in K$, 且 $\{x_n\}$ 弱收敛到 0. 则存在泛函 $x_n^* \in S_{X^*}$, 使得 $x_n^*(x_n) = \|x_n\|$, 选取一个子序列 (x_{n_k}), 当 $k \neq m$ 时, 有

$$x_{n_k}^*(x_{n_m}) = \min\left\{\frac{1}{k}, \frac{1}{m}\right\}.$$

由 Gobel-Karlovitz 引理, 可设 $\lim_{k \to \infty} \|x_{n_{2k-1}} - x_{n_{2k}}\| = 1$, 令

$$x = (x_{n_{2k-1}}), \quad y = (x_{n_{2k}}), \quad f = (x_{2k-1}^*), \quad g = (x_{2k}^*),$$

则
$$\tilde{x},\tilde{y}\in S_{\tilde{X}},\quad \|\tilde{f}\|=\tilde{f}(\tilde{x})=1,\quad \|\tilde{g}\|=\tilde{g}(\tilde{y})=1,$$
$$\tilde{f}(\tilde{y})=\tilde{g}(\tilde{x})=0,\quad \|\tilde{x}-\tilde{y}\|=1.$$

由 Murey 定理,存在 $\tilde{w}\in \tilde{K}$ 使得
$$\|\tilde{w}\|=1,\quad \|\tilde{w}-\tilde{x}\|=\|\tilde{w}-\tilde{y}\|=\frac{1}{2},$$
显然 $\tilde{f}(\tilde{w})=\tilde{g}(\tilde{w})=\frac{1}{2}$.

利用超幂知 $\tilde{X}$ 是 UNC,因此它是非折的. 显然
$$\|\tilde{f}+\tilde{g}\|\geqslant (\tilde{f}+\tilde{g})(\tilde{x})=1,\quad 2(\tilde{w}-\tilde{x}),2(\tilde{w}-\tilde{y})\in S(\tilde{f},-\tilde{g},0).$$

因此, $2(\tilde{w}-\tilde{x})=2(\tilde{w}-\tilde{y})$, 从而得到
$$\tilde{w}=\frac{1}{2}(\tilde{x}+\tilde{y}).$$

对每个 k, 存在泛函 $z_k^*\in S_{X^*}$, 使得
$$z_k^*(x_{n_{2k-1}}+x_{n_{2k}})=\|x_{n_{2k-1}}+x_{n_{2k}}\|.$$

存在子序列 (x_{m_k}), 使得
$$\lim_{k\to\infty} z_k^*(x_{m_k})=\lim_{k\to\infty} z_{2k-1}^*(x_{m_k})=0,\quad \lim_{k\to\infty}\|x_{n_{2k-1}}-x_{m_k}\|=1.$$

令 $z=(x_{m_k}), h=(z_k^*)$, 则
$$\|\tilde{h}\|=1,\quad \tilde{h}(\tilde{z})=\tilde{f}(\tilde{z})=0,\quad \|\tilde{x}-\tilde{z}\|=1.$$

由 $\tilde{w}=\frac{1}{2}(\tilde{x}+\tilde{y})$, 有 $\tilde{h}(\tilde{x}+\tilde{y})=\|\tilde{x}+\tilde{y}\|=2$. 这表明 $\tilde{h}(\tilde{x})=1, \tilde{h}(\tilde{y})=1$. 因此,
$$\|\tilde{h}-\tilde{f}\|\geqslant (\tilde{h}-\tilde{f})(\tilde{y})=1 \Rightarrow \tilde{x}=\tilde{x}-\tilde{z}\Rightarrow \tilde{z}=0,$$

但 (x_{m_k}) 在 K 中关于 T 是 afps. 因此, 由 Gobel-Karlovitz 引理可知, $\|\tilde{z}\|=1$, 产生矛盾. □

下面假设 X 不具有 Schur 性质. $\mathcal{N}_X$ 表示单位球面上所有弱零序列的全体, 它是非空的. 给定 $\varepsilon>0$, $x\in X$, 定义
$$d(x,\varepsilon)=\inf_{y_m\in\mathcal{N}_X}\limsup\|x+\varepsilon y_m\|-\|x\|,\quad b(x,\varepsilon)=\sup_{y_m\in\mathcal{N}_X}\liminf\|x+\varepsilon y_m\|-\|x\|.$$

注2.10.8 Banach 空间 X 是 NUC 当且仅当 X 是自反的且对任意 $\varepsilon>0$, 有
$$\inf_{x\in S(X)} d(x,\varepsilon)>0;$$

Banach 空间 X 是 NUS 当且仅当 X 是自反的且

$$\lim_{\varepsilon \to 0^+} \left(\frac{1}{\varepsilon} b(x, \varepsilon)\right) = 0.$$

定义2.10.4 设 X 不具有 Schur 性质, Banach 空间 X 被称为是接近一致非折的(NUNC)是指对任意 $\varepsilon > 0$, 存在 $t > 0$ 使得对任意 $x \in S(X)$, 有 $d(x, \varepsilon) \geqslant t$ 或 $b(x, \varepsilon) \leqslant \varepsilon t$.

定理2.10.9 令 X 是不具有 Schur 性质,而且 $0 < \varepsilon_1 < \varepsilon_2 < \varepsilon_3 \leqslant 1$,则在下面的叙述中上一条可推出下一条:

(1) 存在 $\gamma \in [0, 1)$, 如果 $\text{sep}(x_n^*) \geqslant \varepsilon_1, (x_n^*) \subset S_{X^*}$, 则 $\beta(S((x_n^*), \gamma)) \geqslant \varepsilon_1$;
(2) $\Delta_X(\varepsilon_2) > 0$;
(3) 存在 $t > 0$, 对任意 $x \in S(X)$, $d(\varepsilon_3, x) \geqslant t$ 和 $b(t, x) \leqslant \varepsilon_3 t$ 必有一个成立.

证明 (1) $\Rightarrow$ (2) 假设 $\Delta_X(\varepsilon_2) = 0$, 则对每个 $\gamma \in [0, 1)$, 在 S_{X^*} 中能够找到 (x_n^*) 满足 $(x_n^*) \xrightarrow{w^*} x^*$. 而且, 能够在 S_X 中找到 (x_n) 满足 $(x_n) \xrightarrow{w} x$, 使得

$$\liminf_{n \to \infty} \|x_n^* - x^*\| \geqslant \varepsilon_2, \quad \liminf_{n \to \infty} \|x_n - x\| \geqslant \varepsilon_2, \quad x^*(x) > \gamma.$$

不妨设 X 是可分的, 而且 $(x_n^*) \xrightarrow{w^*} x^*$. 则

$$\varepsilon_2 \leqslant \liminf_{n \to \infty} \|x_n - x\| \leqslant \liminf_{n \to \infty} \liminf_{n \to \infty} \|x_n - x_m\|,$$

$$\varepsilon_2 \leqslant \liminf_{n \to \infty} \liminf_{n \to \infty} \|x_n^* - x_m^*\|.$$

通过选取子序列, 不妨设 $x^*(x_m) > \gamma$, 且若 $m \neq n$, 则 $\|x_n^* - x_m^*\| \geqslant \varepsilon_1$. 而且, $\|x_n - x_m\| \geqslant \varepsilon_1$. 因此, $\lim_{n \to \infty} x_n^*(x_m) \geqslant \eta$, 这表明 $\{x_m\} \subset S((x_n^*), \gamma)$, 从而 $\beta(S(\{x_n^*\}, \gamma)) \geqslant \varepsilon_1$, 产生矛盾.

(2) $\Rightarrow$ (3) 假设(3)不成立, 则对每个 $t \in (0, \frac{\varepsilon_3}{\varepsilon_2 - 1})$, 可找到 $x \in S(X)$, 而且 $(y_n), (x_n) \in \mathcal{N}_X$, 满足

$$\limsup_{n \to \infty} \|x + \varepsilon_3 y_n\| < 1 + t, \quad \liminf_{n \to \infty} \|x + t z_n\| > 1 + \varepsilon_3 t.$$

注意到 $B(X)$ 中的向量 $v_n = \frac{x + \varepsilon_3 y_n}{1+t}$ 弱收敛到 $v = \frac{x}{1+t}$. 而且对所有 n, $\|v_n - v\| = \frac{\varepsilon_3}{1+t} > \varepsilon_2$, 存在 $x_n^* \in S_{X^*}$, 使得 $x_n^*(x + tz_n) = \|x + tz_n\|$. 令 x^* 是 (x_n^*) 的弱*极限点. 显然

$$1 + \varepsilon_3 t \leqslant \liminf_{n \to \infty} x_n^*(x + tz_n) \leqslant 1 + \liminf_{n \to \infty} t x_n^*(z_n),$$

这表明

$$\varepsilon_3 \leqslant \liminf_{n\to\infty} x_n^*(z_n) = \liminf_{n\to\infty}(x_n^* - x^*)(z_n) \leqslant \liminf_{n\to\infty}\|x_n^* - x^*\|,$$

而且

$$1 + \varepsilon_3 t \leqslant \liminf_{n\to\infty} x_n^*(x) + t \leqslant x^*(x) + t.$$

这表明

$$x^*(v) = \frac{1}{1+t}x^*(x) \geqslant \frac{1-t(1-\varepsilon_3)}{1+t}.$$

所以

$$\Delta_X(\varepsilon_2) \leqslant 1 - x^*(v) \leqslant 2t,$$

令 $t \to 0$,可知 $\Delta_X(\varepsilon_2) = 0$. □

推论2.10.10 令 X 是不具有 Schur 性质,则在下面的叙述中上一条可推出下一条:

(1) 存在 $\gamma \in [0,1)$,如果 $\text{sep}(x_n^*) \geqslant \varepsilon_1, (x_n^*) \subset S_{X^*}$,则 $\beta(S((x_n^*), \gamma)) \geqslant \varepsilon$;

(2) $\Delta_X(\varepsilon) > 0$ 对每个 $\varepsilon \in (0,1]$;

(3) X 是 NUNC.

定理2.10.11 设 X 是 UNC,则 X 是 NUNC.

证明 UNC 空间是自反的,所以若 X 是 UNC,则 X 满足推论 2.10.10 的条件 (1). 令 X 是 UNC 且对任意 $\varepsilon > 0$,有 $\delta > 0$,使得若 $x^*, y^* \in S_{X^*}, \|x^* - y^*\| \geqslant \varepsilon$,

$$\text{diam}\, S(x^*, y^*, \delta) \leqslant \varepsilon.$$

选取序列 $\{x_n^*\} \subseteq S_{X^*}$,满足 $\text{sep}(x_n^*) \geqslant \varepsilon$,且存在 $x_1, x_2 \in S(\{x_n^*\}, 1-\frac{\delta}{2})$,$m \in \mathbb{N}$,使得 $x_n^*(x_i) > 1 - \delta \quad (n \geqslant m, i = 1, 2)$,则 $x_1, x_2 \in S(x_m^*, x_{m+1}^*, \delta)$. 因此,

$$\|x_1 - x_2\| \leqslant \text{diam}\, S(x_m^*, x_{m+1}^*, \delta) \leqslant \varepsilon \,\text{diam}\, S\left((x_n^*), 1-\frac{\delta}{2}\right) \leqslant \varepsilon.$$

所以 $\beta(S((x_n^*), 1-\frac{\delta}{2})) \leqslant \varepsilon$. 由此知 X 是 NUNC. □

引理2.10.12 设 $x \in X, (y_n)$ 是 X 中的弱零序列. 对满足 $\limsup_{n\to\infty} a_n \leqslant \liminf_{n\to\infty} b_n$ 正数序列 $(a_n), (b_n)$ 有

$$\limsup_{n\to\infty} \|x + a_n y_n\| \leqslant \liminf_{n\to\infty} \|x + b_n y_n\|.$$

证明 显然,$\liminf_{m\to\infty} \|x + b_m y_m\| \geqslant \|x\|$. 不妨设对所有 n,有 $\|x\| \leqslant \|x + b_n y_n\|$. 故

$$\|x + a_n y_n\| \leqslant \frac{a_n}{b_n}\|x + b_n y_n\| + \left|1 - \frac{a_n}{b_n}\right|, \quad \|x\| \leqslant \frac{a_n}{b_n}\|x + b_n y_n\| + \left|1 - \frac{a_n}{b_n}\right|,$$

$$\liminf_{m\to\infty} \|x + b_m y_m\| \geq \|x\|,$$

通过选取子序列，不妨设

$$\lim_{n\to\infty} \|x + a_n y_n\|, \quad a = \lim_{n\to\infty} a_n, \quad b = \lim_{n\to\infty} b_n$$

存在. 由于 $b > 0$, 可得到

$$\lim_{n\to\infty} \|x + a_n y_n\| \leq \frac{a}{b} \limsup_{n\to\infty} \|x + b_n y_n\| + \left|1 - \frac{a}{b}\right| \limsup_{n\to\infty} \|x + b_n y_n\|$$
$$= \limsup_{n\to\infty} \|x + b_n y_n\|. \qquad \Box$$

引理2.10.13(Lin) 令 K 是非扩张映射 T 的最小不变子集. (ζ_n) 是在 $\tilde{K}$ 中关于 $\tilde{T}$ 的渐近不动点序列. 则对任意 $x \in K$, 有

$$\lim_{n\to\infty} \|\zeta_n - x\| = \mathrm{diam}(K).$$

定理2.10.14 设 X 不具有 Schur 性质. 若存在 $\varepsilon \in (0,1)$ 使得对任意 $x \in S(X)$, 有 $b_1(1,x) < 1$ 或 $d(1,x) > \varepsilon$, 则 X 具有弱不动点性质.

证明 假设 X 不具有弱不动点性质. 则存在直径为 1 的弱紧子集 K, 不妨设 K 包含一个关于 T 的弱零渐近不动点序列 (x_n), 令

$$W = \left\{ [(w_n)] \in \tilde{K} : \|[(w_n)] - [(x_n)]\| \leq \frac{1}{2}, \limsup_{n\to\infty}\limsup_{m\to\infty} \|w_n - w_m\| \leq \frac{1}{2} \right\}.$$

由 Goebel-Karlovitz 引理, 可知 $\left[\left(\frac{x_n}{2}\right)\right] \in W$. 因此, W 是非空闭凸集且关于映射 $\tilde{T}$ 是不变的, 故它包含一个关于 $\tilde{T}$ 的弱零渐近不动点序列. 由 Lin 引理, 对每个 $\varepsilon \in (0,1)$, 有 $[(x_n)] \in W$, 使得 $\|[(w_n)]\| > 1 - \frac{\varepsilon}{4}$, 取子序列 (w_{n_k}), 使得 $\|[(w_n)]\| = \lim_{k\to\infty} \|w_{n_k}\|$ 而且 (w_{n_k}) 弱收敛到 $v \in K$.

显然 $(w_{n_k} - x_{n_k}) \xrightarrow{w} v$, 所以

$$\|v\| \leq \liminf_{k\to\infty} \|w_{n_k} - x_{n_k}\| \leq \limsup_{n\to\infty} \|w_n - x_n\| \leq \frac{1}{2},$$

而且, 当 $l \to \infty$, $(w_{n_k} - v - (w_{n_l} - v)) \xrightarrow{w} w_{n_k} - v$. 这表明对每一个 k, 有

$$\|w_{n_k} - v\| \leq \limsup_{t\to\infty} \|w_{n_k} - v - (w_{n_l} - v)\| = \limsup_{l\to\infty} \|w_{n_k} - w_{n_l}\|.$$

所以,

$$\limsup_{k\to\infty} \|w_{n_k} - v\| \leq \limsup_{k\to\infty} \limsup_{l\to\infty} \|w_{n_k} - w_{n_l}\| \leq \frac{1}{2}. \qquad (2.10.1)$$

因此

$$\|v\| = \lim_{k\to\infty} \|w_{n_k} - (w_{n_k} - v)\| \geqslant \lim_{k\to\infty} \|w_{n_k}\| - \limsup_{k\to\infty} \|(w_{n_k} - v)\| > \frac{1}{2} - \frac{\varepsilon}{4}.$$

令 $u = \frac{v}{\|v\|}, u_k = 2(w_{n_k} - v)$,则 $u \in S(X)$,且

$$\limsup_{l\to\infty} \limsup_{k\to\infty} \|u_k - u_l\| \leqslant 2\limsup_{l\to\infty} \limsup_{k\to\infty} \|w_{n_k} - w_{n_l}\| \leqslant 1,$$

$$\liminf_{k\to\infty} \|u + u_k\| \geqslant \liminf_{k\to\infty} \|2v + u_k\| - \left\|2v - \frac{v}{\|v\|}\right\|$$
$$= 2\liminf_{k\to\infty} \|w_{n_k}\| + \|2v\| - 1$$
$$> 2 - \varepsilon,$$

这表明 $b_1(1, u) > 1 - \varepsilon$. 考虑弱零序列 $y_k = 2(w_{n_k} - v - x_{n_k})$, 由 Goebel-Karlovitz 引理和 (2.10.1) 得

$$\liminf_{k\to\infty} \|y_k\| \geqslant 2\left(\lim_{k\to\infty} \|x_{n_k}\| - \limsup_{k\to\infty} \|w_{n_k} - v\|\right) \geqslant 1,$$

而且

$$\limsup_{k\to\infty} \|u + y_k\| \leqslant \limsup_{k\to\infty} \|2v + y_k\| + \left\|\frac{v}{\|v\|} - 2v\right\|$$
$$< \limsup_{k\to\infty} \|w_{n_k} - x_{n_k}\| + \frac{\varepsilon}{2}$$
$$\leqslant 1 + \frac{\varepsilon}{2},$$

利用引理 2.10.12, 可得到

$$\limsup_{k\to\infty} \left\|u + \frac{y_k}{\|y_k\|}\right\| \leqslant \limsup_{k\to\infty} \|u + y_k\| < 1 + \frac{\varepsilon}{2}, \tag{2.10.2}$$

所以, $d(1, u) < \varepsilon$. □

引理2.10.15 设 X 不具有 Schur 性质, $x \in S(X)$. 若对某个 $\varepsilon \in (0, 1)$, $t > 0$, 有 $b_1(1, x) < (1 - \varepsilon)t$, 则 $b_1(1, x) < 1 - \min\{1, t\}\frac{\varepsilon}{2}$.

证明 如果 $t \geqslant 1$, 则 $1 - \varepsilon > \frac{b_1(t,x)}{t} \geqslant b_1(1, x)$. 如果 $t \in (0, 1)$, 则可以找到序列 $(y_n) \in \mathcal{M}_x$ 使得

$$b_1(1, x) - \frac{1}{2}t\varepsilon < \limsup_{n\to\infty} \|x + y_n\| - 1.$$

但是

$$\limsup_{n\to\infty} \|x+y_n\| - 1 \leqslant \limsup_{n\to\infty} \|x+ty_n\| + (1-t)\limsup_{n\to\infty} \|y_n\| - 1$$
$$\leqslant \limsup_{n\to\infty} \|x+ty_n\| - t$$
$$\leqslant b_1(t,x) + 1 - t.$$

因此, 可得到 $b_1(1,x) < \frac{1}{2}t\varepsilon$. □

定理2.10.16 若 Banach 空间 X 是 NUNC, 则 X 具有弱不动点性质.

证明 若 Banach 空间 X 是 NUNC, 设 X 具有 Schur 性质, 则 X 中的每个弱紧子集是紧的. 因此, X 具有不动点性质. 现在假设 X 不具有 Schur 性质, 下面来证明 X 满足上述定理的条件. 由于 X 是 NUNC, 故存在 $t \in (0,1)$, 使得对每个 $x \in S(X)$, 有 $d(\frac{1}{2},x) \geqslant t$ 或 $b(t,x) \leqslant \frac{1}{2}t$.

对于第一种情况, 有 $d(1,x) \geqslant t > \frac{1}{8}t$. 对于第二种情况, 有 $b_1(t,x) \leqslant b(t,x) \leqslant \frac{3}{4}t$, 由上述引理知 $b_1(1,x) < 1 - \frac{1}{8}t$. □

2.11 r 一致非折

定义2.11.1 令 $r \in (0,2]$, Banach 空间 X 具有 r 一致非折性质 (r-UNC), 如果存在 $\varepsilon \in (0,r), \delta > 0$, 使得当 $x^*, y^* \in S_{X^*}, \|x^* - y^*\| \geqslant \varepsilon$, 则 $\mathrm{diam} S(x^*, y^*, \delta) \leqslant \varepsilon$.

定理2.11.1 令 $r \in (0,2]$, 使得 Banach 空间 X 具有 r 一致非折性质 (r-UNC), 若 Banach 空间 Y 能在 X 中有限表示, 则 Y 也具有 r 一致非折性质.

证明 存在 $r \in (0,2]$, 使得 Banach 空间 X 具有 r 一致非折性质 (r-UNC), 如果存在 $\varepsilon_0 \in (0,r), \delta_0 > 0$, 使得如果 $x_1^*, x_2^* \in S_{X^*}, \|x_1^* - x_2^*\| \geqslant \varepsilon_0$, 则 $\mathrm{diam} S(x_1^*, x_2^*, \delta_0) \leqslant \varepsilon_0$.

取 $\varepsilon \in (\varepsilon_0, r)$, 我们能找到 $\eta < \varepsilon, \delta > 0, \sigma > 0$, 满足

$$\frac{(1-\sigma)(1-\delta)}{(1+\sigma)} > 1 - \delta_0, \quad \frac{1-\sigma}{1+\sigma}\varepsilon > \varepsilon_0$$

和

$$\frac{\eta}{1+\sigma} - 2\max\left\{1 - \frac{1-\delta}{1+\sigma}, \frac{1}{1-\sigma} - 1\right\} > \varepsilon_0.$$

令 Banach 空间 Y 能在 X 中有限表示, 假设 Y 不具有 r 一致非折性质. 则能找到 $y_1^*, y_2^* \in S_{Y^*}$, $\|y_1^* - y_2^*\| \geqslant \varepsilon, y_1, y_2 \in S(y_1^*, y_2^*, \delta)$, 使得 $\|y_1 - y_2\| > \varepsilon$. 因为 $\|y_1^* - y_2^*\| \geqslant \varepsilon > \eta$, 存在 $z \in B_Y$, 使得 $(y_1^* - y_2^*)z > \varepsilon$. 令 Y_0 是由 y_1, y_2, z 生成的三维子空间.

因为 Y 能在 X 中有限表示, 则存在线性同胚映射 $T: Y_0 \to X$, 使得

$$(1-\sigma)\|y\| \leqslant \|Ty\| \leqslant (1+\sigma)\|y\|.$$

令 X_0 是由 $T(y_1), T(y_2), T(z)$ 生成的三维子空间. 则 $X_0 = T(Y_0)$, 令 $T^{-1}: X_0 \to Y_0$ 是 T 的逆映射, 满足

$$\frac{1}{1+\sigma}\|x\| \leqslant \|T^{-1}x\| \leqslant \frac{1}{1-\sigma}\|x\|.$$

考虑 X_0 上的泛函 $u_1^* = y_1^* \circ T^{-1}, u_2^* = y_2^* \circ T^{-1}$, 显然 $\|u_i^*\| \leqslant \frac{1}{1-\sigma}$ $(i=1,2)$. 令 $x_i = \frac{1}{1+\sigma} u_i$ $(i=1,2)$, 因为 $x_i \in B(X)$, $y_i \in S(y_i^*, \delta)$ $(i=1,2)$, 故

$$\|u_i^*\| \geqslant u_i^*(x_i) = \frac{1}{1+\sigma} u_i^*(u_i) = \frac{1}{1+\sigma} y_i^*(y_i) \geqslant \frac{1-\sigma}{1+\sigma}.$$

由 Hahn Banach 定理, 当 $x \in X_0$, 存在 $v_1^*, v_2^* \in X^*$, 使得 $v_i^*(x) = u_i^*(x), \|v_i^*\| = \|u_i^*\|$ $(i=1,2)$.

考虑泛函 $x_1^* = \frac{1}{\|v_1^*\|} v_1^*, x_2^* = \frac{1}{\|v_2^*\|} v_2^*$, $i,j = 1,2$,

$$\begin{aligned} x_i^*(x_j) &= \frac{1}{(1+\sigma)\|u_i^*\|} u_i^*(u_j) \geqslant \frac{(1-\sigma)}{(1+\sigma)} u_i^*(u_j) \frac{1-\sigma}{1+\sigma} y_i^*(y_j) \\ &\geqslant \frac{(1-\sigma)(1-\delta)}{(1+\sigma)} > 1 - \delta_0, \end{aligned}$$

即 $x_1, x_2 \in S(x_1^*, x_2^*, \delta_0)$, 所以

$$\operatorname{diam} S(x_1^*, x_2^*, \delta_0) \geqslant \|x_1 - x_2\| = \frac{1}{1+\sigma} \|u_1 - u_2\|,$$

$$\frac{1}{1+\sigma} \|T(y_1 - y_2)\| \geqslant \frac{1-\sigma}{1+\sigma} \|y_1 - y_2\| \geqslant \frac{1-\sigma}{1+\sigma} \varepsilon > \varepsilon_0.$$

因此, 由假设 $\|x_1^* - x_2^*\| < \varepsilon_0$, 但是

$$\begin{aligned} \|x_1^* - x_2^*\| &= \left\| \frac{v_1^*}{\|v_1^*\|} - \frac{v_2^*}{\|v_2^*\|} \right\| = \left\| \frac{v_1^*}{\|u_1^*\|} - \frac{v_2^*}{\|u_2^*\|} \right\| \\ &\geqslant \left\| \frac{u_1^*}{\|u_1^*\|} - \frac{u_2^*}{\|u_2^*\|} \right\| \\ &\geqslant \|u_1^* - u_2^*\| - (|1 - \|u_1^*\|| + |1 - \|u_2^*\||) \\ &\geqslant (u_1^* - u_2^*)\left(\frac{1}{1+\sigma} u_3 - |1 - \|u_1^*\|| + |1 - \|u_2^*\|| \right) \\ &= \frac{1}{1+\sigma} (y_1^* - y_2^*)(z) - (|1 - \|u_1^*\|| + |1 - \|u_2^*\||) \\ &> \frac{\eta}{1+\sigma} - 2 \max \left\{ 1 - \frac{1-\delta}{1+\sigma}, \frac{1}{1-\sigma} - 1 \right\} > \varepsilon_0, \end{aligned}$$

产生矛盾. □

定理2.11.2 Banach 空间 X 具有 r 一致非折性质当且仅当 $\tilde{X}$ 也具有 r 一致非折性质.

证明 因为 X 能在 $\tilde{X}$ 中有限表示, 由定理 2.11.1 知, $\tilde{X}$ 具有 r 一致非折性质. 反之, 由于 X 同构于 $\tilde{X}$ 的子空间, 易知 X 具有 r 一致非折性质. □

引理2.11.3(Maurey) 令 $\delta \in (0,1)$, 令 K 具有不动点性质的非扩张映射 T 的最小不变子集. 如果 $x=(x_n), y=(y_n)$ 是在 K 中关于非扩张映射 T 的渐近不动点序列. 则存在在 K 中关于非扩张映射 T 的渐近不动点序列 $w=(w_n)$, 如果 $\tilde{w} = \tilde{w}_n$, 则

$$\|\tilde{w}-\tilde{x}\| = \delta \|\tilde{x}-\tilde{y}\|, \quad \|\tilde{w}-\tilde{y}\| = (1-\delta)\|\tilde{x}-\tilde{y}\|.$$

定理2.11.4 若 Banach 空间 X 具有 1 一致非折性质, 则 X 具有不动点性质.

证明 假设 X 不具有不动点性质, 则存在弱紧凸集 K, 不妨设 $\mathrm{diam}(K) = 1$, 且 K 包含一个弱零序列 (x_n). 选取 $x_n^* \in S(X^*)$, 使得 $x_n^*(x_n) = \|x_n\|$, 由 Goebel-Karlovitz 引理以及 (x_n) 是一个弱零序列, 不妨设

$$\lim_{n\to\infty} x_n^*(x_{n+1}) = 0, \tag{2.11.1}$$

$$\lim_{n\to\infty} \|x_n\| = \lim_{n\to\infty} \|x_n - x_{n+1}\| = 1, \tag{2.11.2}$$

令 $\tilde{x} = (\tilde{x}_n), \tilde{y} = (\tilde{y}_{n+1})$, $\tilde{f}$ 是 $\tilde{X}$ 上相应于 (x_n^*) 的泛函.

由 (2.11.1) 和 (2.11.2), 可知

$$\tilde{x}, \tilde{y} \in S(X^*), \quad \tilde{f}(\tilde{x}) = 1 = \left\|\tilde{f}\right\|, \quad \tilde{f}(\tilde{y}) = 0, \quad \|\tilde{x}-\tilde{y}\| = 1.$$

因为 X 具有 1 一致非折性质, 则 $\tilde{X}$ 也具有 1 一致非折性质. 因此, 存在 $\varepsilon, \delta \in (0,1)$, 对任意泛函 $\left\|\tilde{h}_1 - \tilde{h}_2\right\| \geqslant 1$, 有 $S(\tilde{h}_1, \tilde{h}_2, \delta) \leqslant \varepsilon$.

由 Maurey 引理, 在 K 中存在一个弱零序列 (w_n), 如果 $\tilde{w} = \tilde{w}_n$, 则 $\|\tilde{w}-\tilde{x}\| = \delta, \|\tilde{w}-\tilde{y}\| = 1-\delta$. 因此,

$$\tilde{f}(\tilde{w}) = \tilde{f}(\tilde{f}) - \tilde{f}(\tilde{x}-\tilde{w}) \geqslant 1 - \|\tilde{w}-\tilde{x}\| = 1 - \delta.$$

另一方面,

$$\tilde{f}(\tilde{w}) = \tilde{f}(\tilde{x}-\tilde{y}) \leqslant \|\tilde{w}-\tilde{y}\| = 1 - \delta,$$

即

$$\tilde{f}(\tilde{w}) = 1 - \delta.$$

存在 $y_n^* \in S(X^*)$, 使得 $y_n^*(w_n) = \|w_n\|$. 令 $\tilde{g}$ 是 $\tilde{X}$ 上相应于 (y_n^*) 的泛函. 显然 $\|\tilde{g}\| = 1$, 而且 (w_n) 是 afps, 由 Goebel-Karlovitz 引理知, $\tilde{g}(\tilde{w}) = \|\tilde{w}\| = 1$. 由于 (x_n) 是弱零序列, 则存在子序列 (z_n), 使得

$$\lim_{n\to\infty} f_n(z_n) = 0, \quad \lim_{n\to\infty} g_n(z_n) = 0.$$

所以, 若 $\tilde{z}$ 表示 (z_n) 的等价类, 则 $\tilde{f}(\tilde{z}) = \tilde{g}(\tilde{z}) = 0$. 可知 $\tilde{w}, \tilde{w} - \tilde{z} \in S(\tilde{f}, \tilde{g}, \delta)$, 而且

$$\|\tilde{f} - \tilde{g}\| \geqslant (\tilde{f} - \tilde{g})\left(\frac{1}{\delta}(\tilde{x} - \tilde{w})\right) = 1 + \frac{1}{\delta}(1 - \tilde{g}(\tilde{x})) \geqslant 1 > \varepsilon.$$

根据假设, 这表明 $\operatorname{diam} S(\tilde{f}, \tilde{g}, \delta) \leqslant \varepsilon$, 特别地,

$$\|\tilde{w} - \tilde{x}\| = \delta, \quad \|\tilde{z}\| = \|\tilde{w} - (\tilde{w} - \tilde{x})\| \leqslant \varepsilon < 1,$$

由于渐近序列的子序列仍然是渐近序列, 故 $\|\tilde{z}\| = 1$, 产生矛盾. □

引理2.11.5 设 X 为 Banach 格, 则对任意的 $x, y, z \in X$ 有

(i) $|x| + |y| = 2(|x| \wedge |y|) + \||x| + |y|\| \leqslant 2(|x| \wedge |y|) + |x - y|$;

(ii) $|x| - |x| \wedge |y| \leqslant |x - y|$;

(iii) $|z| \leqslant |x - z| \vee |y - z| + |x| \wedge |y|$.

给定 Banach 格 X 和 $\varepsilon \in [0, 1]$, 令

$$\delta_{m,X}(\varepsilon) = \inf\{1 - \|x - y\| : 0 \leqslant y \leqslant x, \|x\| \leqslant 1, \|y\| \geqslant \varepsilon\},$$

称 X 是一致单调的, 若 $\delta_{m,X}(\varepsilon) > 0$. 对任意的 $\varepsilon \in (0, 1]$ 成立. 系数

$$\varepsilon_{0,m}(X) = \sup\{\varepsilon \in [0, 1) : \delta_{m,X}(\varepsilon) = 0\}$$

称为格 X 的单调系数. 由于 $\delta_{m,X}(0) = 0$, 且 $\delta_{m,X}$ 是非降函数, 因此, $\varepsilon_{0,m}(X) < 1$ 与 $\lim_{\varepsilon \to 1} \delta_{m,X}(\varepsilon) > 0$ 等价.

引理2.11.6 对任意的 $\varepsilon \subset [0, 1)$, 下面的公式成立

$$\delta_{m,X}(\varepsilon) = \frac{\sigma_X(\varepsilon)}{1 + \sigma_X(\varepsilon)},$$

其中, $\sigma_X(\varepsilon) = \inf\{\|x + y\| - 1 : x, y \geqslant 0, \|x\| \geqslant 1, \|y\| \geqslant \varepsilon\}$.

这说明 X 是一致单调的当且仅当对任意的 $\varepsilon \in (0, 1)$, $\sigma_X(\varepsilon) > 0$. 下面引入 Banach 格 X 的序光滑模:

$$\rho_{m,X}(t) = \sup\{\|x \vee ty\| - 1 : x, y \in B(X), x, y \geqslant 0\},$$

其中 $t \in [0,1]$. Banach 格 X 称为是序一致光滑, 若

$$\lim_{x \to \infty} \frac{\rho_{m,X}(t)}{t} = 0.$$

注意到,

$$\rho_{m,X}(1) + 1 = \sup\{\|x \vee y\| : x, y \in B(X), x, y \geq 0\}$$

称为 X 的 Riesz 角, 记为 $\alpha(X)$.

Kurc 证明了下面的对偶公式:

$$\rho_{m,X^*}(t) = \sup_{0 \leq \varepsilon \leq 1}(\varepsilon t - \delta_{m,X}(\varepsilon)),$$

$$\delta_{m,X}(\varepsilon) = \sup_{0 \leq \varepsilon \leq 1}(\varepsilon t - \rho_{m,X^*}(t)),$$

对任意的 $\varepsilon, t \in [0,1]$ 成立.

从而, Banach 格 X 是一致单调(序一致光滑)的, 当且仅当它的对偶空间 X^* 是序一致光滑(一致单调)的. 由上面的公式, 容易得到 $\rho_{m,X^*}(1) < 1$ 当且仅当 $\varepsilon_{0,m}(X) < 1$.

定义2.11.2 令 $1 < p < +\infty$,

(i) Banach 格 X 称为满足上 p-估计, 若存在常数 $M > 0$ 使得, 对任意的两两不等的 $(x_i)_{i=1}^n \subset X$ 有

$$\left\|\sum_{i=1}^n x_i\right\| \leq M \left(\sum_{i=1}^n \|x_i\|^p\right)^{\frac{1}{p}}.$$

(ii) Banach 格 X 称为满足下 p-估计, 若存在常数 $M > 0$ 使得, 对任意的两两不等的 $(x_i)_{i=1}^n \subset X$ 有

$$\left\|\sum_{i=1}^n x_i\right\| \geq M \left(\sum_{i=1}^n \|x_i\|^p\right)^{\frac{1}{p}}.$$

引理2.11.7 设 $1 < p < 2 < q$, Banach 格 X 满足上 p-估计和下 p-估计, 则存在两个范数与 X 上的原始范数是等价的.

引理2.11.8 设 X 为 Banach 格, 则

(i) 不存在 $p \in (1, +\infty)$ 使得 X 满足上 p-估计当且仅当对任意的 $\varepsilon > 0$, $n \in N$, 存在两两不相同的序列 $\{x_i\}_{i=1}^n$ 使得

$$(1-\varepsilon)\sum_{i=1}^n |a_i| \leq \left\|\sum_{i=1}^n a_i x_i\right\| \leq \sum_{i=1}^n |a_i|,$$

其中, $\{a_i\}_{i=1}^n \in \mathbb{R}^n$.

(ii) 不存在 $p < \infty$ 使得 X 满足下 p-估计当且仅当对任意的 $\varepsilon > 0$, $n \in \mathbb{N}$, 存在互不相同的序列 $\{x_i\}_{i=1}^n$ 使得

$$\max_{1 \leqslant i \leqslant n} |a_i| \leqslant \left\| \sum_{i=1}^n a_i x_i \right\| (1+\varepsilon) \max_{1 \leqslant i \leqslant n} |a_i|,$$

其中, $\{a_i\}_{i=1}^n \in \mathbb{R}^n$.

定理2.11.9 设 X 为 Banach 格, 则

(i) 若 $\rho_{m,X}(1) < 1$, 则存在 $p \in (1, +\infty)$ 使得 X 满足上 p-估计.

(ii) 若 $\varepsilon_{0,m}(X) < 1$, 则存在 $q \in (1, +\infty)$ 使得 X 满足下 q-估计.

证明 (i) 假设对任意的 $p \in (1, +\infty)$, X 都不满足上 p-估计. 由引理 2.11.8, 对任意的 $\varepsilon > 0$, 存在两个不相同的元 $x_1, x_2 \in X$, 使得对任意的数 a_1, a_2 有

$$(1-\varepsilon)(|a_1| + |a_2|) \leqslant \|a_1 x_1 + a_2 x_2\| \leqslant |a_1| + |a_2|.$$

从而, $|x_1| \wedge |x_2| = 0$ 且 $x_1, x_2 \in B(X)$. 因此,

$$2(1-\varepsilon) \leqslant \|x_1 + x_2\| \leqslant \||x_1| + |x_2|\| = \||x_1| \vee |x_2|\| \leqslant 2.$$

故 $\rho_{m,X}(1) = 1$, 产生矛盾.

(ii) 假设对任意的 $q \in (1, +\infty)$, X 都不满足下 q-估计. 由引理 2.11.8, 对任意的 $\varepsilon > 0$, 存在两个不相同的元 $x_1, x_2 \in X$, 使得对任意的数 a_1, a_2 有

$$\max\{|a_1|, |a_2|\} \leqslant \|a_1 x_1 + a_2 x_2\| \leqslant (1+\varepsilon) \max\{|a_1|, |a_2|\}, \tag{2.11.3}$$

则有 $|x_1| \wedge |x_2| = 0$, 由引理 2.11.5 (i), 得到 $|x_1 - x_2| = |x_1| + |x_2|$, 从而

$$\||x_1 - x_2| - |x_1|\| = \||x_2\| \geqslant 1. \tag{2.11.4}$$

令 $x = \frac{1}{1+\varepsilon}|x_1 - x_2|$, $y = \frac{1}{1+\varepsilon}|x_1|$, 则 $0 \leqslant y \leqslant x$. 且由(2.11.3)式得, $\|x\| \leqslant 1, \|y\| \geqslant \frac{1}{1+\varepsilon}$, 再由(2.11.4)式可知

$$\frac{1}{1+\varepsilon} \leqslant \|x - y\| \leqslant 1 - \delta_{m,X}\left(\frac{1}{1+\varepsilon}\right).$$

因此,

$$1 \leqslant 1 - \lim_{\varepsilon \to 0} \delta_{m,X}\left(\frac{1}{1+\varepsilon}\right).$$

这就证明了 $\lim_{\varepsilon \to 1} \delta_{m,X}(\varepsilon) = 0$, 从而 $\varepsilon_{0,m}(X) = 1$, 矛盾. □

格 l_1 是一致单调的, 格 c 是序一致光滑的, 因此一致单调和序一致光滑都不蕴含自反性. 然而, 由定理 2.11.9 和引理 2.11.7, 有下面的结果.

推论 2.11.10 X 是 Banach 格, 若 $\rho_{m,X}(1)<1$ 且 $\varepsilon_{0,m}(X)<1$, 则 X 是超自反的.

特别地, 若 Banach 格 X 是序一致光滑的且一致单调的, 则 X 是超自反的.

定义 2.11.3 令 $r\in(0,1]$, Banach 格 X 称为是 r-序一致非折(r-OUNC), 若对任意的 $u,v\in\frac{1}{2}B(X)$, 则下面条件必居其一:

(1) $|||u|\vee|v|||\leqslant r$;

(2) 对任意的 $y\in X$, $|y|\leqslant|u-v|, \|y\|\geqslant r$ 蕴含 $|||u-v|-|y|||\leqslant r$.

若存在 $r\in(0,1)$, 使得 Banach 格 X 是 r-OUNC, 则 X 是序一致非折(OUNC). 显然, 任意的 Banach 格 X 是 r-OUNC, 其中 $r=\frac{1}{2}(\rho_{m,X}(1)+1)=\frac{1}{2}\alpha(X)$. 因此, 若 $\rho_{m,X}(1)<1$, 则 X 是 OUNC. 易知, X 是 r-OUNC, 其中 $r=\max\{\varepsilon,1-\delta_{m,X}(\varepsilon)\}$, $\forall\varepsilon\in(0,1)$. 从而, 若 $\varepsilon_{0,m}(X)<1$, 则 X 是 OUNC. 因此, OUNC Banach 格类包含所有序一致光滑格和所有一致单调格.

定义 2.11.4 Banach 格 X 称为是弱正交的, 若对 X 中任意的弱零序列 (x_n) 有

$$\lim_{n\to\infty}\lim_{m\to\infty}|||x_n|\wedge|x_m|||=0.$$

容易知道, 若 Banach 格 X 称为是弱正交的, 则对于任意的弱零序列 $\{x_n\}$ 以及 $x\in X$, 有

$$\lim_{n\to\infty}|||x+x_n|-|x-x_n|||=0.$$

不难证明, $c_0,c,l_p\,(1\leqslant p<\infty)$ 是弱正交的, 而 l_∞, L_p 不是弱正交的.

定理 2.11.11 Banach 格 X 是弱正交的且 $\varepsilon_{0,m}(X)<1$, 则 X 具有弱正规结构.

证明 假设 X 不具有正规结构, 则存在序列 $(x_n)\subset X$, 满足 (x_n) 弱收敛于零, 且对任意的 $m\in\mathbb{N}$ 有

$$\lim_{n\to\infty}\|x_n\|=\lim_{n\to\infty}\|x_n-x_m\|>0.$$

不妨假设 $\|x_n\|>0,\forall n\in\mathbb{N}$. 由 X 的弱正交性, 有

$$\lim_{n\to\infty}\lim_{m\to\infty}|||x_n|\wedge|x_m|||=0$$

因此, 可以选取序列 (x_n) 的子列 (x_{n_k}) 和 (x_{m_k}), 使得

$$\lim_{k\to\infty}|||x_{n_k}|\wedge|x_{m_k}|||=0.$$

令 $u_k=\frac{|x_{n_k}|}{\|x_{n_k}\|}$, $v_k=\frac{|x_{m_k}|}{\|x_{n_k}\|}$, 则对任意的 $k\in\mathbb{N}$, $u_k,v_k\geqslant 0$ 且 $\|u_k\|=1$.

对任意的 $\eta > 0$，存在 $k_1 \in \mathbb{N}$，满足当 $k \geqslant k_1$ 时，有 $\|v_k\| = \frac{\|x_{m_k}\|}{\|x_{n_k}\|} \geqslant 1 - \eta$。
由引理 2.11.5(i)，对于 $k \geqslant k_1$ 有

$$\begin{aligned}
1 + \sigma_X(1 - \eta) &\leqslant \|u_k + v_k\| \\
&= \left\| \frac{|x_{n_k}| + |x_{m_k}|}{\|x_{n_k}\|} \right\| \\
&\leqslant \frac{1}{\|x_{n_k}\|} \left(2 \||x_{n_k}| \wedge |x_{m_k}|\| + \||x_{n_k}| - |x_{m_k}|\| \right) \\
&\leqslant \frac{1}{\|x_{n_k}\|} \left(2 \||x_{n_k}| \wedge |x_{m_k}|\| + \|x_{n_k} - x_{m_k}\| \right).
\end{aligned}$$

因此，

$$1 + \sigma_X(1 - \eta) \leqslant \lim_{k \to \infty} \frac{1}{\|x_{n_k}\|} (2 \||x_{n_k}| \wedge |x_{m_k}|\| + \|x_{n_k} - x_{m_k}\|) = 1.$$

由于 σ_X 是非负的，故

$$\lim_{\eta \to 0} \sigma_X(1 - \eta) = 0.$$

再由引理 2.11.6 知，$\lim_{\varepsilon \to 1} \delta_{m,X}(\varepsilon) = 0$，从而 $\varepsilon_{0,m}(X) = 1$。 $\square$

特别地，有下面结论。

推论2.11.12 X 为弱正交的 Banach 格，若 X 是一致单调的，则 X 具有弱不动点性质。

2.12 Opial 性质

定义2.12.1 Banach 空间 X 具有 Opial 性质是指对任意 $x_n \xrightarrow{w} 0$，$x \in X \setminus \{0\}$，有 $\liminf_{n \to \infty} \|x_n\| < \liminf_{n \to \infty} \|x_n + x\|$。

定义2.12.2 Banach 空间 X 具有一致 Opial 性质是指对任意 $c > 0$，存在 $r > 0$，使得

$$1 + r \leqslant \liminf_{n \to \infty} \|x_n + x\|,$$

对任意 $x \in X$ 满足 $\|x\| \geqslant c$，及 $x_n \xrightarrow{w} 0$ 且 $\liminf_{n \to \infty} \|x_n\| \geqslant 1$ 成立。

定义2.12.3 Banach 空间 X 具有局部一致 Opial 性质是指对任意 $c > 0$，$x_n \xrightarrow{w} 0$ 满足 $\liminf_{n \to \infty} \|x_n\| \geqslant 1$，存在 $r > 0$，使得

$$1 + r \leqslant \liminf_{n \to \infty} \|x_n + x\|,$$

对所有 $x \in X$ 满足 $\|x\| \geqslant c$ 成立。

定义2.12.4 Banach 空间 X 具有半 Opial 性质是指对任意的有界非常值序列 $\{x_n\}$, 满足 $\lim\limits_{n\to\infty}\|x_n-x_{n+1}\|=0$, 存在子列 $\{x_{n_i}\}$ 弱收敛于 x 使得不等式

$$\lim_{i\to\infty}\|x-x_{n_i}\|<\mathrm{diam}\{x_n\}$$

成立.

定义2.12.5 Banach 空间 X 具有弱半 Opial 性质是指对任意具有弱紧凸包的有界非常值序列 $\{x_n\}$, 满足 $\lim\limits_{n\to\infty}\|x_n-x_{n+1}\|=0$, 存在子列 $\{x_{n_i}\}$ 弱收敛于 x 使得不等式 $\lim\limits_{i\to\infty}\|x-x_{n_i}\|<\mathrm{diam}\{x_n\}$ 成立.

定理2.12.1 若 Banach 空间 X 具有 Opial 性质, 则 X 具有弱不动点性质.

证明 设 K 是 X 中的弱紧凸子集, $T:K\to K$ 是非扩张映射. T 在 K 中一定存在渐近不动点序列 $\{x_n\}$, 显然, 序列 $\{x_n\}$ 是弱收敛的, 不妨设 $x_n\xrightarrow{w}x_0$. 若 x_0 不是 T 在 K 中的不动点, 则

$$\begin{aligned}\lim_{n\to\infty}\|x_n-x_0\|&<\liminf_{n\to\infty}\|x_n-T(x_0)\|\\&=\liminf_{n\to\infty}\|x_n-T(x_n)+T(x_n)-T(x_0)\|\\&=\liminf_{n\to\infty}\|T(x_n)-T(x_0)\|\\&\leqslant\liminf_{n\to\infty}\|x_n-x_0\|,\end{aligned}$$

产生矛盾, 故 x_0 是 T 在 K 中的不动点. □

定理2.12.2 如下空间具有弱半 Opial 性质:

(1) X 具有 Opial 性质;

(2) X 具有一致正规结构;

(3) X 是 NUC;

(4) X 是 James 亚自反空间.

注2.12.3 具有 Opial 性质的 Banach 空间 X 具有弱不动点性质, 但具有非严格 Opial 性质的 Banach 空间 X 是否具有弱不动点性质? 这一问题尚未解决. 那么具有非严格 Opial 性质的 Banach 空间 X 是否具有弱半 Opial 性质? 答案是否定的, 确实存在空间具有弱半 Opial 性质但却不满足非严格的 Opial 条件. $L^p[0,2\pi]$ $(p\neq 2)$ 具有一致正规结构, 由上述定理知其具有弱半 Opial 性质, 但它不满足非严格的 Opial 条件.

定理2.12.4 若 Banach 空间 X 满足半 Opial 性质, 则 X 是自反的.

证明 事实上, 只需证明每个单调递降的非空有界闭凸集列 C_n 具有非空的交集. 不失一般性, 假设 $\mathrm{diam}\,(C_n)>0$. 从每个集合 C_n 中任取一元记为 x_n,

并假设 $\mathrm{diam}(\{x_n\}) > 0$. 下面构造新的序列 (y_n), 把每个区间段 $[x_n, x_{n+1}]$ 等分成 2^n 个部分, 依次取端点作为 (y_n) 中的元. 则序列 (y_n) 满足 $y_n - y_{n+1} \to 0$. 由半 Opial 性质, 序列 (y_n) 存在一个弱收敛 (记为 y) 子列序列 (y_{n_i}). 显然, $y \in \cap C_n$, 定理得证. □

定理2.12.5 若 Banach 空间 X 是 K-一致凸的并且满足 Opial 性质, 则 X 满足局部一致 Opial 性质.

为了证明定理, 先引入下面的引理:

引理2.12.6 若存在 $k \geqslant 1$ 使得 X 是 k-UR, C 为 X 中的非空闭凸子集, (x_n) 为 X 中有界序列, f 为定义在 X 上的线性泛函:

$$f(y) = \limsup_{x \to \infty} \|x_n - y\|, \quad y \in X, \tag{2.12.1}$$

则 C 中任意使得 f 在 C 上最小化序列, 都存在范数收敛的子列.

证明 令 $I = \inf\{f(y): y \in C\}$, $\{y_n\} \subset C$ 为 f 在 C 的最小化序列, 即

$$\lim_{m \to \infty} f(y_m) = I.$$

可以假设 $I > 0$, 否则, 容易看到序列 $\{y_n\}$ 是范数收敛的. 相反地, 假设 $\{y_n\}$ 不包含任何依范数收敛的子列, 则存在 $\rho > 0$ 以及 $\{y_n\}$ 的子列 $\{z_n\}$ 使得, 若 $\{z_{m_1}, \cdots, z_{m_{k+1}}\}$ 是序列 $\{z_n\}$ 中任意两两不等的 $k+1$ 个元, 则 $V(z_{m_1}, \cdots, z_{m_{k+1}}) \geqslant \rho$. 取足够小的 $\varepsilon > 0$ 满足

$$(I + \varepsilon)\left[1 - \delta^{(k)}\left(\frac{\rho}{(I+\varepsilon)^k}\right)\right] < I,$$

其中, $\delta^{(k)}$ 为 X 的 k-一致凸模. 由于 $\lim_{m \to \infty} f(y_m) = I$, 则存在 m_0 满足

$$f(y_m) < I + \varepsilon, \quad \forall m \geqslant m_0.$$

选取任意两两不等的 $k+1$ 个元 $\{z_{m_1}, \cdots, z_{m_{k+1}}\}$, 满足 $m_j > m_0, \forall 1 \leqslant j \leqslant k+1$, 且存在足够大的 $n_0 \subset \mathbb{N}$ 使得对任意的 $n \geqslant n_0, 1 \leqslant j \leqslant k+1$ 有

$$\|x_n - z_{m_j}\| < I + \varepsilon.$$

令 $z = (\sum_{j=1}^{k+1} z_{m_j})/(k+1)$, 对于 $z \in C$, 由 k-一致凸模 $\delta^{(k)}$ 的定义, 可得

$$\limsup_{n \to \infty} \|x_n - z\| \leqslant (I + \varepsilon)\left[1 - \delta^{(k)}\left(\frac{\rho}{(I+\varepsilon)^k}\right)\right].$$

从而, $f(z) < I$, 产生矛盾. □

定理 2.12.5 的证明 注意到局部一致 Opial 条件中的 "$\liminf$" 可以用 "$\limsup$" 代替, 只需证明, 若 $x_n \xrightarrow{w} 0$, 则对任意的 $c > 0$ 有

$$I(c) := \inf\{f(y) : \|y\| \geqslant c\} > \limsup_{n\to\infty} \|x_n\|,$$

其中, f 为 (2.12.1) 式定义的函数.

取 X 中范数大于等于 c 的一个序列 (y_m), 使得

$$I(c) = \lim_{m\to\infty} f(y_m). \tag{2.12.2}$$

显然, $\{y_m\}$ 有界. 假设存在某个 $c > 0$ 使得

$$I(c) = \limsup_{n\to\infty} \|x_n\| = f(0). \tag{2.12.3}$$

则 $\{y_m\}$ 是 f 在闭球 B_d 上的最小化序列, 其中 B_d 为以零点为中心以 d ($d \geqslant \sup \|y_m\|$) 为半径的闭球. 由引理 2.12.6 知, 存在子列 $\{y_{m_j}\} \subset \{y_m\}$ 强收敛于某个 $z \in X$. 注意到 $\|z\| \geqslant c$ 以及 (2.12.2) 式和 (2.12.3) 式, 则有 $f(z) = f(0)$, 这与 Opial 条件矛盾.

定义2.12.6 Banach 空间 X 具有 α'-性质是指存在 $\delta \in (0,1)$, 使得对每个 $f \in S(X^*)$, 有 $\alpha\big(S(f,\delta)\big) < 1$, 其中 $S(f,\delta) = \{x \in B(X) : f(x) > 1-\delta\}$, α 为非紧的 Kuratowski 测度.

定义2.12.7 X 具有(GGLD)性质是指若对任意序列 $x_n \xrightarrow{w} x$ 且 x_n 不依范数收敛于 x, 有

$$\liminf_n \|x_n - x\| < \limsup_m \limsup_n \|x_n - x_m\|.$$

定理2.12.7 若 Banach 空间 X 具有 α'-性质, 则 X 具有弱正规结构.

证明 我们知道 GGLD 性质蕴含弱正规结构, 只需证明 X 具有 GGLD 性质. 假设 X 不具有 GGLD 性质, 则存在序列 $(x_n) \subset X$, 满足 $x_n \xrightarrow{w} 0$ 且 $\lim_{n\to\infty} \|x_n\| = \text{diam } x_n = 1$. 不失一般性, 可设极限

$$\lim_{n,m\to\infty, n\neq m} \|x_n - x_m\|, \quad \lim_{n\to\infty}\lim_{m\to\infty} \|x_n - x_m\|$$

都存在且相等. 注意到,

$$1 = \lim_{n\to\infty} \|x_n\| = \lim_{n,m\to\infty, n\neq m} \|x_n - x_m\| = \lim_{n\to\infty}\lim_{m\to\infty} \|x_n - x_m\| = \text{diam }\{x_n\} = 1,$$

从而, 不妨设 $\|x_n\| \leqslant 1, \forall n \in \mathbb{N}$.

另一方面由于 X 具有 α' 性质, 则存在 $0 < \delta < 1$, 使得对任意的 $f \in S(X^*)$, 有 $\alpha(S(f,\delta)) < 1$, 从而存在正整数 n_0, 使得 $\|x_{n_0}\| > 1-\delta$. 取 $f_0 \in S_{X^*}$ 满足, $f_0(x_{n_0}) = \|x_{n_0}\| > 1-\delta$. 由于 $x_{n_0} - x_n \xrightarrow{w} x_{n_0}$, 则存在 $n_1 \geqslant n_0$ 使得 $x_{n_0} - x_n \in S(f_0,\delta), \forall n \geqslant n_1$.

由于 $\lim_{n,m\to\infty, n\neq m} \|x_n - x_m\| = 1$, 则对任意的 $0 < r < 1$, 存在 $n_2 > n_1$, 使得 $\|x_n - x_m\| > r, \forall n,m > n_2$. 这就蕴含了 $\alpha(x_{n_0} - x_n : n \geqslant n_1) > r$, 由 $r \in (0,1)$ 的任意性知, $\alpha(x_{n_0} - x_n : n \geqslant n_1) = 1$, 这就与 $\alpha(S(f_0,\delta)) < 1$ 矛盾.
□

定义2.12.8 Banach 空间 X 具有强 α' -性质是指存在 $\delta \in (0,1)$, 使得
$$\sup\{\alpha(S(f,\delta)) : f \in S(X^*)\} < 1.$$

推论2.12.8 若 Banach 空间 X 具有强 α' -性质, 则 X 是自反的且具有正规结构.

2.13 (M) 性 质

定义2.13.1 Banach 空间 X 具有 (M) 性质是指若 $x_n \xrightarrow{w} 0$, $\|u\| \leqslant \|v\|$, 则有 $\limsup_{n\to\infty} \|x_n + u\| \leqslant \limsup_{n\to\infty} \|x_n + v\|$.

注2.13.1 已知 Hilbert 空间和 l_p $(1 \leqslant p < \infty)$ 具有 (M) 性质, c_0 也具有 (M) 性质, 因此, (M) 性质并不蕴含弱正规结构. 那么, (M) 性质是否蕴含弱不动点性质? 1997 年, J. Garcia-Falset 和 B. Sims 对这一问题给出了回答, (M) 性质的确蕴含弱不动点性质.

对每个弱零序列 $\{x_n\}$, 定义函数 $\psi_{x_n}(u) = \limsup_n \|x_n + u\|$, $u \in X$, 则 Banach 空间 X 具有 (M) 性质当且仅当对每个弱零序列 $\{x_n\}$, 函数 $\psi_{x_n}(u)$ 关于 u 是非降的.

若 X 是 Hilbert 空间, 则 $\psi_{x_n}(u) = (\limsup_n \|x_n\|^2 + \|u\|^2)^{\frac{1}{2}}$; 若 X 是 $l_p(1 < p < \infty)$ 空间, 则 $\psi_{x_n}(u) = (\limsup_n \|x_n\|^p + \|u\|^p)^{\frac{1}{p}}$. 这里的函数 $\psi_{x_n}(u)$ 关于 u 是严格递增的. 因此, 可以很自然的引入如下的定义:

定义2.13.2 Banach 空间 X 具有严格 (M) 性质是指若 $x_n \xrightarrow{w} 0$, $\|u\| < \|v\|$, 则有 $\limsup_{n\to\infty} \|x_n + u\| < \limsup_{n\to\infty} \|x_n + v\|$.

注2.13.2 已知 Hilbert 空间和 l_p $(1 \leqslant p < \infty)$ 具有严格 (M) 性质, 但 c_0 不具有严格 (M) 性质, 在 c_0 中, $\psi_{x_n}(u) = \max\{\limsup_n \|x_n\|, \|u\|\}$.

定理2.13.3 设 Banach 空间 X 具有严格 (M) 性质, 则 X 具有局部一致 Opial 性质.

证明 设 (x_n) 为 X 中的弱零序列, 满足 $\|x_n\| \to 1$, $c > 0$. 令 $r = \Psi_{(x_n)}(u_0) - 1$, 其中 $u_0 \in X$ 是为任意范数为 c 的元. 由于 $\Psi_{(x_n)}$ 关于 $\|u\|$ 是

严格增的，有 $r > \Psi_{(x_n)}(0) - 1 = 0$. 从而，对 $u \in X$ 满足 $\|u\| \geqslant c$，有 $\Psi_{(x_n)}(u) \geqslant \Psi_{(x_n)}(u_0) = 1 + r$. □

定义2.13.3 Banach 空间 X 的 M-模为

$$\kappa_X(u) = \inf\{\psi_{x_n}(u) : x_n \xrightarrow{w} 0, \|x_n\| \to 1\}.$$

定义2.13.4 Banach 空间 X 具有一致 (M) 性质是指 Banach 空间 X 具有 (M) 性质且 κ_X 关于 u 是严格递增的.

不难看出，一致 (M) 性质蕴含一致 Opial 性质.

定理2.13.4 设 Banach 空间 X 具有 (M) 性质且是各向一致凸的，则 X 具有严格 (M) 性质和一致 (M) 性质.

证明 给定 $u, v \in X$，满足 $\|u\| < \|v\|$，(x_n) 为 X 中的弱零序列. 由 (M) 性质，不失一般性，可设 $u = \lambda v$，其中 $\lambda = \|u\|/\|v\| \in [0, 1)$. 令 $r := \Psi_{(x_n)}(v) > 0$，则有

$$\begin{aligned}\Psi_{(x_n)}\left(\frac{\lambda+1}{2}v\right) &= \Psi_{(x_n)}\left(\frac{u+v}{2}\right) \\ &= \limsup_n \left\|\frac{(x_n+u)+(x_n+v)}{2}\right\| \\ &\leqslant r\left[1 - \delta_z\left(\frac{\|v\| - \|u\|}{r}\right)\right] < r,\end{aligned}$$

其中 $z = v/\|v\|$. 由于 $\frac{\lambda+1}{2}\|v\| = \frac{1}{2}(\|u\| + \|v\|) > \|u\|$，利用 (M) 性质得

$$\Psi_{(x_n)}\left(\frac{\lambda+1}{2}v\right) \geqslant \Psi_{(x_n)}(u).$$

由前面两个不等式，推出 $\Psi_{(x_n)}(u) < \Psi_{(x_n)}(v)$，从而，$X$ 具有严格 (M) 性质.

若 $\|x_n\| \to 1$，则 $r \leqslant 1 + \|v\|$，并且可以推得

$$\Psi_{(x_n)}(u) < \Psi_{(x_n)}(v)\left[1 - \delta_z\left(\frac{\|v\| - \|u\|}{1 + \|v\|}\right)\right].$$

从而

$$\kappa_X(u) \leqslant \kappa_X(v)\left[1 - \delta_z\left(\frac{\|v\| - \|u\|}{1 + \|v\|}\right)\right] < \kappa_X(v).$$

因此，X 具有一致 (M) 性质. □

定理2.13.5 设 Banach 空间 X 具有 (M) 性质且是 K 一致凸的，则 X 具有 Opial 性质.

证明 假设存在 $x_n \xrightarrow{w} 0$，$0 \neq x_0 \in X$ 满足

$$\limsup_{n\to\infty} ||x_n|| \geqslant \limsup_{n\to\infty} ||x_n - x_0||.$$

注意到，因此 X 不是有限维的. 由非严格的 Opial 性质，可知

$$\limsup_{n\to\infty} ||x_n|| = \limsup_{n\to\infty} ||x_n - x_0|| = \alpha \neq 0.$$

不妨假设 $||x_0|| = 1$. 如下定义函数

$$f(u) = \limsup_{n\to\infty} ||x_n - u||,$$

则 f 是 $||u||$ 的函数，且关于 $||u||$ 非降. 由于 $f(0) = f(x_0) = \alpha$ 且 $||x_0|| = 1$，则对任意的 $u \in B(X)$，有 $f(u) \equiv \alpha$. 这就蕴含了 $A_{B(X)}(x_n) = B(X)$.

Kirk 已经证明了若 X 是 k-UR 空间，$B \subset X$ 是紧集，则有界序列 (x_n) 关于 B 的渐近中心 $A_B(x_n)$ 是紧集. 由于 X 是 k-UR 的，$A_{B(X)}(x_n)$ 是紧的，从而 $B(X)$ 也是紧的，故 X 是有限维的，产生矛盾. $\square$

推论2.13.6 设 Banach 空间 X 具有 (M) 性质且是 K 一致凸的，则 X 具有局部一致 Opial 性质.

证明 由定理 2.12.5 和定理 2.13.5 可知. $\square$

定理2.13.7 设 Banach 空间 X 具有 (M) 性质和 Opial 性质，则 X 具有局部一致 Opial 性质.

证明 设 (x_n) 为 X 中的弱零序列，满足 $||x_n|| \to 1$，$c > 0$. 令

$$r = \limsup_{n\to\infty} ||x_n - (c/||x||)x|| - 1,$$

这里 $x \in X \setminus \{0\}$. 由于 X 满足 Opial 性质，可知 $r > 0$. 从而对于 $u \in X$ 满足 $||u|| \geqslant c$，有

$$\limsup_{n\to\infty} ||x_n - u|| \geqslant \limsup_{n\to\infty} \left\| x_n - \frac{c}{||u||} u \right\| = \limsup_{n\to\infty} \left\| x_n - \frac{c}{||x||} x \right\| = 1 + r.$$

因此，X 满足局部一致 Opial 性质. $\square$

2.14 Banach-Saks 性质

定义2.14.1 Banach 空间 X 具有 Banach-Saks 性质 (BSP) 是指若 $\{x_n\} \subset B(X)$，有子列 $\{y_n\} \subset \{x_n\}$ 及 $x \in X$，使得

$$\lim_{n\to\infty} \frac{1}{n}(y_1 + y_2 + \cdots + y_n) = x.$$

定义2.14.2 Banach 空间 X 具有弱 Banach-Saks 性质 (WBSP) 是指若 $x_n \xrightarrow{w} 0$，有子列 $\{y_n\} \subset \{x_n\}$，使得

$$\lim_{n\to\infty} \frac{1}{n}(y_1 + y_2 + \cdots + y_n) = 0.$$

定理2.14.1 若 Banach 空间 X 具有 Banach-Saks 性质，则 X 是自反的.

证明 任取 $f \in S(X^*)$，由 James 定理，要证明 X 是自反的只需验证 f 的范数可达. 事实上，存在 $x_n \in S(X)$ 使得

$$1 - \frac{1}{2^n} \leqslant f(x_n) \leqslant 1.$$

由于 X 具有 Banach-Saks 性质，故存在子列 $\{x_{n_k}\}$ 使得 $\frac{1}{k}\sum_{j=1}^{k} x_{n_j}$ 收敛. 不妨设 $\frac{1}{k}\sum_{j=1}^{k} x_{n_j} \to x$，则 $x \in B(X)$ 且 $f(x) = 1$，即 x 是 f 的范数可达点. □

定理2.14.2 Banach 空间 X 具有 BSP $\Leftrightarrow$ X 是自反的且具有 WBSP.

引理2.14.3 Banach 空间 X 具有 WBSP 的充要条件是对任意的 $\{x_n\} \subset B(X)$，$x_n \xrightarrow{w} 0$，$\forall \varepsilon > 0$，存在 N 及 $n_1, \cdots, n_N$，使得

$$\frac{1}{N}\|(x_{n_1} + x_{n_2} + \cdots + x_{n_N})\| \leqslant \varepsilon.$$

引理2.14.4 若存在 $\theta < 2$，使得对任意的 $\{x_n\} \subset B(X)$，$x_n \xrightarrow{w} 0$，必存在 i, j 使得 $\|x_i + x_j\| < \theta$，则 Banach 空间 X 具有 WBSP.

定理2.14.5 一致凸的 Banach 空间具有 BSP.

证明 因为 X 是一致凸的，故 X 是自反的. 不失一般性，可选取弱收敛子列 $\{x_n\}$ 满足

$$x_n \xrightarrow{w} 0, \quad \|x_n\| \leqslant M, \quad M > 0.$$

下证存在 $\theta \in (0,1)$，对于序列 $\{x_n\}$ 可选取子列 $\{x_{m_n}\}$，使得

$$\left\|\frac{x_{m_{2n-1}} + x_{m_{2n}}}{2}\right\| \leqslant M\theta, \quad n \in \mathbb{N}.$$

由于 X 是一致凸的，则 $\forall \varepsilon > 0$，$\exists \delta(\varepsilon) > 0$，当 $\|x - y\| \geqslant \max(\|x\|, \|y\|)$，有 $\left\|\frac{x+y}{2}\right\| \leqslant (1 - \delta(\varepsilon))\max(\|x\|, \|y\|)$.

令 $\theta = \max\{\frac{3}{4}, 1 - \delta(\frac{1}{2})\} < 1$. 设 $m_1 = 2$，则 $\|x_2\| \leqslant \frac{M}{2}$ 或 $\|x_2\| > \frac{M}{2}$.

若 $\|x_2\| \leqslant \frac{M}{2}$，令 $m_2 = 3$，则

$$\left\|\frac{x_2 + x_3}{2}\right\| \leqslant \frac{1}{2}(\|x_2 + x_3\|) \leqslant \frac{3}{4}M \leqslant M\theta.$$

若 $\|x_2\| > \frac{M}{2}$,则一定存在自然数 $n > 2$ 使得 $\|x_2 - x_n\| > \frac{M}{2}$. 否则,对一切自然数 $n > 2$ 都有 $\|x_2 - x_n\| \leqslant \frac{M}{2}$. 任选 $f \in S(X^*)$,

$$|f(x_2)| = \left|\lim_n f(x_2 - x_n)\right| \leqslant \varlimsup_n \|x_2 - x_n\| \leqslant \frac{M}{2},$$

从而,$\|x_2\| \leqslant \frac{M}{2}$,产生矛盾. 因此,存在某个自然数 n 使得 $\|x_2 - x_n\| > \frac{M}{2}$.

设 m_2 是满足上述式子的最小的自然数,则

$$\|x_{m_1} - x_{m_2}\| > \frac{M}{2} \geqslant \frac{1}{2}\max(\|x_{m_1}\|, \|x_{m_2}\|).$$

因此,

$$\left\|\frac{x_{m_1} + x_{m_2}}{2}\right\| \leqslant \left(1 - \delta\left(\frac{1}{2}\right)\right)\max(\|x_{m_1}\|, \|x_{m_2}\|) \leqslant M\theta.$$

令 $m_3 = m_2 + 1$,仿照上述步骤选取 m_4,重复上述过程可选取出子列 $\{x_{m_n}\}$. 记子列 $\{x_n^{(1)}\}$ 为

$$x_n^{(1)} = \frac{x_{m_{2n-1}} + x_{m_{2n}}}{2},$$

则 $x_n^{(1)} \xrightarrow{w} 0$, $\|x_n^{(1)}\| \leqslant M\theta$, $n \in \mathbb{N}$. 对于序列 $\{x_n^{(1)}\}$,可知存在递增的正整数 $m_2 = m_1(1) < m_1(1) < \cdots < m_n(1) < \cdots$ 使得

$$\left\|\frac{x_{m_{2n-1}(1)}^1 + x_{m_{2n}(1)}^1}{2}\right\| \leqslant M\theta^2.$$

重复上述步骤,可得到子列 $\{x_n^{(p)}\}$ 满足
(i) $x_n^{(p)} = \frac{x_{m_{2n-1}(p-1)}^{(p-1)} + x_{m_{2n}(p-1)}^{(p-1)}}{2}$;
(ii) $\|x_n^{(p)}\| \leqslant M\theta^p$;
(iii) $x_n^{(p)} \xrightarrow{w} 0$.

则

$$x_1^{(1)} = \frac{x_{m_1} + x_{m_2}}{2},$$

$$x_1^{(2)} = \frac{x_{m_1(1)}^{(1)} + x_{m_2(1)}^{(1)}}{2}$$

$$= \frac{\frac{x_{m_{2m_1(1)-1}} + x_{m_{2m_1(1)}}}{2} + \frac{x_{m_{2m_2(1)-1}} + x_{m_{2m_2(1)}}}{2}}{2}$$

$$= \frac{x_{m_{2m_1(1)-1}} + x_{m_{2m_1(1)}} + x_{m_{2m_2(1)-1}} + x_{m_{2m_2(1)}}}{2^2},$$

其中 $m_{2m_1(1)-1} < m_{2m_1(1)} < m_{2m_2(1)-1} < m_{2m_2(1)}$.

不难发现, 对于 $x_1^{(p)}$ 存在递增的正整数 $l_1(p), l_2(p), \cdots, l_{2^p}(p)$ 使得
$$x_1^{(p)} = 2^{-p}(x_{l_1(p)} + \cdots + x_{l_{2^p}(p)}),$$

其中 $1 < l_1(1) < l_2(1) < l_1(2) < l_2(2) < l_3(2) < l_4(2) < l_1(3) < \cdots$.

若 $q < p$, $1 \leqslant i \leqslant \frac{2^p}{2^q}$, 则元素
$$\left(\frac{x_{l_{(i-1)2^q+1}(q)} + \cdots + x_{l_{i2^q}(q)}}{2^q} \right) \in \{x_n^q\}$$

且
$$\left\| \frac{x_{l_{(i-1)2^q+1}(q)} + \cdots + x_{l_{i2^q}(q)}}{2^q} \right\| \leqslant M\theta^q.$$

设 $n_1 = 1$, $n_2 = l_1(1)$, $n_3 = l_2(1)$, $n_4 = l_1(2), \cdots$.

对任意的自然数 k, r, 一定存在整数 q 使得 $r2^q \leqslant k \leqslant (r+1)2^q$. 因此,
$$\|x_{n_1} + \cdots + x_{n_k}\| \leqslant \|x_{n_1} + \cdots + x_{n_{2^q}}\| + \sum_{j=2}^{r} \|x_{n_{(j-1)2^q+1}} + \cdots + x_{n_{j2^q}}\|$$
$$+ \|x_{n_{r2^q+1}} + \cdots + x_{n_k}\|$$
$$\leqslant M(2^q - 1) + (r-1)M2^q\theta^q + M2^q.$$

从而,
$$\varlimsup_{k} \left\| \frac{x_{n_1} + \cdots + x_{n_k}}{k} \right\| \leqslant \varlimsup_{k,q} \left(\frac{M(2^q-1)}{k} + \frac{(r-1)M2^q\theta^q}{k} + \frac{M2^q}{k} \right)$$
$$= 0.$$

因此, 一致凸的 Banach 空间具有 BSP. □

注2.14.6 人们一直比较关注何种空间具有 BSP 或 WBSP, 由上述定理可知 $L_p \, (1 < p < \infty)$ 空间具有 BSP, 而 L_1 不是自反的, 因此该空间不具有 BSP, 但其具有 WBSP. D. N. Kutzarova 已经证明具有 β-性质的 Banach 空间具有 BSP, Sullivan 证明了 K 一致凸的空间具有 BSP, 而俞鑫泰证明了 NUC 空间不具有 BSP, 但崔云安和 H. Hudzik 证明了 K-NUC $(K \geqslant 2)$ 空间具有 BSP. 1999年, S. Prus 证明了 NUS* 空间具有 WBSP.

命题2.14.7 c_0 具有 WBSP.

证明 设 $\{x_n\}$ 是 c_0 中的弱零序列, 不妨设 $\|x_n\| \leqslant 1 \, (n \in \mathbb{N})$. 若 $\|x_n\| \to 0$, 则一定有 $\frac{1}{n}\sum_{i=1}^{n} x_i \to 0$, 命题得证. 否则, 一定存在 $\varepsilon > 0$ 及子列 $\{x_{n_k}\} \subseteq \{x_n\}$ 使得 $\|x_{n_k}\| \geqslant \varepsilon$. 根据基序列选择原理, 存在 $\{x_{n_k}\}$ 的子列不妨仍记为 $\{x_{n_k}\}$ 等价于 c_0 的基底 $\{e_n\}$ 的一个块基, 设为 $\{u_k\}$. 因为 $\varepsilon \leqslant \|x_{n_k}\| \leqslant 1$, 故存在 $m, M > 0$ 使得
$$m \leqslant \|u_k\| \leqslant M.$$

由于 $\left\{\frac{u_k}{\|u_k\|}\right\}$ 是 c_0 的规范化块基, 故 $\left\{\frac{u_k}{\|u_k\|}\right\}$ 是 c_0 与 $\{e_n\}$ 等价. 从而存在常数 $k_1, k_2 > 0$ 使得

$$k_1 \sup_k |\alpha_k| \leqslant \left\|\sum_{k=1}^{\infty} \alpha_k x_{n_k}\right\| \leqslant k_2 \sup_k |\alpha_k|, \quad \{\alpha_k\} \subset c_0.$$

从而, 对任意的自然数 m, $\|\sum_{k=1}^{m} x_{n_k}\| \leqslant k_2$. 因此, $\frac{1}{m}\sum_{k=1}^{m} x_{n_k} \to 0$. □

命题 2.14.8 l_1 具有 WBSP.

证明 设 $\{x_n\}$ 是 l_1 中的弱零序列, 由于 l_1 具有 Schur 性质, 故 $\|x_n\| \to 0$. 从而,

$$\frac{1}{n}\sum_{i=1}^{n} x_i \to 0.$$

□

定义 2.14.3 定义如下的几何常数:

$$C(X) = \sup\{A((x_n)) : x_n \in S(X), x_n \xrightarrow{w} 0\},$$

其中 $A((x_n)) = \liminf_{n\to\infty}\{\|x_i + x_j\| : i, j \geqslant n, i \neq j\}$. 显然, $C(X) \leqslant 2$.

定理 2.14.9 若 Banach 空间 X 满足 $C(X) < 2$, 则 X 具有 WBSP.

证明 选取 $\varepsilon > 0$ 使得 $\theta = C(X) + \varepsilon < 2$. 对任意序列 $\{x_n\} \subseteq S(X)$, $x_n \xrightarrow{w} 0$, 由 $C(X)$ 的定义, 可知存在子列 $\{x_{n_k}\} \subseteq \{x_n\}$ 满足

$$\|x_{n_i} + x_{n_j}\| < \theta, \quad i \neq j.$$

由引理 2.14.4 知 X 具有 WBSP. □

2.15 Dunford-Pettis 性质

定义 2.15.1 称 Banach 空间 X 具有 Dunford-Pettis 性质是指对任意的 $x_n \in X$, $x_n \xrightarrow{w} 0$, 及 $f_n \in X^*$, $f_n \xrightarrow{w} 0$, 有

$$\lim_{n\to\infty} f_n(x_n) = 0.$$

命题 2.15.1 若 Banach 空间 X 具有 Dunford-Pettis 性质, 则在上述定义中, 将 $\{x_n\}$ 或 $\{f_n\}$ 换成弱收敛子列仍然有 $\lim_{n\to\infty} f_n(x_n) = 0$ 成立.

证明 不失一般性, 设 $x_n \xrightarrow{w} x$, $f_n \xrightarrow{w} 0$. 则

$$\lim_{n\to\infty} f_n(x_n) = \lim_{n\to\infty} f_n(x) + \lim_{n\to\infty} f_n(x_n - x) = 0.$$

□

定理 2.15.2 设 X 是 Banach 空间, 则如下条件等价:

(1) X 具有 Dunford-Pettis 性质;

(2) 对任意的 Banach 空间 Y, 每个弱紧算子 $T: X \to Y$ 是全连续的, 即每个弱紧算子能将弱紧集映成紧集;

(3) 对任意的 Banach 空间 Y, 每个弱紧算子 $T: X \to Y$ 能将弱收敛序列映成依范数收敛的序列;

(4) 对任意的 Banach 空间 Y, 每个弱紧算子 $T: X \to Y$ 能将弱 Cauchy 列映成依范数收敛的序列;

(5) 每个弱紧算子 $T: X \to c_0$ 能将弱 Cauchy 列映成依范数收敛的序列;

(6) 若 $\{x_n\} \subseteq X$ 是弱 Cauchy 列, $f_n \in X^*$, $f_n \xrightarrow{w} 0$, 则 $\lim\limits_{n\to\infty} f_n(x_n) = 0$;

(7) 若 $\{x_n\} \subseteq X$ 是弱零序列, $\{f_n\} \subseteq X^*$ 是弱 Cauchy 列, 则 $\lim\limits_{n\to\infty} f_n(x_n) = 0$.

证明 易知 (4) $\Rightarrow$ (3), (4) $\Rightarrow$ (5), (6) $\Rightarrow$ (1), (7) $\Rightarrow$ (1) 成立. 在 Banach 空间中, 弱紧性和弱序列紧性是等价的, 故 (2) $\Leftrightarrow$ (3).

(1) $\Rightarrow$ (3) 若 X 具有 Dunford-Pettis 性质, $T: X \to Y$ 是弱紧算子, $\forall \{x_n\} \subseteq X$, $x_n \xrightarrow{w} 0$, 下证 $\lim\limits_{n\to\infty} \|T(x_n)\| = 0$. 若不然, 则存在 $\varepsilon > 0$, $y_n^* \in S(Y^*)$, 使得
$$y_n^*(T(x_n)) > \varepsilon.$$

因为 $T^*: Y^* \to X^*$ 是弱紧算子, 故 $\{T^*(y_n^*)\}$ 在 X^* 中是弱紧序列. 但根据 Eberlein-Šmulian 定理,
$$T^*(y_n^*)(x_n) > \varepsilon,$$
产生矛盾.

(3) $\Rightarrow$ (1) 和 (5) $\Rightarrow$ (1) 设 $f_n \in X^*$, $f_n \xrightarrow{w} 0$, $\{e_n\}$ 是 c_0 中的单位向量基. 定义 $T: X \to c_0$ 为
$$T(x) = \sum_{n=1}^{\infty} f_n(x) e_n.$$
注意到 T^* 将 l_1 的闭单位球映到 f_n 的凸包中, 而 f_n 的凸包是弱紧的, 故 T^* 和 T 都是弱紧算子. 由假设若 $\{x_n\}$ 是弱零序列, 则 $\{T(x_n)\}$ 依范数收敛于 0. 因此,
$$\lim_{n\to\infty} f_n(x_n) = \lim_{n\to\infty} e_n^*(T(x_n)) = 0.$$

(3) $\Rightarrow$ (4) 设 $\{x_n\} \subseteq X$ 是弱 Cauchy 列, $T: X \to Y$ 是弱紧算子. 若 $\{T(x_n)\}$ 不是 Cauchy 列, 则存在 $\varepsilon > 0$ 及子列 $\{x_{n_k}\} \subseteq \{x_n\}$ 使得
$$\|T(x_{n_{k+1}}) - T(x_{n_k})\| \geqslant \varepsilon.$$

而 $\{x_{n_{k+1}} - x_{n_k}\}$ 是弱零序列, 由假设 $\{T(x_{n_{k+1}} - x_{n_k})\}$ 依范数收敛于 0, 产生矛盾.

(1) $\Rightarrow$ (6) 和 (1) $\Rightarrow$ (7) 的证明过程类似, 这里只证明 (1) $\Rightarrow$ (6). 设 $\{x_n\} \subseteq X$ 是弱 Cauchy 列, $f_n \in X^*$, $f_n \xrightarrow{w} 0$. 因为 X 具有 Dunford-Pettis 性质, 故对任意子列 $\{x_{n_k}\}, \{x_{m_k}\} \subseteq \{x_n\}$, 有

$$\lim_{k \to \infty} f_k(x_{n_k} - x_{m_k}) = 0.$$

注意到 $\{f_n(x_m) : n, m \in \mathbb{N}\}$ 是有界的, 故 $\lim_{k \to \infty} f_k(x_{n_k})$ 和 $\lim_{k \to \infty} f_k(x_{m_k})$ 都存在. 因此

$$\lim_{k \to \infty} f_k(x_{n_k}) = \lim_{k \to \infty} f_k(x_{m_k}).$$

下证 $\lim_{n \to \infty} f_n(x_n) = 0$. 事实上, 只需证明存在 $\{f_n\}$ 的子列 $\{f_{n_k}\}$ 使得

$$\lim_{k \to \infty} f_{n_k}(x_k) = 0.$$

因为 $f_n \xrightarrow{w} 0$, 故存在 n_1 使得 $|f_{n_1}(x_1)| < 1$. 同理, 可找到自然数 $n_2, n_3, \cdots, n_k$ 使得 $|f_{n_j}(x_j)| \leqslant \frac{1}{j}$. 选取 $n_{k+1} > n_k$ 使得 $|f_{n_{k+1}}(x_{k+1})| \leqslant \frac{1}{k+1}$. 因此, $\lim_{k \to \infty} f_{n_k}(x_k) = 0$. □

推论 2.15.3 设 X 是 Banach 空间, X^* 具有 Dunford-Pettis 性质, 则 X 具有 Dunford-Pettis 性质.

证明 因为 X 中的弱零序列也是 X^{**} 中的弱零序列, 由 Dunford-Pettis 性质的定义可知, 当 X^* 具有 Dunford-Pettis 性质时, X 也具有 Dunford-Pettis 性质. □

推论 2.15.4 自反的 Banach 空间 X 具有 Dunford-Pettis 性质当且仅当 X 是有限维的.

证明 设 X 是自反的 Banach 空间, 且具有 Dunford-Pettis 性质, 则映 X 到其自身的恒等映射是弱紧算子. 因此, 由定理 2.15.2 的 (3) 知它是紧算子, 故 X 是有限维的. □

推论 2.15.5 若 Banach 空间 X 具有 Dunford-Pettis 性质, 则 X 的任意可补子空间都具有 Dunford-Pettis 性质.

证明 设 X 是具有 Dunford-Pettis 性质的 Banach 空间, Y 是 X 的一个可补子空间, P 是投影算子. 设 $\{x_n\}, \{f_n\}$ 分别是 Y 和 Y^* 中的弱零序列, 则 $\{x_n\}$, $\{P^*(f_n)\}$ 也分别是 X 和 X^* 中的弱零序列. 因为 X 是具有 Dunford-Pettis 性质, 故

$$\lim_{n \to \infty} f_n(x_n) = \lim_{n \to \infty} P^*(f_n)(x_n) = 0.$$

因此，Y 具有 Dunford-Pettis 性质． □

定理2.15.6 设 X 是具有 Dunford-Pettis 性质的 Banach 空间，X 不包含 l_1-copy．则 X^* 具有 Schur 性质，因此具有 Dunford-Pettis 性质．

证明 设 X 是具有 Dunford-Pettis 性质的 Banach 空间，X 不包含 l_1-copy．若 X^* 不具有 Schur 性质，则存在 $f_n \in S(X^*)$，$f_n \xrightarrow{w} 0$．根据范数定义，可选取 $x_n \in S(X)$ 使得 $f_n(x_n) \geqslant \frac{1}{2}$．由 Rosenthal 二分枝原理，可知存在 $\{x_n\}$ 的子列是弱 Cauchy 列，不妨仍记为 $\{x_n\}$．

因为 X 是具有 Dunford-Pettis 性质，由前述定理 2.15.2 的 (6) 知，$\lim\limits_{n\to\infty} f_n(x_n) = 0$，这与 $f_n(x_n) \geqslant \frac{1}{2}$ 矛盾． □

定理2.15.7 设 K 是紧 Hausdorff 空间，则 $C(K)$ 具有 Dunford-Pettis 性质．

证明 设 $\{g_n\}$ 和 $\{v_n\}$ 分别是 $C(K)$ 和 $C^*(K)$ 中的弱零序列，则 $\{g_n\}$ 一致收敛于 0．令 $v = \sum_{n=1}^{\infty} \frac{1}{2^n}|v_n|$，由 Radon-Nikodym 定理，存在可积序列 $\{h_n\}$ 使得对任意 Borel 集 A 和 $n \in \mathbb{N}$，有

$$v_n(A) = \int_A h_n \mathrm{d}v.$$

固定 $\varepsilon > 0$，令

$$B_n = \{w \in K : |g_k(w)| \leqslant \varepsilon, k \geqslant n\}.$$

注意到

(a) 因为 $g_n \to 0$，存在可测集合 B_n 满足 $B_1 \subseteq B_2 \subseteq \cdots B_n \subseteq \cdots$，且 $\cup_{n=1}^{\infty} B_n = K$．由于 v 是一个有限测度，故

$$\lim_{n\to\infty} v(K\backslash B_n) = 0.$$

(b) 因为 $v_n \xrightarrow{w} 0$，$\{h_n\}$ 是一致可积的，故存在自然数 M 使得当 $n \geqslant M$，$k \in \mathbb{N}$，有

$$\int_{K\backslash B_n} |h_k| \mathrm{d}\mu < \varepsilon.$$

因此，若 $n > M$，则

$$\int_K |g_n(w) \cdot h_n(w)| \mathrm{d}v \leqslant \int_{B_n} |g_n(w) \cdot h_n(w)| \mathrm{d}v + \int_{K\backslash B_n} |g_n(w) \cdot h_n(w)| \mathrm{d}v$$

$$\leqslant \varepsilon \int_{B_n} |h_n(w)| \mathrm{d}v + \|g_n\|_\infty \int_{K\backslash B_n} |h_n(w)| \mathrm{d}v$$

$$\leqslant \varepsilon (\sup\{\|v_n\|_1 : n \in \mathbb{N}\} + \sup\{\|g_n\|_\infty : n \in \mathbb{N}\}).$$

由 ε 的任意性知，$C(K)$ 具有 Dunford-Pettis 性质. □

定理2.15.8 对任意可测空间 (Ω, μ)，$L_1(\mu)$ 都具有 Dunford-Pettis 性质.

证明 设 $\{g_n\}$ 和 $\{G_n\}$ 分别是 L_1 和 L_1^* 中的弱零序列. 令 $\Omega_1 = \cup_{n=1}^{\infty} \operatorname{supp}(g_n)$，则 Ω_1 是 δ-有限的，且 $L_1^*(\Omega_1) = L_\infty(\Omega_1)$. 已知对任何 δ-有限的集合 Ω_1，存在紧 hausdorff 空间 K 使得 $L_\infty(\Omega_1)$ 同构于 $C(K)$ 的一个子空间. 因此，

$$\lim_{n\to\infty} G_n(g_n) = \lim_{n\to\infty} G_n|_{L_1(\Omega_1)}(g_n) = 0.$$ □

引理2.15.9 设 Y 是 Banach 空间 X 的一个闭子空间，且 Y 的任何一个子空间均不与 l_1 等距同构. 则对于 X/Y 中的每个弱 Cauchy 列 $\{q_n\}$ 都存在子列 $\{q_{n_k}\}$，及 X 中的弱 Cauchy 列 $\{x_{n_k}\}$ 使得

$$Q(x_{n_k}) = q_{n_k},$$

其中 $Q: X \to X/Y$ 是自然商映射.

证明 设 $\{q_n\}$ 是 X/Y 中的弱 Cauchy 列，则 $\{q_n\}$ 有界且存在有界序列 $\{x_n\}$ 使得对所有自然数 n 有 $Q(x_n) = q_n$. 若 $\{x_n\}$ 包含一个弱 Cauchy 子列 $\{x_{n_k}\}$，则 $\{Q(x_{n_k})\}$ 是弱 Cauchy 列，即 $\{Q(x_{n_k})\}$ 就是所要找的序列. 下面假设 $\{x_n\}$ 不包含任何弱 Cauchy 子列，由 Rosenthal 二分枝原理，$\{x_n\}$ 有一个 l_1-子序列. 不失一般性，设 $\{x_n\}$ 是个 l_1-序列. 将 x_n 替换成 $x_{2n} - x_{2n-1}$，相应地，将 q_n 替换成 $q_{2n} - q_{2n-1}$，可假设 $\{q_n\}$ 是弱零序列. 由 Mazur 定理，存在非负序列 $\{\lambda_n\}$ 和递增序列 $\{M_k\}$ 使得对所有 $k \in \mathbb{N}$，有 $\sum_{i=M_k+1}^{M_{k+1}} \lambda_i = 1$，

$$\left\| \sum_{i=M_k+1}^{M_{k+1}} \lambda_i Q(x_i) \right\|_{X/Y} \leqslant \frac{1}{2^k}.$$

这说明存在子列 $\{y_k\} \subseteq Y$ 使得

$$\left\| y_k - \sum_{i=M_k+1}^{M_{k+1}} \lambda_i x_i \right\|_{X/Y} \leqslant \frac{1}{2^{k-1}}.$$

注意到 l_1 的任何块基等价于 l_1 的单位向量基，从而，$\{y_k\}$ 包含一个 l_1-子序列，与题设 Y 的任何一个子空间均不与 l_1 等距同构矛盾. □

定理2.15.10 设 X 是具有 Dunford-Pettis 性质的 Banach 空间，Y 是 X 的一个子空间，且 Y 的任何一个子空间均不与 l_1 等距同构. 则 X/Y 具有 Dunford-Pettis 性质.

证明 设 $Q: X \to X/Y$ 是商映射，若 X/Y 不具有 Dunford-Pettis 性质，则存在弱零序列 $\{q_n\} \subseteq X/Y$ 和 $\{q_n^*\} \subseteq (X/Y)^*$ 使得

$$\lim_{n\to\infty} q_n^*(q_n) = \alpha \neq 0.$$

由前述引理知存在弱 Cauchy 列 $\{x_{n_k}\}$ 使得 $Q(x_{n_k}) = q_{n_k}$. 注意到 $\{Q^*(q_n^*)\}$ 是弱零序列, 且 X 是具有 Dunford-Pettis 性质, 可知

$$0 = \lim_{k\to\infty} Q^*(q_{n_k}^*)(x_{n_k}) = \lim_{k\to\infty} q_{n_k}^*(Q(x_{n_k})) = \alpha,$$

产生矛盾. 故 X/Y 具有 Dunford-Pettis 性质. □

推论2.15.11 若 $X \subset L_1(\mu)$ 是一个自反的子空间, 则 $L_1(\mu)/X$ 具有 Dunford-Pettis 性质.

例2.15.1 (1) 设 X 是一个 Banach 空间, $\{X_n\}$ 满足

$$X_1 \subseteq X_2 \subseteq \cdots \subseteq X_n \subseteq \cdots$$

且 $\cup_{n=1}^{\infty} X_n$ 在 X 中稠密. 设空间 $(\sum_{n=1}^{\infty} \oplus X_n)_\infty$ 具有 Dunford-Pettis 性质, Bourgain 已经证明 X 具有 Dunford-Pettis 性质. 利用这个结果, 证明了空间 $C(K, L_1)$, $L_1(C(K))$ 及它们的对偶空间都具有 Dunford-Pettis 性质.

(2) 利用 Bourgain 在 (1) 中得到的结果, M. D. Contreras 和 S. Diáz 证明了若 $\ell_\infty(X)$ 具有 Dunford-Pettis 性质, 则对任意紧 Hausdorff 空间 K, $C(K, X)$ 也具有同样的性质. 同时证明了对任意紧 Hausdorff 空间 K, 空间 $C(K, H_\infty)$ 也具有 Dunford-Pettis 性质.

(3) 已知自反性质、Schur 性质和弱序列完备性都属于三空间性质, 那么是否 Dunford-Pettis 性质也属于三空间性质? J. M. F. Castillo 和 M. Gonzalez 给出了一个反例说明了 Dunford-Pettis 性质不属于三空间性质.

2.16 Pelczynski 性质 (V*)

定义2.16.1 级数 $\sum_{n=1}^{\infty} x_n \subseteq X$ 称为弱无条件收敛是指若对任意的 $f \in X^*$, $\sum_{n=1}^{\infty} |f(x_n)| < \infty$. 易知级数 $\sum_{n=1}^{\infty} x_n$ 是弱无条件收敛的充分必要条件是

$$\sup\left\{\left\|\sum_{i\in A} x_i\right\| : A \subseteq \mathbb{N}\text{是有限子集}\right\} < \infty.$$

定义2.16.2 设 X 是一个 Banach 空间. X 具有性质 (V) 是指若 $C \subseteq X^*$ 满足对每个弱无条件收敛的级数 $\sum_{n=1}^{\infty} x_n$, 有

$$\lim_{n\to\infty} \sup(\{|f(x_n)| : f \in C\}) = 0,$$

则 C 是相对弱紧集.

定义2.16.3 设 X 是一个 Banach 空间. X 具有性质 (V*) 是指若 $C \subseteq X$ 满足对每个弱无条件收敛的级数 $\sum_{n=1}^{\infty} f_n \subseteq X^*$, 有

$$\lim_{n\to\infty} \sup(\{|f_n(x)| : x \in C\}) = 0,$$

则 C 是相对弱紧集. 已知对任意的弱准紧子集 $C \subseteq X^*$, 弱无条件收敛的级数 $\sum_{n=1}^{\infty} x_n \subseteq X$, 有

$$\lim_{n\to\infty} \sup(\{|f(x_n)| : f \in C\}) = 0.$$

因此, 如果 X 具有性质 (V) (或性质(V*)), 则 X^* (或 X)中的每个弱准紧子集是相对弱紧集.

定理2.16.1 设 X 是一个 Banach 空间. 则

(1) 若 X 具有性质 (V), 则 X^* 是弱序列完备的;

(2) 若 X 具有性质 (V*), 则 X 是弱序列完备的.

定理2.16.2 设 X 是一个 Banach 空间. 若 X 具有性质 (V), 则 X^* 具有性质 (V*).

定理2.16.3 设 X 是一个 Banach 空间, Y 是 X 的一个子空间.

(1) 若 X 具有性质 (V), 则 X/Y 具有性质 (V);

(2) 若 X 具有性质 (V*), 则 Y 具有性质 (V). 因此, 若 X^* 具有性质 (V), 则 X 具有性质 (V*).

证明 (1) 设 X 具有性质 (V), $T: X \to X/Y$ 是商映射. 设 $C \subseteq (X/Y)^*$ 使得对每个弱无条件收敛的级数 $\sum_{n=1}^{\infty} z_n \subseteq X/Y$,

$$\lim_{n\to\infty} (\sup\{|g(z_n)| : g \in C\}) = 0.$$

下证 $T^*(C)$ 是相对弱紧的. 设 $\sum_{n=1}^{\infty} x_n \subseteq X$ 是无条件收敛的, 则 $\sum_{n=1}^{\infty} T(x_n)$ 是无条件收敛的. 故

$$\lim_{n\to\infty} (\sup\{|f(x_n)| : f \in T^*(C)\}) = \lim_{n\to\infty} (\sup\{|(T^*)^{-1} f(T(x_n))| : f \in T^*(C)\})$$
$$= \lim_{n\to\infty} (\sup\{|g(T(x_n))| : g \in C\}) = 0.$$

由于 X 具有性质 (V), 故 $T^*(C)$ 是相对弱紧的. 因此, C 是相对弱紧的.

(2) 若 $\sum_{n=1}^{\infty} f_n \subseteq X^*$ 是弱无条件收敛的, 则 $\sum_{n=1}^{\infty} f_n|_Y \subseteq Y^*$ 也是弱无条件收敛的. 因此, 若 X 具有性质 (V*), 则 Y 具有性质 (V). □

推论2.16.4 设 X 是一个非自反的 Banach 空间, 若 X 具有性质 (V*), 则 X 包含一个 l_1-序列.

定理2.16.5 对任意紧 Hausdorff 空间 K, $C(K)$ 具有性质 (V).

证明 设 $\{v_n\} \subseteq C(K)^*$ 是有界序列, 但不是相对弱紧的. 通过选取子列, 不妨仍记为 $\{v_n\}$, 可找到互不相交的开集序列 $\{O_n\}$ 及 $\delta > 0$, 使得

$$v_n(O_n) > \delta.$$

因为 v_n 是正则的, 故存在序列 $\{f_n\} \subseteq B(C(K))$ 使得
$$\mathrm{supp}(f_n) \subseteq O_n, \quad v_n(f_n) \geqslant \frac{\delta}{2}.$$
易见 $\sum_{n=1}^{\infty} f_n$ 是弱无条件收敛的. □

定义2.16.4 $A \subset X$ 称为 (V*)-集是指若对每个弱无条件收敛的级数 $\sum_{n=1}^{\infty} f_n \in X^*$,
$$\lim_{n \to \infty} (\sup\{|f_n(x)| : x \in A\}) = 0.$$

易见, 如果每个 (V*)-集都是相对弱紧的, 则 Banach 空间 X 具有性质 (V*). 称 X 具有性质 (w-V*) 是指每个 (V*)-集都是弱准紧的.

引理2.16.6 设 X 是一 Banach 空间.
(1) 设 $C \subseteq X$ 是紧子集, 则每个弱 Cauchy 序列 $\{x_n\} \subseteq C$ 依范数收敛;
(2) 设 $\{e_n\}$ 是 X 的基底, 对任意有界序列 $C \subseteq X$, C 是相对紧的充分必要条件是
$$\lim_{n \to \infty} (\sup\{\|(I - P_n)(x)\| : x \in C\}) = 0.$$

证明 先证 (1). 设 $\{x_{n_k}\} \subseteq \{x_n\}$ 是收敛子列, 且 $x_{n_k} \to x$, 则 $x_{n_k} \xrightarrow{w} x$, 因此, $x_n \xrightarrow{w} x$. 设 $\{x_{m_k}\} \subseteq \{x_n\}$ 是任意子列, 则 $\{x_{m_k}\}$ 一定包含收敛子列, 不妨设 $x_{m_k} \to y$, 则 $x_{m_k} \xrightarrow{w} y$. 已知每个弱 Cauchy 列至多含有一个弱极限点, 故 $x = y$. 因此, 弱 Cauchy 序列 $\{x_n\}$ 依范数收敛.

下面证明 (2) 成立. 易知若 C 是相对紧的, 则
$$\lim_{n \to \infty} (\sup\{\|(I - P_n)(x)\| : x \in C\}) = 0.$$

设 $\lim_{n \to \infty} (\sup\{\|(I - P_n)(x)\| : x \in C\}) = 0$. 只需证明 C 是全有界的. 由假设, 对任意的 $\varepsilon > 0$, 存在 $M \in \mathbb{N}$ 使得
$$\sup\{\|(I - P_M)(x)\| : x \in C\} < \varepsilon.$$

因为 $P_M(C)$ 是有限维空间中的有界子集, 故存在有限子集 $\{x_1, x_2, \cdots, x_M\} \subseteq C$ 使得对任意 $y \in C$ 存在 $1 \leqslant j \leqslant M$ 使得 $\|P_M(y - x_j)\| \leqslant \varepsilon$. 因此,
$$\|y - x_j\| \leqslant \|P_M(y - x_j)\| + \|(I - P_M)(x_j)\| + \|(I - P_M)(y)\| \leqslant 3\varepsilon. \quad \square$$

推论2.16.7 设 X 是一 Banach 空间, $\{e_n\} \subseteq l_1$ 是单位向量基. 则 $T: X \to l_1$ 是有界线性算子当且仅当存在一个弱无条件收敛级数 $\sum_{n=1}^{\infty} f_n \in X^*$ 使得
$$T(x) = \sum_{n=1}^{\infty} f_n(x) e_n.$$

因此，X^* 包含一个与 c_0 同构的子集当且仅当 l_1 是 X 的一个商空间。

命题2.16.8 设 X 是一 Banach 空间，$\{x_n\} \subseteq X$ 是有界序列。则 $\{x_n\}$ 包含一个可补的 l_1-子序列当且仅当存在算子 $T: X \to l_1$ 使得 $\{T(x_n) : n \in \mathbb{N}\}$ 不是相对紧的。

证明 设 X 是一 Banach 空间，且包含一个可补的 l_1-序列 $\{x_n\}$。则存在投影映射 $T: X \to \overline{\text{span}\{x_n : n \in \mathbb{N}\}}$，由于 $T(x_n) = x_n$，$n \in \mathbb{N}$，故 $\{T(x_n) : n \in \mathbb{N}\}$ 不是相对紧的。

另一方面，设映射 $T: X \to l_1$ 使得 $\{T(x_n) : n \in \mathbb{N}\}$ 不是相对紧的，则 $\{T(x_n) : n \in \mathbb{N}\}$ 包含一个可补的 l_1-子序列 $\{T(x_{n_k})\}$。记投影算子

$$S_1: l_1 \to Z = \overline{\text{span}\{T(x_{n_k}) : k \in \mathbb{N}\}}, \quad S_2: Z \to W = \overline{\text{span}\{x_{n_k} : k \in \mathbb{N}\}},$$

$$S_2(T(x_{n_k})) = x_{n_k}, \quad k \in \mathbb{N},$$

则 S_2 是一个有界算子，且 $S_2 \circ S_1 \circ T$ 是从 X 到 W 的投影，而 W 与 l_1 是同构的。 □

定理2.16.9 设 $A \subset X$ 是有界子集。则下列条件等价：

(1) A 是一个 (V^*)-集；

(2) 对每个弱无条件收敛的级数 $\sum_{n=1}^\infty f_n \in X^*$，$\sum_{n=1}^\infty |f_n(x)|$ 在 A 上是一致收敛的，即

$$\lim_{m \to \infty} \left(\sup \left\{ \sum_{n=m}^\infty |f_n(x)| : x \in A \right\} \right) = 0;$$

(3) 每个算子 $T: X \to l_1$ 将 A 映成一个相对紧集；

(4) A 不包含可补的 l_1-序列。

证明 $(2) \Rightarrow (1)$ 显然成立。

$(1) \Rightarrow (2)$ 假设 (2) 不成立，则存在 $\varepsilon > 0$，整数序列 $p_1 \leqslant q_1 < p_2 < \cdots < p_n \leqslant q_n < \cdots$，以及序列 $\{x_j\} \subseteq A$ 使得 $\sum_{n=p_j}^{q_j} |f_n(x_j)| > \varepsilon$。因此，$\forall j \in \mathbb{N}$，存在集合 $\{p_j, p_j + 1, \cdots, q_j\}$ 的子集 C_j 使得

$$\left| \sum_{n \in C_j} f_n(x_j) \right| > \frac{\varepsilon}{4}.$$

令 $y_j^* = \sum_{n \in C_j} f_n$，则弱无条件收敛的级数 $\sum y_j^* \in X^*$ 满足

$$|y_j^*(x_j)| > \frac{\varepsilon}{4}, \quad j \in \mathbb{N},$$

产生矛盾。

(2) $\Leftrightarrow$ (3) 设 $\{e_n\}$ 是空间 l_1 的单位向量基. 对任意的弱无条件收敛级数 $\sum_{n=1}^{\infty} f_n \in X^*$, 存在如下相关的算子 $T: X \to l_1$,

$$T(x) = \sum_{n=1}^{\infty} f_n(x) e_n.$$

由上述引理 2.16.6 和推论 2.16.7 知, (2) $\Rightarrow$ (3).

由命题 2.16.8, (3) $\Leftrightarrow$ (4). □

定理2.16.10 Banach 空间 X 具有性质 (V*)当且仅当 X 是弱序列完备且 X 的任何 l_1-序列都含有一个可补的 l_1-子序列.

推论2.16.11 所有的 L_1 空间都具有性质 (V*).

定理2.16.12 设 $X_0 \subseteq X$ 是可分的子空间, 则存在另一个可分子空间 $Z \subseteq X$ 和等距嵌入映射 $J: Z^* \to X^*$ 使得 $z(Jz^*) = z(z^*)$, $\forall z \in Z, \forall z^* \in Z^*$.

定理2.16.13 Banach 空间 X 具有性质 (V*)当且仅当 X 的所有可分子空间具有性质 (V*).

证明 设 Banach 空间 X 具有性质 (V*), 则 X 的每个子空间都具有性质 (V*). 另一方面, 设 Banach 空间 X 的每个可分子空间都具有性质 (V*). 设 $\{x_n\} \subseteq X$ 是弱 Cauchy 列, 则 $\{x_n\}$ 也是 $\overline{\text{span}\{x_n : n \in \mathbb{N}\}}$ 中的弱 Cauchy 列. 由假设知 $\{x_n\}$ 是弱收敛的. 下面证明 X 是弱序列完备的. 设 $C \subseteq X$ 是有界子集但不是相对弱紧的, 下证 C 不是 V*-集. 由 Rosenthal 二分枝原理, 存在序列 $\{x_n\} \subseteq C$ 等价于 l_1 的单位向量基. 令 $X_0 = \overline{\text{span}\{x_n : n \in \mathbb{N}\}}$, 由上述定理知存在子空间 $Z \subseteq X$ 和嵌入映射 $J: Z^* \to X^*$ 使得

$$X_0 \subseteq Z, \quad z(Jz^*) = z(z^*), \quad z \in Z, \quad z^* \in Z^*.$$

由假设, 存在若无条件收敛级数 $\sum_{k=1}^{\infty} z_k^* \in Z^*$ 使得

$$\limsup_{k \to \infty} (\sup\{z_k^*(x_n) : n \in \mathbb{N}\}) > 0.$$

令 $x_k^* = J(z_k^*)$, 则级数 $\sum_{k=1}^{\infty} x_k^*$ 也是 X^* 中的弱无条件收敛级数. 因为

$$x_k^*(x_n) = J(z_k^*)(x_n) = z_k^*(x_n),$$

故

$$\limsup_{k \to \infty} (\sup\{x_k^*(x_n) : n \in \mathbb{N}\}) > 0.$$

这说明 C 不是 V*-集. □

例2.16.1 (1) 所有自反的 Banach 空间都具有性质 (V) 和性质 (V*).

(2) 设 X 是可分的 Banach 空间. W. B. Johnson 和 M. Zippen 已经证明 X 的对偶空间与 L_1 是等距同构的, 则 X 同构于定义在 Cantor 集上连续函数的商空间. 因此, 若 X 是 Banach 空间, 且它的对偶空间同构于 L_1, 则 X 具有性质 (V).

第 3 章 Banach 空间中的模和常数

经典的凸模是 J. A. Clarkson 于 1936 年定义一致凸空间时引入的, 随后许多的模才陆续被定义出来.

实际上, 描述 Banach 空间几何性质有很多种等价的方式, 最常见方式是先基于 Banach 空间的某种考虑定义一个实函数 (模), 再定义出一个与这个函数有紧密关系的适当的常数或系数. 定义模或者常数是为了更好的理解下面两点:

(1) 空间单位球的形状;

(2) 弱收敛序列与强收敛序列之间隐含的关系.

或许有人会问: 有那么多这样的模可以研究吗? 可能有! 部分的原因是许多这种模都涉及非常复杂计算, 而且通常这些模之间有着错综复杂的关系. 另外, 有些模可以用不同的方式定义, 而这完全取决于作者的偏好.

全面地描述 Banach 空间中的模和常数是不可能的, 本章主要是综述性地列出一些与不动点理论有关的模和常数, 以及这些模与常数所描述的 Banach 空间的几何性质.

本章假定 X 为维数大于等于 2 的 Banach 空间, 用 $B(X)$ 和 $S(X)$ 分别表示 X 的单位球和单位球面.

3.1 弱正交系数

首先, 回忆一下空间具有弱正交性质 (WORTH) 的定义.

定义3.1.1 称 X 具有 WORTH 性质, 是指对于所有的 $x_n \xrightarrow{w} 0$ 和 $x \in X$ 满足下面的关系式
$$\lim_{n\to\infty} |\|x_n - x\| - \|x_n + x\|| = 0.$$

定理3.1.1 在 Banach 空间 X 中, 如下条件满足 (i) $\Rightarrow$ (ii) $\Rightarrow$ (iii) $\Rightarrow$ (iv).

(i) X 具有 (M) 性质;

(ii) X 具有 WORTH 性质;

(iii) 若 $x_n \xrightarrow{w} 0$, 则对任意 $x \in X$, 有 $\limsup_{n\to\infty} \|x_n - tx\|$ 是关于 $t \in [0, \infty)$ 的增函数;

(iv) X 具有非严格的 Opial 性质.

证明 容易看出所有蕴含都是显然的,除了 (ii)⇒ (iii). 注意到对于 $0 < t_1 < t_2$, 存在 $\beta \in (0,1)$ 使得 $t_1 x = \beta(-t_2)x + (1-\beta)t_2 x$. 又由于 $\Psi_{(x_n)}(-t_2 x) = \Psi_{(x_n)}(t_2 x)$, 有 $\Psi_{(x_n)}(t_1 x) \leqslant \beta \Psi_{(x_n)}(-t_2 x) + (1-\beta)\Psi_{(x_n)}(t_2 x) = \Psi_{(x_n)}(t_2 x)$. □

我们知道 (M) 性质蕴含弱不动点性质, 但 WORTH 性质是否蕴含弱不动点性质? 这一问题尚未解决.

为了刻画空间的 WORTH 性质, B. Sims[105]在 1994 年引入了下面的常数:

$$w(X) = \sup\left\{\lambda : \lambda \liminf_n \|x_n + x\| \leqslant \liminf_n \|x_n - x\| : x_n \xrightarrow{w} 0, x \in X\right\}.$$

注意, 上面定义中 lim inf 可以等价地换成 lim sup. 此外, 1996 年, Jimenez-Llorens[65] 也独立地考虑了下面的常数.

$$\mu(X) = \inf\left\{r > 0 : \limsup_n \|x_n + x\| \leqslant r \limsup_n \|x_n - x\| : x_n \xrightarrow{w} 0, x \in X\right\}.$$

由定义易知 $\mu(X) = 1/w(X)$. 由 WORTH 性质和 $w(X)$ 的定义易得下面结论.

命题3.1.2 X 具有 WORTH 性质, 当且仅当 $w(X) = 1$.

命题3.1.3 对任意的 Banach 空间 X, $1/3 \leqslant w(X) \leqslant 1$.

证明 设 $x_n \xrightarrow{w} 0, x \in X$, 由范数的弱下半连续性知

$$\|x_n + x\| \leqslant \|x_n - x\| + 2\|x\| \leqslant \|x_n - x\| + 2\liminf_n \|x_n - x\|.$$

从而由 $w(X)$ 的定义, 可以得到 $1/3 \leqslant w(X) \leqslant 1$. □

易知, 若 X 是有限维 Banach 空间, 则 $w(X) = 1$.

命题3.1.4 若 X 是自反的, 则 $\mu(X) = \mu(X^*)$.

证明 设 $x_n \xrightarrow{w} 0, x \in X$, 取 $f_n \in S_{X^*}$ 满足 $f_n(x_n - x) = \|x_n - x\|$. 由于 X 是自反的, 我们总可以选取 $\{x_n\}$ 的子序列 $\{x_{n_k}\}$, 以及 $\{f_n\}$ 的子序列 $\{f_{n_k}\}$ 满足 $\lim_k \|x_{n_k} - x\| = \limsup_n \|x_n - x\|$ 且 $f_{n_k} \xrightarrow{w^*} f \in X^*$. 因此得到

$$\limsup_n \|x_n - x\| = \lim_k \|x_{n_k} - x\| = \lim_k f_{n_k}(x_{n_k} - x)$$
$$- \lim_k ((f_{n_k} - f) - f)(x_{n_k} + x)$$
$$\leqslant \mu(X^*)\limsup_k \|f_{n_k}\|\limsup_k \|x_{n_k} + x\|$$
$$= \mu(X^*)\limsup_k \|x_{n_k} + x\|.$$

从而 $\mu(X) \leqslant \mu(X^*)$. 再利用空间的自反性, 又可以得到 $\mu(X^*) \leqslant \mu(X)$, 因此 $\mu(X) = \mu(X^*)$. □

注3.1.5 上述命题中, 自反性条件不能去掉, 因为 $\mu(\ell_1) = 1$, $\mu(\ell_\infty) > 1$, $(\ell_1)^* = \ell_\infty$, 但 $\mu(\ell_1) \neq \mu(\ell_\infty)$.

接下来, 我们先引入如下的引理[102].

引理3.1.6 设 X 满足 $B(X^*)$ 是弱*列紧的 (例如, X 自反、可分, 或具有等价的光滑范数). 若 X 不具有弱正规结构, 则对任意的 $\varepsilon > 0$, 存在 $z_1, z_2 \in S(X)$ 以及 $g_1, g_2 \in S(X^*)$, 满足下面的条件:

(i) $|\|z_1 - z_2\| - 1| < \varepsilon$ 且 $|g_i(z_j)| < \varepsilon$, $i \neq j$;

(ii) $g_i(z_i) = 1$, $i = 1, 2$;

(iii) $\|z_1 + z_2\| \leqslant \mu(X) + \varepsilon$.

证明 由假设以及定理 2.1.2 知, 存在序列 $\{x_n\} \subset X$ 以及 $\{f_n\} \subset S(X^*)$ 满足

(1) $x_n \xrightarrow{w} 0$;

(2) $\operatorname{diam}\{x_n\}_{n=1}^{\infty} = 1 = \lim_{n \to \infty} \|x_n - x\|$, $\forall x \in \overline{\operatorname{co}}\{x_n\}_{n=1}^{\infty}$;

(3) $f_n(x_n) = \|x_n\|$, $\forall n \in \mathbb{N}$;

(4) 存在 $f \in B(X^*)$ 使得 $f_n \xrightarrow{w^*} f$.

注意到, 0 属于 $\{x_n\}_{n=1}^{\infty}$ 的弱闭凸包, 而由 Mazur 定理知 $\{x_n\}_{n=1}^{\infty}$ 的弱闭凸包与范数闭凸包相等. 这就蕴含了 $\lim_{n \to \infty} \|x_n\| = 1$.

对任意的给定的 $\varepsilon \in (0, 1)$, 令 $\eta = \varepsilon/3$. 首先选取 $n_1 \in \mathbb{N}$ 满足

$$|f(x_{n_1})| < \frac{\eta}{2} \quad \text{且} \quad 1 - \eta \leqslant \|x_{n_1}\| \leqslant 1.$$

由 $\mu(X)$ 的定义, 有

$$\limsup_{n \to \infty} \|x_n + x_{n_1}\| \leqslant \mu(X) \lim_{n \to \infty} \|x_n - x_{n_1}\| = \mu(X).$$

接下来, 选取 $n_2 > n_1$ 满足

$$1 - \eta \leqslant \|x_{n_2}\| \leqslant 1, \quad 1 - \eta \leqslant \|x_{n_2} - x_{n_1}\| \leqslant 1,$$

$$\|x_{n_2} + x_{n_1}\| \leqslant \mu(X) + \eta, \quad |f_{n_1}(x_{n_2})| < \eta, \quad |(f_{n_2} - f)(x_{n_1})| < \frac{\eta}{2}.$$

这就蕴含了

$$|f_{n_2}(x_{n_1})| \leqslant |(f_{n_2} - f)(x_{n_1})| + |f(x_{n_1})| < \eta.$$

令 $z_1 = x_{n_1}/\|x_{n_1}\|$, $z_2 = x_{n_2}/\|x_{n_2}\|$, $g_1 = f_{n_1}$, $g_2 = f_{n_2}$. 显然 (ii) 成立. 进一步, 对于 $i \neq j$, 有

$$|g_i(z_j)| = \frac{|f_{n_i}(x_{n_j})|}{\|x_{n_j}\|} < \frac{\eta}{1 - \eta} < 2\eta < \varepsilon.$$

接下来, 注意到

$$\|z_1 - z_2\| = \left\|\frac{x_{n_1}}{\|x_{n_1}\|} - \frac{x_{n_2}}{\|x_{n_2}\|}\right\|$$
$$\leqslant \left\|\frac{x_{n_1}}{\|x_{n_1}\|} - x_{n_1}\right\| + \|x_{n_1} - x_{n_2}\| + \left\|x_{n_2} - \frac{x_{n_2}}{\|x_{n_2}\|}\right\|$$
$$= \big|1 - \|x_{n_1}\|\big| + \|x_{n_1} - x_{n_2}\| + \big|1 - \|x_{n_2}\|\big|$$
$$< 1 + 2\eta < 1 + \varepsilon,$$

$$\|z_1 - z_2\| \geqslant g_1(z_1 - z_2) = g_1(z_1) - g_1(z_2) \geqslant 1 - \eta > 1 - \varepsilon.$$

从而 (i) 成立. 最后证明 (iii).

$$\|z_1 + z_2\| = \left\|\frac{x_{n_1}}{\|x_{n_1}\|} + \frac{x_{n_2}}{\|x_{n_2}\|}\right\|$$
$$\leqslant \left\|\frac{x_{n_1}}{\|x_{n_1}\|} - x_{n_1}\right\| + \|x_{n_1} + x_{n_2}\| + \left\|x_{n_2} - \frac{x_{n_2}}{\|x_{n_2}\|}\right\|$$
$$= \big|1 - \|x_{n_1}\|\big| + \|x_{n_1} + x_{n_2}\| + \big|1 - \|x_{n_2}\|\big|$$
$$< \mu(X) + 3\eta = \mu(X) + \varepsilon. \qquad \square$$

若 X 是超自反的 Banach 空间, 在前面的引理的证明中, 依次取 $\varepsilon_n = 1/n$, 记 $\tilde{x}_i = \left[\left(z_i^{(1/n)}\right)_{n=1}^{\infty}\right]$, $\tilde{f}_i = \left[\left(g_i^{(1/n)}\right)_{n=1}^{\infty}\right]$ 分别为超幂空间 $\tilde{X}$ 和 $\tilde{X}^* = (\tilde{X})^*$ 中的元, 则我们得到引理的超幂语言描述:

引理 3.1.7 设 X 是超自反的 Banach 空间. 若不具有正规结构, 则存在 $\tilde{x}_1, \tilde{x}_2 \in S(\tilde{X})$ 以及 $\tilde{f}_1, \tilde{f}_2 \in S((\tilde{X})^*)$, 满足下面的关系式:

(i) $\|\tilde{x}_1 - \tilde{x}_2\| = 1$ 且 $\tilde{f}_i(\tilde{x}_j) = 0$, $i \neq j$;

(ii) $\tilde{f}_i(\tilde{x}_i) = 1$, $i = 1, 2$;

(iii) $\|\tilde{x}_1 + \tilde{x}_2\| \leqslant \mu(X)$.

定理 3.1.8

(i) 若 $\varepsilon_0(X^*)\mu(X) < 2$, 则 X 具有正规结构;

(ii) 若 $\varepsilon_0(X)\mu(X) < 2$, 则 X^* 具有正规结构.

证明 (i) 由于 $\mu(X) \geqslant 1$, 由条件 $\varepsilon_0(X^*)\mu(X) < 2$ 可得出 $\varepsilon_0(X^*) < 2$, 因此 X 是一致非方的, 从而是超自反的. 若 X 不具有正规结构, 则存在 $\tilde{x}_1, \tilde{x}_2 \in S(\tilde{X})$ 以及 $\tilde{f}_1, \tilde{f}_2 \in S((\tilde{X})^*)$ 满足引理 3.1.7 的条件. 显然, $\|\tilde{f}_2 - \tilde{f}_1\| = 2$. 因此

$$\varepsilon_0(X^*) \geqslant \|\tilde{f}_2 + \tilde{f}_1\| \geqslant (\tilde{f}_2 + \tilde{f}_1)\left(\frac{\tilde{x}_1 + \tilde{x}_2}{\|\tilde{x}_1 + \tilde{x}_2\|}\right) = \frac{2}{\|\tilde{x}_1 + \tilde{x}_2\|} \geqslant \frac{2}{\mu(X)}.$$

即 $\varepsilon_0(X^*)\mu(X) \geqslant 2$, 矛盾. 故 (i) 得证.

(ii) 同样若 $\varepsilon_0(X)\mu(X) < 2$, 也可以得到 X 是超自反的. 而且我们还知道 $\mu(X^*) = \mu(X)$, $\varepsilon_0(X^{**}) = \varepsilon_0(X)$. 因此 $\varepsilon_0(X^{**})\mu(X^*) = \varepsilon_0(X)\mu(X) < 2$, 再由 (i) 的结论可得 X^* 具有正规结构. □

由推论 2.3.13 知 $\rho'_X(0) = \varepsilon_0(X^*)/2$. 因此 (i) 的结论等价于, 若 $\rho'_X(0) < 1/\mu(X)$, 则 X 具有正规结构 (该结论也被 Mazcuñán-Navarro[92] 独立证明).

注3.1.9 (1) 关于条件 $\rho'_X(0) < 1/2$ 和 $\rho'_X(0) < 1/\mu(X)$, 我们已经知道若 $\rho'_X(0) < 1/2$, 则 X 具有正规结构. 对于 Bynum 空间 $\ell_{2,1}$, $\rho'_{\ell_{2,1}}(0) = 1/2 < 1/\sqrt{2} = 1/\mu(\ell_{2,1})$, 因此 $\ell_{2,1}$ 具有正规结构.

(2) 我们知道 $\varepsilon_0(\ell_{2,1}) = \mu(\ell_{2,\infty}) = \sqrt{2}$. 但是 $\ell_{2,\infty}$ 并不具有正规结构, 由此可见定理 3.1.8 中条件 (ii) 是严格的.

3.2 弱收敛序列系数

设 $\{x_n\}$ 为 X 中的有界序列, $\{x_n\}$ 的渐近直径和渐近半径分别定义如下:

$$\operatorname{diam}_a(\{x_n\}) := \lim_{n\to\infty}\left(\|x_i - x_j\| : i,j \geqslant n\right),$$

$$r_a(\{x_n\}) := \inf\left\{\limsup_{n\to\infty} \|y - x_n\| : y \in \overline{\operatorname{co}}(\{x_n\})\right\}.$$

X 的正规结构系数 $N(X)$ 定义为

$$N(X) = \inf\left\{\frac{\operatorname{diam}(C)}{r(C)} : C \subset X, \text{ 闭凸且 } \operatorname{diam}(C) > 0\right\},$$

其中, $r(C)$ 为 C 的 Chebyshev 半径, 即

$$r(C) = \inf_{x \in C}\sup_{y \in C}\|x - y\|.$$

显然, 若 $N(X) > 1$, 则 X 具有一致正规结构 (UNS).

弱收敛序列系数是 Bynum[22] 在 1980 年引入的:

定义3.2.1 X 的弱收敛序列系数, 记为 WCS(X), 定义为

$$\operatorname{WCS}(X) := \sup\Big\{ M : \{x_n\} \text{ 为弱收敛序列}, \exists y \in \overline{\operatorname{co}}\{x_n\} \text{ 满足 }$$

$$M\limsup_n \|x_n - y\| \leqslant \operatorname{diam}_a(\{x_n\}) \Big\}.$$

若把"弱收敛序列"换成"有界序列", 则得到有界序列系数的定义, 记为 BS(X). WCS(X) 的定义可以等价地写成

$$\operatorname{WCS}(X) := \inf\left\{\frac{\operatorname{diam}_a(\{x_n\})}{r_a(\{x_n\})} : x_n \xrightarrow{w} 0, x_n \nrightarrow 0\right\} \tag{3.2.1}$$

容易验证, 上面定义中的 diam_a 可以用 diam 取代. 注意到, 若 $\mathrm{WCS}(X) > 1$, 则称满足 Bynum 条件, 也有很多学者称其为 X 具有弱一致正规结构 (w-UNS).

定理3.2.1 设 X 是自反的 Banach 空间, 则 $1 \leqslant N(X) \leqslant \mathrm{BS}(X) \leqslant \mathrm{WCS}(X) \leqslant 2$.

证明 由定义知, $1 \leqslant N(X)$ 和 $\mathrm{BS}(X) \leqslant \mathrm{WCS}(X)$ 是显然的. 利用三角不等式, 易知 $\mathrm{WCS}(X) \leqslant 2$.

接下来证明 $N(X) \leqslant \mathrm{BS}(X)$. 设 $\{x_n\}$ 为有界序列, 其渐近直径记为 A. 对每一个 n, 令 $C_n = \overline{\mathrm{co}}\{x_i\}_{i=n}^\infty$. 若存在 n 使得 C_n 只含有一个元, 则序列 $\{x_n\}$ 在第 n 项后都是某常值, 记为 u. 则有 $N(X)\limsup_n \|x_n - u\| = A = 0$. 因此, 假设 C_n 不是单点集, 由 $N(X)$ 的定义知, 对每一个 n 都有, $N(X)\cdot r(C_n) \leqslant \mathrm{diam}(C_n)$. 任取 $y \in C_1$, 令 $\beta(y) = \limsup_n \|x_n - y\|$. 由于 $\beta(\cdot)$ 是连续的凸函数, 又 C_1 是弱紧的, 因此存在某个 $y_0 \in C_1$ 使得 $\beta(\cdot)$ 达到其最小值.

对任意的 n, 存在 $z_n \in C_n$ 满足 $r(z_n, C_n) = r(C_n)$, 于是有

$$\beta(y_0) \leqslant \beta(z_n) \leqslant r(z_n, C_n) \leqslant \mathrm{diam}(C_n)/N(X).$$

但是, 容易验证 $\mathrm{diam}(C_n) = \sup\{\|x_m - x_k\| : m, k \geqslant n\}$. 因此, 数列 $\{\mathrm{diam}(C_n)\} \to A$. 从而 $\beta(y_0) \leqslant A/N(X)$, 且 $N(X) \leqslant \mathrm{BS}(X)$. 定理得证. □

注3.2.2 对于可分的自反空间 X, 任意的有界闭凸集都包含稠子列, 因此, $N(X) = \mathrm{BS}(X)$. 设 X 为 $\mathbb{R}_\infty^n$, $n \geqslant 1$ 做与 l_2 的直和空间, 其中, $\mathbb{R}_\infty^n$ 为 $\mathbb{R}^n$ 取 sup 范数. 则 X 是可分、自反的, 且 $N(X) = \mathrm{BS}(X) = 1 < \mathrm{WCS}(X) = 2^{1/2}$. 这就说明了这些系数不相等.

在给出 $\mathrm{WCS}(X)$ 一些等价定义的命题之前, 先引入一个记号. 设 $\{x_n\}$ 为有界序列, 记

$$D[(x_n)] := \limsup_n \limsup_m \|x_n - x_m\|.$$

易知, 对任意的有界序列 $\{x_n\}$,

$$r_a(\{x_n\}) \leqslant D[(x_n)] \leqslant \mathrm{diam}_a(\{x_n\}) \leqslant \mathrm{diam}(\{x_n\}).$$

命题3.2.3[75]206 设 X 不具有 Schur 性质, 则下面的常数相等:

(1) $\mathrm{WCS}(X)$;

(2) $A(X) := \inf\left\{\dfrac{\mathrm{diam}_a(\{x_n\})}{r_a(\{x_n\})} : x_n \text{为弱收敛但不强收敛的序列}\right\}$;

(3) $\beta(X) := \inf\left\{D[(x_n)] : x_n \xrightarrow{w} 0, \|x_n\| \to 1\right\}$;

(4) $B(X) := \inf\left\{M > 0 : x_n \xrightarrow{w} 0, M\limsup \|x_n\| \leqslant \mathrm{diam}_a(\{x_n\})\right\}$;

(5) $C(X) := \inf\left\{\mathrm{diam}_a(\{x_n\}) : x_n \xrightarrow{w} 0, \|x_n\| \to 1\right\}$.

例3.2.1 对于 $1 < p < \infty$ 有, $\mathrm{WCS}(\ell_p) = 2^{1/p}$.

证明 设 $\{x_n\}$ 为 ℓ_p 中的弱收敛于 z 的序列, 其渐近直径记为 A. 令 $B = \limsup_n \|x_n - z\|$. 选取子列 $\{x_{n_k}\} = \{w_k\}$ 满足 $\lim_k \|w_k - z\| = B$. 由于对任意的 $y \in \ell_p$ 都有, $\lim_k \|w_k - y\|^p = B^p + \|y - z\|^p$. 记前式中的项为 $\beta(y)^p$, 则有 $\limsup_n \beta(x_n) \leqslant A$, 且 $\beta(w_k)^p = B^p + \|w_k - z\|^p$. 从而, $\limsup_n \beta(x_n) \geqslant 2^{1/p} B$, 于是 $A \leqslant 2^{1/p} B$. 因此, $\mathrm{WCS}(\ell_p) \geqslant 2^{1/p}$.

对于相反的不等式, 考虑序列 $\{e_n\} \subset \ell_p$. 易知其渐近直径为 $2^{1/p}$, 且 $\lim_n \|e_n - 0\| = 1$, 故 $\mathrm{WCS}(\ell_p) = 2^{1/p}$. □

Cesàro 序列空间是 J. S. Shue 于 1970 年定义的. 该空间在矩阵算子理论等方面的研究中起着重要的作用. 令 l^0 表示实序列空间, 对 $1 < p < \infty$, Cesàro 序列空间 ces_p 定义如下

$$\mathrm{ces}_p = \left\{ x \in l^0 : \|x\| = \left(\sum_{n=1}^{\infty} \left[\sum_{n=1}^{\infty} |x(i)| \right]^p \right)^{1/p} < \infty \right\}.$$

接下来, 计算 $\mathrm{WCS}(\mathrm{ces}_p)$ 的值. 需要先做下面的一些准备. 对于序列 $\{x_n\} \subset X$, 考虑

$$A(\{x_n\}) = \lim_{n \to \infty} \{\sup\{\|x_i - x_j\| : i, j \geqslant n, i \neq j\}\},$$

$$A_1(\{x_n\}) = \lim_{n \to \infty} \{\inf\{\|x_i - x_j\| : i, j \geqslant n, i \neq j\}\}.$$

若 $A(\{x_n\}) = A_1(\{x_n\})$, 则称序列 $\{x_n\}$ 为渐近等距序列[116]. 而且 Zhang 还得到了下面的公式

$$\mathrm{WCS}(X) = \inf \left\{ A(\{x_n\}) : \{x_n\} \subset S(X), x_n \xrightarrow{w} 0 \right\}$$
$$= \inf \left\{ A(\{x_n\}) : \{x_n\} \text{ 为 } S(X) \text{ 中的渐近等距序列}, x_n \xrightarrow{w} 0 \right\}.$$

例3.2.2 对于 $1 < p < \infty$ 有 $\mathrm{WCS}(\mathrm{ces}_p) = 2^{1/p}$.

证明 任取 $\varepsilon > 0$, 设序列 $\{x_n\} \subset S(X)$ 为渐近等距序列, 且 $x_n \xrightarrow{w} 0$. 令 $v_1 = x_1$. 则存在 $i_1 \in \mathbb{N}$ 使得

$$\left\| \sum_{i=i_1+1}^{\infty} v_1(i) e_i \right\| < \varepsilon.$$

由于 x_n 依坐标收敛于 0, 则存在 $n_2 \in \mathbb{N}$ 使得, 对任意的 $n \geqslant n_2$ 都有

$$\left\| \sum_{i=1}^{i_1} x_n(i) e_i \right\| < \varepsilon.$$

令 $v_2 = x_{n_2}$. 则存在 $i_2 > i_1$ 使得

$$\left\|\sum_{i=i_2+1}^{\infty} v_2(i)e_i\right\| < \varepsilon.$$

由于 $x_n(i)$ 依坐标收敛于 0, 则存在 $n_3 \in \mathbb{N}$ 使得, 对任意的 $n \geqslant n_3$ 都有

$$\left\|\sum_{i=1}^{i_2} x_n(i)e_i\right\| < \varepsilon.$$

重复前面的过程, 得到 $\{x_n\}$ 的子列 $\{v_n\}$ 满足

$$\left\|\sum_{i=i_n+1}^{\infty} v_n(i)e_i\right\| < \varepsilon \quad \text{且} \quad \left\|\sum_{i=1}^{i_n} x_{n+1}(i)e_i\right\| < \varepsilon.$$

令

$$z_n = \sum_{i=i_{n-1}+1}^{i_n} v_n(i)e_i, \quad n = 2, 3, \cdots,$$

则有

$$1 \geqslant z_n = \left\|\sum_{i=1}^{\infty} v_n(i)e_i - \sum_{i=1}^{i_{n-1}} v_n(i)e_i - \sum_{i=i_n+1}^{\infty} v_n(i)e_i\right\|$$

$$\geqslant \left\|\sum_{i=1}^{\infty} v_n(i)e_i\right\| - \left\|\sum_{i=1}^{i_{n-1}} v_n(i)e_i\right\| - \left\|\sum_{i=i_n+1}^{\infty} v_n(i)e_i\right\| > 1 - 2\varepsilon.$$

进一步, 对任意的 $n, m \in \mathbb{N}, n \neq m$, 有

$$\|v_n - v_m\| = \left\|\sum_{i=1}^{\infty} v_n(i)e_i - \sum_{i=1}^{\infty} v_m(i)e_i\right\|$$

$$\geqslant \left\|\sum_{i=i_{n-1}+1}^{i_n} v_n(i)e_i - \sum_{i=i_{m-1}+1}^{i_m} v_m(i)e_i\right\| - \left\|\sum_{i=1}^{i_{n-1}} v_n(i)e_i\right\|$$

$$- \left\|\sum_{i=i_n+1}^{\infty} v_n(i)e_i\right\| - \left\|\sum_{i=1}^{i_{m-1}} v_m(i)e_i\right\| - \left\|\sum_{i=i_m+1}^{\infty} v_m(i)e_i\right\|$$

$$\geqslant \|z_n - z_m\| - 4\varepsilon.$$

从而, 得到 $A(\{x_n\}) = A(\{v_n\}) \geqslant A(\{z_n\}) - 4\varepsilon.$

令 $u_n = z_n/\|z_n\|$, $n = 2, 3, \cdots$, 则

$$u_n \in S(\text{ces}_p), \tag{3.2.2}$$

$$A(\{x_n\}) \geqslant 1 - \varepsilon A(\{u_n\}) - 4\varepsilon. \tag{3.2.3}$$

另一方面, 对任意的 $n, m \in \mathbb{N}$, $n \neq m$, 有

$$\|v_n - v_m\| \leqslant \|z_n - z_m\| + 4\varepsilon \leqslant \|u_n - u_m\| + 4\varepsilon.$$

因此,

$$A(\{u_n\}) \geqslant A(\{x_n\}) - 4\varepsilon. \tag{3.2.4}$$

由于 $\varepsilon > 0$ 是任意的, 再由 (3.2.2) 式, (3.2.3) 式和 (3.2.2) 式可以得到 $\text{WCS}(\text{ces}_p)$
$= \inf\{A(\{u_n\}) : u_n = \sum_{i=i_{n-1}+1}^{i_n} u_n(i)e_i \in S(\text{ces}_p), 0 = i_0 < i_1 < i_2 < \cdots, u_n \xrightarrow{w} 0\}$. 利用文献 [116] 中的 Lemma 2, 有

$$\text{WCS}(\text{ces}_p) = \inf\Bigg\{A(\{u_n\}) : u_n = \sum_{i=i_{n-1}+1}^{i_n} u_n(i)e_i \in S(\text{ces}_p),$$

$$0 = i_0 < i_1 < \cdots, u_n \xrightarrow{w} 0 \text{ 且 } \{u_n\} \text{ 为渐近等距序列}\Bigg\}.$$

取足够大的 $m \in \mathbb{N}$ 满足

$$\sum_{k=i_{m-1}+1}^{\infty} \left(\frac{b}{k}\right)^p < \varepsilon,$$

其中, $b := \sum_{i=i_{n-1}+1}^{i_n} |u_n(i)|$. 则对于 $n < m$ 有

$$\|u_n - u_m\|^p$$
$$= \sum_{k=i_{n-1}+1}^{i_{m-1}} \left(\frac{1}{k}\sum_{i=1}^{k}|u_n(i)|\right)^p + \sum_{k=i_{m-1}+1}^{\infty} \left(\frac{1}{k}\left(b + \sum_{i=1}^{k}|u_m(i)|\right)\right)^p$$
$$\geqslant \sum_{k=i_{n-1}+1}^{i_{m-1}} \left(\frac{1}{k}\sum_{i=1}^{k}|u_n(i)|\right)^p + \sum_{k=i_{m-1}+1}^{\infty} \left(\frac{1}{k}\sum_{i=1}^{k}|u_m(i)|\right)^p$$
$$= \sum_{k=i_{n-1}+1}^{\infty} \left(\frac{1}{k}\sum_{i=1}^{k}|u_n(i)|\right)^p - \sum_{k=i_{m-1}+1}^{\infty} \left(\frac{b}{k}\right)^p + \sum_{k=i_{m-1}+1}^{\infty} \left(\frac{1}{k}\sum_{i=1}^{k}|u_m(i)|\right)^p$$
$$\geqslant 1 - \varepsilon + 1 = 2 - \varepsilon,$$

从而, $A_1(\{x_n\}) \geqslant (2-\varepsilon)^{1/p}$. 注意到

$$\left[\sum_{k=i_{m-1}+1}^{\infty}\left(\frac{1}{k}\left(b+\sum_{i=1}^{k}|u_m(i)|\right)\right)^p\right]^{1/p}$$

$$=\left[\sum_{k=i_{m-1}+1}^{\infty}\left(\frac{b}{k}+\frac{1}{k}\sum_{i=1}^{k}|u_m(i)|\right)^p\right]^{1/p}$$

$$\leqslant\left[\sum_{k=i_{m-1}+1}^{\infty}\left(\frac{b}{k}\right)^p\right]^{1/p}+\left[\sum_{k=i_{m-1}+1}^{\infty}\left(\frac{1}{k}\sum_{i=1}^{k}|u_m(i)|\right)^p\right]^{1/p}<\varepsilon^{1/p}+1.$$

因此, 对任意的 $n, m \in \mathbb{N}$, $n \neq m$, 有

$$\|u_n - u_m\|^p = \sum_{k=i_{n-1}+1}^{i_{m-1}}\left(\frac{1}{k}\sum_{i=1}^{k}|u_m(i)|\right)^p + \sum_{k=i_{m-1}+1}^{\infty}\left(\frac{1}{k}\left(b+\sum_{i=1}^{k}|u_m(i)|\right)\right)^p$$

$$\leqslant \sum_{k=i_{n-1}+1}^{\infty}\left(\frac{1}{k}\sum_{i=1}^{k}|u_m(i)|\right)^p + \sum_{k=i_{m-1}+1}^{\infty}\left(\frac{1}{k}\left(b+\sum_{i=1}^{k}|u_m(i)|\right)\right)^p$$

$$\leqslant 1 + \left(\varepsilon^{1/p}+1\right)^p.$$

于是 $A(\{u_n\}) \leqslant \left[1+\left(\varepsilon^{1/p}+1\right)^p\right]^{1/p}$. 再由 ε 的任意性得 $\mathrm{WCS}(\mathrm{ces}_p) = 2^{1/p}$. $\square$

定理3.2.4 $\mathrm{WCS}(X) \geqslant 1 + r_X(1)$.

证明 设 $\{x_n\}$ 为 X 中弱收敛于 x 序列, 要得到定理的结论, 只需证明

$$\limsup_{n}\|x_n - x\|(1 - r_X(1)) \leqslant A(\{x_n\}).$$

记 $b = \limsup_n \|x_n - x\|$, 令 $x'_n = (x_n - x)/b$. 提取子列, 不妨假设 $b > 0$ 且 $\lim_n \|x_n - x\|$ 存在. 由 $r_X(\cdot)$ 的定义知, 对任意的 $y \in X$ 且 $\|y\| \geqslant c$ 有

$$\liminf_{n}\|y + x'_n\| \geqslant 1 + r_X(c) \tag{3.2.5}$$

用 $(x - x_m)/b$ 代替上式中的 y, 则得到

$$\liminf_{n}\|x_n - x_m\| \geqslant b\left(1 + r_X\left(\frac{\|x - x_m\|}{b}\right)\right). \tag{3.2.6}$$

由 (3.2.5) 式和 (3.2.6) 式可得

$$A(\{x_n\}) \geqslant \limsup_{m}\left(\limsup_{n}\|x_n - x_m\|\right) \geqslant b(1 + r_X(1)).$$

这就蕴含了 $\mathrm{WCS}(X) \geqslant 1 + r_X(1)$. □

定理3.2.5 设 X 与 Y 同构,则 $\mathrm{WCS}(X) \leqslant d(X,Y)\mathrm{WCS}(Y)$.

证明 由命题 3.2.3 知,只需等价地证明 $\beta(X) \leqslant d(X,Y)\beta(Y)$.

设 $U: Y \to X$ 为双向连续同构映射. 任意给定序列 $\{y_n\} \subset Y$ 且满足 $\|y_n\| \to 1$,则存在 $\{y_n\}$ 的子列 $\{y_{n_k}\}$ 满足

$$\lambda := \limsup_n \|U(y_n)\| = \lim_k \|U(y_{n_k})\| \leqslant \|U\|.$$

由于 $\|y_n\| = \|U^{-1}U(y_n)\| \leqslant \|U^{-1}\|\|U(y_n)\|$,令 $n \to \infty$,则有 $1 \leqslant \|U^{-1}\|\lambda$. 特别地,$\lambda > 0$. 故序列 $\{(U(y_{n_k}))/\lambda\}_{k \geqslant 0}$ 是弱零序列,且 $\|(U(y_{n_k}))/\lambda\| \to 1$. 从而,由 $\beta(X)$ 的定义,有

$$\beta(X) = D\left[\left(\frac{1}{\lambda}U(y_{n_k})\right)_{k \geqslant 0}\right] = \limsup_p \limsup_q \left\|\frac{1}{\lambda}U(y_{n_p}) - \frac{1}{\lambda}U(y_{n_q})\right\|$$

$$\leqslant \limsup_m \limsup_n \left\|\frac{1}{\lambda}U(y_m) - \frac{1}{\lambda}U(y_n)\right\|$$

$$\leqslant \frac{\|U\|}{\lambda} \limsup_m \limsup_n \|y_m - y_n\|$$

$$= \frac{\|U\|}{\lambda} D[(y_n)] \leqslant \|U\|\|U^{-1}\|D[(y_n)].$$

由于对任意的 Y 中的弱零序列 $\{y_n\}$ 且满足 $\|y_n\| \to 1$,都有 $\beta(X) \leqslant \|U\|\|U^{-1}\|D[(y_n)]$ 成立. 因此,得到

$$\beta(X) \leqslant \|U\|\|U^{-1}\|\beta(Y).$$

最后,由同构映射 U 的任意性,可得 $\beta(X) \leqslant d(X,Y)\beta(Y)$. □

3.3 与 NUS 有关的系数 $R(X)$

$R(X)$ 是 J. Garcia-Falset[51] 于 1994 年引入的:

$$R(X) = \sup\left\{\liminf_{n \to \infty} \|x_n + x\| : x, x_n \in B(X), n = 1, 2, \cdots, x_n \xrightarrow{w} 0\right\}.$$

显然,$1 \leqslant R(X) \leqslant 2$. 容易验证,上面定义中的 "$\liminf$" 可以用 "$\limsup$" 代替.

注3.3.1 1996 年,Benavides[40] 对 $R(X)$ 做了推广定义了系数 $R(a, X)$,

$$R(a, X) = \sup\left\{\liminf_{n \to \infty} \|x + x_n\|\right\},$$

其中, 上确界取遍所有的 $x \in X$, 且 $\|x\| \leqslant a$, 以及所有 $B(X)$ 中的弱零序列 $\{x_n\}$ 且满足

$$D[(x_n)] := \limsup_{n\to\infty} \left(\limsup_{n\to\infty} \|x_n - x_m\| \right) \leqslant 1.$$

易知, $R(1,X) = R(X)$.

J. Garcia-Falset 在文献 [51] 中还刻画了一类满足条件 $R(X) < 2$ 的 Banach 空间.

定理3.3.2 设 X 为 Banach 空间, 则下列条件等价:

(i) 存在 $\varepsilon \in (0,1)$ 以及 $\eta > 0$ 使得对任意的 $t \in [0,\eta)$ 和弱零序列 $\{x_n\} \subset B(X)$, 总能找到 $k > 1$, 满足 $\|x_1 + tx_k\| \leqslant 1 + t\varepsilon$;

(ii) 存在 $c \in (0,1)$ 使得对任意的弱零序列 $\{x_n\} \subset B(X)$, 总能找到 $k > 1$, 满足 $\|x_1 + x_k\| \leqslant 2 - c$;

(iii) $R(X) < 2$.

证明 (ii) $\Rightarrow$ (iii) 设 $\{x_n\} \subset B(X)$ 为弱零序列, $x \in B(X)$. 考虑序列 $\{y_n\}$, 其中 $y_1 := x, y_{n+1} := x_n, n = 1, 2, \cdots$, 则 $\{y_n\}$ 是 $B(X)$ 中的弱零序列. 从而由条件 (ii) 知, 存在 $k_1 > 1$ 满足 $\|x + x_{k_1}\| \leqslant 2 - c$.

接着, 再选取序列 $\{z_n\}$, 其中 $z_1 := x, z_n := x_{k_1+n}, n = 1, 2, \cdots$, 则 $\{z_n\}$ 是 $B(X)$ 中的弱零序列, 因此存在 $k_2 > 1$ 满足 $\|x + x_{k_2}\| \leqslant 2 - c$.

重复前面的步骤, 可以得到 $\liminf_n \|x + x_n\| \leqslant 2 - c$, 从而 $R(X) < 2$.

(iii) $\Rightarrow$ (ii) 设 $\{x_n\}$ 为 $B(X)$ 中的弱零序列, 由于 $R(X) < 2$, 则存在 $c \in (0,1)$ 使得 $R(X) < 2 - c$, 从而 $\liminf_n \|x_1 + x_n\| \leqslant R(x) < 2 - c$, 因此存在 $k > 1$, 满足 $\|x_1 + x_k\| \leqslant 2 - c$.

(i) $\Rightarrow$ (ii) 存在 $\varepsilon \in (0,1)$ 以及 $\eta > 0$ 使得对任意的 $t \in [0,\eta)$ 和弱零序列 $\{x_n\} \subset B(X)$, 存在 $k > 1$, 满足 $\|x_1 + tx_k\| \leqslant 1 + t\varepsilon$. 令 $\delta = \min\{1, \eta\}$, 则若 $t < \delta$, 有

$$\|x_1 + x_k\| \leqslant \|x_1 + tx_k\| + (1-t)\|x_k\| \leqslant 1 + \varepsilon t + 1 - t = 2 - t(1-\varepsilon).$$

(ii) $\Rightarrow$ (i) 由于存在 $c \in (0,1)$ 使得对任意的弱零序列 $\{x_n\} \subset B(X)$, 总能找到 $k > 1$, 满足 $\|x_1 + x_k\| \leqslant 2 - c$, 则对任意的 $t \in (0,1)$ 有

$$\|x_1 + tx_k\| \leqslant t\|x_1 + x_k\| + (1-t)\|x_1\| \leqslant 1 + t(1-c). \qquad \square$$

由前面的定理和弱接近一致光滑 (WNUS) 的定义, 可以得到:

推论3.3.3 X 弱接近一致光滑, 当且仅当 X 自反且 $R(X) < 2$.

注3.3.4 由定理 2.6.17 知, $R(X) < 2$ 蕴含弱不动点性质, 因此弱接近一致光滑空间具有不动点性质.

命题3.3.5[90]　设 X 不具有 Schur 性质, 则

$$R(X) = \left\{ \liminf_{n\to\infty} \|x_n + x\| : x_n \xrightarrow{w} 0, \liminf_{n\to\infty} \|x_n\| = 1, x \in S(X) \right\}.$$

证明　为了方便, 记等式右端为 $R_1(X)$. 若 $R(X) = 1$, 由范数的弱下半连续性, 显然有 $R(X) \leqslant R_1(X)$. 设 $R(X) > 1$, 任取 $\varepsilon \in (0, R(X) - 1)$. 由 $R(X)$ 的定义, 存在弱零序列 $\{x_n\} \subset B(X)$ 以及 $x \in B(X)$ 满足

$$\liminf_{n\to\infty} \|x_n + x\| > R(X) - \varepsilon.$$

若 $x = 0$, 则有 $\liminf_n \|x_n\| = \liminf_n \|x + x_n\| > R(X) - \varepsilon > 1$, 矛盾. 故 $x \neq 0$. 因此, 有

$$\|x_n + x\| = \left\|(1 - \|x\|)x_n + \|x\|\left(x_n + \frac{x}{\|x\|}\right)\right\|$$

$$\leqslant (1 - \|x\|)\|x_n\| + \|x\| \left\|x_n + \frac{x}{\|x\|}\right\|$$

$$\leqslant (1 - \|x\|)(R(X) - \varepsilon) + \|x\| \left\|x_n + \frac{x}{\|x\|}\right\|$$

$$< (1 - \|x\|) \liminf_{n\to\infty} \|x_n + x\| + \|x\| \left\|x_n + \frac{x}{\|x\|}\right\|.$$

从而, 得到

$$\liminf_{n\to\infty} \|x_n + x\| \leqslant \liminf_{n\to\infty} \left\|x_n + \frac{x}{\|x\|}\right\|. \tag{3.3.1}$$

另一方面, 若 $\liminf_n \|x_n\| = 0$, 则有

$$1 \leqslant \|x\| = \liminf_{n\to\infty}(\|x\| + \|x_n\|) \geqslant \liminf_{n\to\infty} \|x + x_n\| > 1,$$

矛盾. 故 $\liminf_n \|x_n\| \neq 0$. 类似前面的证明, 可以得到

$$\liminf_{n\to\infty} \left\|x_n + \frac{x}{\|x\|}\right\| \leqslant \liminf_{n\to\infty} \left\|\frac{x_n}{\liminf_n \|x_n\|} + \frac{x}{\|x\|}\right\|. \tag{3.3.2}$$

利用 (3.3.1)式和 (3.3.2) 式, 可得

$$R(X) - \varepsilon < \liminf_{n\to\infty} \|x_n + x\| \leqslant \liminf_{n\to\infty} \left\|\frac{x_n}{\liminf_n \|x_n\|} + \frac{x}{\|x\|}\right\| \leqslant R_1(X).$$

由于 ε 是任意的, 得到 $R(X) \leqslant R_1(X)$. 而由 $R(X)$ 的定义知, 相反的不等式是显然的. 命题得证. □

例3.3.1 容易计算 $R(c_0) = 1$, $R(\ell_p) = 2^{1/p}$, $1 < p < \infty$.

例3.3.2 $R(\ell_{p,\infty}) < 2^{1/p}$, $1 < p < \infty$.

证明 设 $\{x_n\} \subset B(\ell_{p,\infty})$ 为弱零序列, $x \in B(\ell_{p,\infty})$. 则有

$$|x_n + x| = \max\{\|(x_n + x)^+\|_p, \|(x_n - x)^+\|_p\}.$$

由于 $\{x_n\}$ 是弱零序列, 则存在子列 $\{x_{n_k}\} \subset \{x_n\}$ 以及一列投影 $\{P_k\}$, 使得

$$\lim_{k \to \infty} \|x_{n_k} - P_k x_{n_k}\|_p = 0, \tag{3.3.3}$$

$$\lim_{k \to \infty} |x_{n_k} - P_k x_{n_k}|_p = 0, \tag{3.3.4}$$

其中, $P_k = P_{[a_k, b_k]}$, 这里 $[a_k, b_k] := \{s \in \mathbb{N} : a_k \leqslant s \leqslant b_k\}$ 且 $\lim_{k \to \infty} a_k = \infty$.

进一步, 可以假设 x 具有有限的支撑, 即 $x = P_{[a,b]} x$. 故存在 $k_0 \in \mathbb{N}$ 满足对任意的 $k \geqslant k_0$ 都有 $a_k > b$. 因此, 对 $k \geqslant k_0$, 有

$$\|(P_k x_{n_k} + x)^+\|_p = \|P_k x_{n_k}^+ + x^+\|_p, \tag{3.3.5}$$

$$\|(P_k x_{n_k} + x)^-\|_p = \|P_k x_{n_k}^- + x^-\|_p. \tag{3.3.6}$$

另一方面, 由 (3.3.4) 式可得

$$\liminf_{n \to \infty} |x_n + x| \leqslant \liminf_{k \to \infty} |x_{n_k} + x| \leqslant \liminf_{k \to \infty} |P_k x_{n_k} + x|. \tag{3.3.7}$$

从而, 利用 (3.3.3)式、(3.3.5)式、(3.3.6)式、(3.3.7) 式, 得到

$$\liminf_{n \to \infty} |x_n + x| \leqslant \liminf_{k \to \infty} |P_k x_{n_k} + x|$$
$$\leqslant \max\left\{\liminf_{k \to \infty} \|P_k x_{n_k}^+ + x^+\|_p, \liminf_{k \to \infty} \|P_k x_{n_k}^- + x^-\|_p\right\} \leqslant 2^{1/p}.$$

由于 $\{x_n\}$ 和 x 是任意的, 因此可得 $R(\ell_{p,\infty}) < 2^{1/p}$. □

例3.3.3 对于 Cesaro 序列空间 ces_p $(1 < p < \infty)$, 有 $R(\text{ces}_p) = 2^{1/p}$.

先引入一个引理:

引理3.3.6 对任意的 $\varepsilon > 0$ 以及 $L > 0$, 存在 $\delta > 0$ 使得

$$\left|\sum_{n=1}^{\infty} \left(\frac{1}{n} \sum_{i=1}^{n} |x(i) + y(i)|\right)^p - \sum_{n=1}^{\infty} \left(\frac{1}{n} \sum_{i=1}^{n} |x(i)|\right)^p\right| < \varepsilon,$$

其中, $1 \leqslant p < \infty$, $\sum_{n=1}^{\infty} \left(\frac{1}{n} \sum_{i=1}^{n} |x(i)|\right)^p \leqslant L$, $\sum_{n=1}^{\infty} \left(\frac{1}{n} \sum_{i=1}^{n} |y(i)|\right)^p \leqslant \delta$.

证明 利用函数 $f(u) = u^p$ 在任意紧区间 $[0, L]$ 上一致连续可以推得. □

例 3.3.3 的证明 注意到, 对于任意的具有半 Fatou 性质 (称 Köthe 序列空间 X 具有半 Fatou 性质, 是指对任意的序列 $\{x_n\} \subset X$ 以及 $x \in X$, 满足

$0 \leqslant x_n \uparrow x$, 则有 $\|x_n\| \to \|x\|$.) 以及绝对连续范数的 Köthe 序列空间, 都有 $R(X) = R_1(X)$. 设 $\varepsilon > 0$, 对任意的

$$\left\{ x_n = \sum_{i=I_{n-1}+1}^{I_n} x_n(i) e_i \right\}_{n=2}^{\infty} \subset S(\mathrm{ces}_p), \quad x_n \xrightarrow{w} 0, \quad x = \sum_{i=1}^{I_1} x(i) e_i \in S(\mathrm{ces}_p),$$

其中, $I_1 < I_2 < \cdots$, 存在 $n_0 \in \mathbb{N}$ 满足

$$\sum_{k=i_{n_0}+1}^{\infty} \left(\frac{a}{k}\right)^p < \min(\varepsilon, \delta),$$

其中, $a = \sum_{i=1}^{I_1} |x(i)|, \delta > 0$ 为引理 3.3.6 中取定前面的 $\varepsilon > 0$ 以及 $L = 1$ 相应的 δ. 从而, 对任意的 $m > n_0$, 有

$$\|x_m - x\|^p = \sum_{k=1}^{I_{m-1}} \left(\frac{1}{k} \sum_{i=1}^{k} |x(i)|\right)^p + \sum_{k=I_{m-1}+1}^{\infty} \left(\frac{1}{k}\left(a + \sum_{i=1}^{k} |x_m(i)|\right)\right)^p$$

$$\geqslant \sum_{k=1}^{I_{m-1}} \left(\frac{1}{k} \sum_{i=1}^{k} |x(i)|\right)^p + \sum_{k=I_{m-1}+1}^{\infty} \left(\frac{1}{k} \sum_{i=1}^{k} |x_m(i)|\right)^p$$

$$= \sum_{k=1}^{\infty} \left(\frac{1}{k} \sum_{i=1}^{k} |x(i)|\right)^p - \sum_{k=I_{m-1}+1}^{\infty} \left(\frac{a}{k}\right)^p + \sum_{k=I_{m-1}+1}^{\infty} \left(\frac{1}{k} \sum_{i=1}^{k} |x_m(i)|\right)^p$$

$$> 1 - \varepsilon + 1 = 2 - \varepsilon.$$

即 $\liminf_{n\to\infty} \|x_n - x\| \geqslant (2-\varepsilon)^{1/p}$. 另一方面, 对任意的 $m > n_0$,

$$\|x_m - x\|^p = \sum_{k=1}^{I_{m-1}} \left(\frac{1}{k} \sum_{i=1}^{k} |x(i)|\right)^p + \sum_{k=I_{m-1}+1}^{\infty} \left(\frac{1}{k}\left(a + \sum_{i=1}^{k} |x_m(i)|\right)\right)^p$$

$$\leqslant \sum_{k=1}^{\infty} \left(\frac{1}{k} \sum_{i=1}^{k} |x(i)|\right)^p + \sum_{k=I_{m-1}+1}^{\infty} \left(\frac{1}{k} \sum_{i=1}^{k} |x_m(i)|\right)^p + \varepsilon$$

$$= 2 + \varepsilon.$$

即 $\liminf_{n\to\infty} \|x_n - x\| \leqslant (2+\varepsilon)^{1/p}$. 由 ε 的任意性和 $R_1(X)$ 的定义知, $R_1(\mathrm{ces}_p) = 2^{1/p}$. 因此, 得到 $R(\mathrm{ces}_p) = 2^{1/p}$. □

注意到, $R(X) < 2$ 蕴含 w-FPP, 又对于 $1 < p < \infty$, ces_p 是自反空间, 因此, ces_p 具有不动点性质.

定理3.3.7 若 $\varepsilon_0(X)\mu(X) < 2$, 则 $R(X) < 2$.

证明 记 $\mu = \mu(X)$. 由于 $\varepsilon_0(X)\mu < 2$, 则可以选取 $\tau > 0$ 满足 $\varepsilon_0(X)(1+\tau)\mu < 2$. 设 $\{x_n\} \subset B(X)$ 为弱零序列, 以及 $x \in B(X)$. 若 $\liminf_{n\to\infty} \|x_n + x\| > \varepsilon_0(X)(1+\tau)\mu$, 则由 μ 的定义知

$$\varepsilon_0(X)(1+\tau)\mu < \liminf_{n\to\infty} \|x_n + x\| \leqslant \mu \limsup_{n\to\infty} \|x_n - x\|.$$

故存在子列 $\{x_{n_k}\} \subset \{x_n\}$ 满足对任意的 $k \in \mathbb{N}$, 都有

$$\varepsilon_0(X)(1+\tau) < \|x_{n_k} - x\|.$$

注意到, $\|x_{n_k}\| \leqslant 1, \forall k \in \mathbb{N}, \|x\| \leqslant 1$ 且

$$\|x_{n_k} - x\| > \varepsilon_1 := \varepsilon_0(X)(1+\tau) > \varepsilon_0(X), \quad \forall k \in \mathbb{N}.$$

从而, 由凸性模的定义, 得到

$$\liminf_{k\to\infty} \|x_{n_k} + x\| \leqslant 2(1 - \delta(\varepsilon_1)),$$

这就证明了

$$\liminf_{n\to\infty} \|x_n + x\| \leqslant \max\{\varepsilon_0(X)(1+\tau)\mu, 2(1-\delta(\varepsilon_1))\} < 2.$$

因此, $R(X) < 2$. □

3.4 U 凸模

1978 年, K.S. Lau[81] 为了研究 Banach 空间中的 Chebyshev 集, 引入了下面的 U 空间的概念. 记 $\nabla_x = \{f \in S(X^*) : f(x) = \|x\|\}$ 表示 x 的范数为 1 的支撑泛函的全体.

定义3.4.1 对于任意的 $\varepsilon > 0$, 存在 $\delta > 0$ 和 $x, y \in S(X)$ 满足

$$\left\|\frac{x+y}{2}\right\| > 1 - \delta \Rightarrow \langle f, y \rangle > 1 - \varepsilon,$$

其中 $f \in \nabla_x$, 则称 Banach 空间 X 为 U 空间.

为了更好刻画 U 空间的概念, 1995 年, Gao[47] 引入了下面的 U 凸模, 对任意的 $0 \leqslant \varepsilon \leqslant 2$,

$$U_X(\varepsilon) = \inf\left\{1 - \left\|\frac{x+y}{2}\right\| : x, y \in S(X), f(x-y) \geqslant \varepsilon, f \in \nabla_x\right\}.$$

显然, X 是 U 空间, 当且仅当 $U_X(\varepsilon) > 0, \forall \varepsilon > 0$. 注意到, 对任意的 $f \in \nabla_X$, 都有 $\|x - y\| \geqslant f(x-y)$, 由凸性模和 U 凸模的定义知, $U_X(\varepsilon) \geqslant \delta_X(\varepsilon)$.

命题3.4.1 U 凸模有下面的等价定义：

$$U_X(\varepsilon)=\inf\left\{1-\left\|\frac{x+y}{2}\right\|: x\in S(X), y\in B(X)\setminus\{0\}, f(x-y)\geqslant\varepsilon, f\in\nabla_X\right\}.$$

证明 记上式右端为 $U_1(\varepsilon)$. 则显然有 $U_1(\varepsilon)\leqslant U_X(\varepsilon)$.

下面证明相反的不等式. 设 $x\in S(X), y\in B(X)\setminus(S(X)\cup 0), f\in\nabla_x$ 且满足 $f(x-y)\geqslant\varepsilon$. 则有 $|f(y)|\neq 1$, 即 $\varepsilon<2$. 只需证明, 存在 $z\in S(X)$ 满足, $f(x-z)=f(x-y)$ 且 $\|x+y\|\leqslant\|x+z\|$.

令 $f(x-y)=\varepsilon'\geqslant\varepsilon$. 选取 $y'\in B(X)\setminus S(X)$, 满足 $y'\neq y$ 且 $f(y')=f(y)$. 记 $S(X)\cap\{\alpha y'+(1-\alpha)y:\alpha\in\mathbb{R}\}=\{z',z''\}$. 则存在 $\lambda\in(0,1)$ 使得 $y=\lambda z'+(1-\lambda)z''$. 从而, 或者有 $\|x+y\|\leqslant\|x+z'\|$, 或者有 $\|x+y\|\leqslant\|x+z''\|$. 显然, $f(z')=f(z'')=1-\varepsilon'$. 因此, 我们能找到需要的 $z\in S(X)$. □

例3.4.1 设 H 为 Hilbert 空间, 则容易计算

$$U_H(\varepsilon)=1-\sqrt{1-\varepsilon^2/4}.$$

命题3.4.2 $U_X(\cdot)$ 在区间 $[0,2)$ 上是连续函数.

证明 假设 $U_X(\cdot)$ 在点 $\varepsilon\geqslant 0$ 是不连续的. 若 $\varepsilon>0$, 则存在 α,β,γ 使得 $\sup_{b<\varepsilon}U_X(b)=\alpha<\beta<\gamma=\inf_{b>\varepsilon}U_X(b)$. 选取 $\gamma_n\uparrow\varepsilon$ 以及 $x_n,y_n\in S(X), f_n\in\nabla_{x_n}$ 使得, $f_n(x_n-y_n)=\gamma_n$ 且 $1-\|(x_n+y_n)/2\|\leqslant\beta$. 则有 $f_n(y_n)=1-\gamma_n\downarrow 1-\varepsilon$. 取 $\eta_n\downarrow 1$ 满足 $f_n(y_n/\eta_n)=(1-\gamma_n)/\eta_n<1-\varepsilon,\forall n\in\mathbb{N}$ (例如, 对任意的 $n>1$, 令 $\eta_n=(1-\gamma_n)/(1-\varepsilon)$). 从而, 由 $U_X(\varepsilon)$ 的等价定义知

$$1-\left\|\frac{x_n+y_n/\eta_n}{2}\right\|\geqslant\gamma,\quad\forall n\in\mathbb{N}.$$

于是, 有

$$1-\gamma\geqslant\limsup_{n\to\infty}\left(\frac{1}{2}\right)\left\|x_n+\frac{y_n}{\eta_n}\right\|=\liminf_{n\to\infty}\left(\frac{1}{2}\right)\|x_n+y_n\|\geqslant 1-\beta.$$

矛盾.

对于 $\varepsilon=0$, 令 $\alpha_n\downarrow 0$, 取 $x_n,y_n\in S(X), f_n\in\nabla_{x_n}$ 满足 $f_n(x_n-y_n)=\alpha_n,\forall n\in\mathbb{N}$. 由于 $\|x_n+y_n\|\geqslant f_n(x_n+y_n)=1+f_n(y_n),\forall n\in\mathbb{N}$, 则有

$$\limsup_{n\to\infty}\left(1-\frac{\|x_n+y_n\|}{2}\right)\leqslant\lim_{n\to\infty}\left(1-\frac{1+f_n(y_n)}{2}\right)=\lim_{n\to\infty}\frac{f_n(x_n-y_n)}{2}=0.$$

这就证明了 $\lim_{n\to\infty}U_X(\alpha_n)=0=U_X(0)$. 再由 $U_X(\cdot)$ 单调性知结论成立. □

定理3.4.3 X 是一致非方的, 当且仅当存在 $\delta>0$ 使得 $U_X(2-\delta)>0$.

证明 注意到, 对任意的 $\varepsilon \in [0,2]$, 都有 $U_X(\varepsilon) \geqslant \delta_X(\varepsilon)$, 故必要性显然成立. 下面证明充分性. 由于存在 $\delta > 0$, 满足 $U_X(2-\delta) > 0$, 则我们可以选取 $\eta > 0$ 使得 $U_X(2-\eta) > \eta$.

假设 X 不是一致非方的, 则存在序列 $\{x_n\}, \{y_n\} \subset S(X)$ 以及 $n \in \mathbb{N}$ 满足

$$|\|x_n + y_n\| - 1| < \frac{1}{n}, \quad |\|x_n - y_n\| - 1| < \frac{1}{n}.$$

取 $f_n \in \nabla_{x_n}$, 则 $f_n(y_n) \to 0$. 实际上, $|f_n(y_n)| < 1/n, \forall n \in \mathbb{N}$. 对任意的 $n \in \mathbb{N}$, 令

$$u'_n = \frac{x_n + y_n}{\|x_n + y_n\|}, \quad v'_n = \frac{-x_n + y_n}{\|-x_n + y_n\|}$$

则有 $f_n(u'_n) > (n-1)/(n+1)$, $f_n(u'_n - v'_n) > 2(n-1)/(n+1), \forall n \in \mathbb{N}$, 并且 $\|u'_n + v'_n\| \to 2 \ (n \to \infty)$. 取充分大的 n 满足 $U_X(2-\eta) \leqslant \eta$, 得到矛盾. 实际上, 只需选取足够大的 n, 满足 $1 - 1/2\|u'_n + v'_n\| \leqslant \eta$ 且 $4/(n+1) \leqslant \eta$ 即可. 因此充分性得证. □

引理3.4.4(Bishop-Phelps-Bollobás)[21] 设 $0 < \varepsilon < 1$. 对任意给定的 $z \in B(X)$ 和 $h \in S(X^*)$ 满足 $h(z) > 1 - \varepsilon^2/4$, 则存在 $y \in S(X)$ 和 $g \in \nabla_y$ 使得 $\|y - z\| < \varepsilon$ 且 $\|g - h\| < \varepsilon$.

引理3.4.5[101] 令

$$U'_X(\varepsilon) = \inf\left\{1 - \frac{1}{2}\|x+y\| : x, y \in S(X), f(x) > 1 - \eta,\right.$$
$$\left. f(x-y) \geqslant \varepsilon, \text{对某个 } f \in S(X^*), \eta > 0\right\}.$$

则对任意的 $\varepsilon \in [0,2)$ 以及 $\xi > 0$, 存在 $\eta > 0$ 使得 $U'_X(\varepsilon) + \xi > U(\varepsilon - \eta) - \eta/2$.

证明 设 $\xi > 0$, 则存在 $\eta > 0$, $x, y \in S(X)$, 以及 $f \in S(X^*)$ 满足

$$1 - \frac{1}{2}\|x+y\| < U'_X(\varepsilon) + \xi, \quad f(x-y) \geqslant \varepsilon, \quad f(x) > 1 - \frac{\eta^2}{4}.$$

由 Bishop-Phelps-Bollobás 定理知, 存在 $z \in S(X)$ 和 $g \in \nabla_z$ 满足

$$\|g - f\| < \eta, \quad \|z - x\| < \eta.$$

从而, $1 - 1/2\|x+y\| \geqslant 1 - 1/2\|z+y\| - \eta/2$. 进一步, 有

$$g(z-y) = 1 - g(y) = 1 - (g-f)(y) - f(y) \geqslant 1 - \|g-f\| - 1 + \varepsilon > \varepsilon - \eta.$$

因此, 由 $U_X(\cdot)$ 的定义知, $U'_X(\varepsilon) + \xi > U(\varepsilon - \eta) - \eta/2$. □

注意到, $U_X(\cdot)$ 的连续性, 以及 $U_X(\cdot) \geqslant U'_X(\cdot)$ 在区间 $[0,2)$ 上恒成立, 有下面的推论:

推论3.4.6 对任意的 $\varepsilon \in [0,2)$, $U_X(\varepsilon) = U'_X(\varepsilon)$.

命题3.4.7 设 X 为超自反的 Banach 空间, 则 $U_{\tilde{X}}(\varepsilon) = U_X(\varepsilon), \forall \varepsilon \in [0,2)$. 特别地, 若存在 $\varepsilon \in (0,2)$ 使得 $U_X(\varepsilon) > 0$, 则 $U_{\tilde{X}}(\varepsilon) = U_X(\varepsilon)$.

证明 易知 $U_{\tilde{X}}(\varepsilon) \leqslant U_X(\varepsilon), \forall \varepsilon \in [0,2)$. 只需证明 $U_{\tilde{X}}(\varepsilon) \geqslant U'_X(\varepsilon), \forall \varepsilon \in [0,2)$, 其中 $U'_X(\varepsilon)$ 如引理 3.4.5 所定义.

设 $\tilde{x}, \tilde{y} \in S(\tilde{X})$, $\tilde{f} \in \nabla_{\tilde{x}}$, 且满足 $\tilde{f}(\tilde{x} - \tilde{y}) \geqslant \varepsilon$. 记 $\tilde{x} = (x_n)_{\mathcal{U}}, \tilde{y} = (y_n)_{\mathcal{U}}$, 其中, $x_n, y_n \in X, \forall n \in \mathbb{N}$. 由于 X 是超自反的, 故可以写成 $\tilde{f} = (f_n)_{\mathcal{U}}$, 其中, $f_n \in X^*, \forall n \in \mathbb{N}^{[108]}$. 则有

$$\lim_{\mathcal{U}} \|x_n\| = \lim_{\mathcal{U}} \|y_n\| = \lim_{\mathcal{U}} \|f_n(x_n)\| = 1, \quad \lim_{\mathcal{U}} \|f_n(y_n)\| \leqslant 1 - \varepsilon.$$

忽略掉上面这些序列的某些项, 不妨假设 x_n, y_n, f_n 中没有零元. 令 $x'_n = x_n/\|x_n\|$, $y'_n = y_n/\|y_n\|$, $f'_n = f_n/\|f_n\|$. 对任意给定的 $\eta > 0$, 有 $\{n \in \mathbb{N} : f'_n(x'_n) > 1 - \eta\} \in \mathcal{U}$, 以及 $\{n \in \mathbb{N} : 1 - 1/2\|x'_n + y'_n\| > U'_X(\varepsilon) - \eta\} \in \mathcal{U}$. 从而

$$1 - \frac{1}{2}\|\tilde{x} + \tilde{y}\| = 1 - \frac{1}{2}\lim_{\mathcal{U}} \|x_n + y_n\| \geqslant U'_X(\varepsilon) - \eta.$$

这就蕴含了 $U_{\tilde{X}}(\varepsilon) \geqslant U'_X(\varepsilon)$. 定理得证. □

定理3.4.8 若 $U_X(1 + w(X)) > (1 - w(X))/2$, 则 X 具有一致正规结构.

证明 由于 $1/3 \leqslant w(X) \leqslant 1$, 则存在 $\varepsilon \in (0,2)$ 使得 $U_X(\varepsilon) > (1 - w(X))/2 \geqslant 0$. 故 X 是一致非方的, 从而是超自反的. 因此 $U_X(\varepsilon) = U_{\tilde{X}}(\varepsilon)$, 注意到, 若 X 是超自反的 Banach 空间, 则 X 具有一致正规结构, 当且仅当 $\tilde{X}$ 具有正规结构[12]. 故只需证明 X 具有弱正规结构即可.

假设 X 不具有弱正规结构, 则由定理 2.1.2, 存在 $\{x_n\} \subset S(X)$ 满足 $x_n \xrightarrow{w} 0$ 且

$$\lim_{n} \|x_n - x\| = 1, \quad \forall x \in \mathrm{co}(\{x_n\}).$$

取 $\{f_n\} \subset S(X^*)$ 满足 $f_n(x_n) = \|x_n\|$. 由空间 X^* 的自反性, 我们可以假设 $f_n \xrightarrow{w} f \in B(X^*)$. 不失一般性, 取 $\{x_n\}$ 的子列, 不妨仍记为 $\{x_n\}$, 满足下面的关系式

$$\lim_{n} \|x_{n+1} - x_n\| = 1, \quad |(f_{n+1} - f)(x_n)| < \frac{1}{n}, \quad f_n(x_{n+1}) < \frac{1}{n}.$$

进一步可得

$$\lim_{n} f_{n+1}(x_n) = \lim_{n}(f_{n+1} - f)(x_n) + f(x_n) = 0.$$

令 $\tilde{x} = (x_{n+1} - x_n)_{\mathcal{U}}, \tilde{y} = [w(X)(x_{n+1} + x_n)]_{\mathcal{U}}, \tilde{f} = (-f_n)_{\mathcal{U}}$. 则 $\|\tilde{f}\| = \tilde{f}(\tilde{x}) = \|\tilde{x}\| = 1$, 由 $w(X)$ 的定义知

$$\|\tilde{y}\| = \big\|[w(X)(x_{n+1} + x_n)]_{\mathcal{U}}\big\| \leqslant \|x_{n+1} - x_n\| = 1.$$

3.4 U 凸模

因此得到

$$\tilde{f}(\tilde{x}-\tilde{y}) = \lim_{\mathcal{U}}(1-w(X)x_{n+1} - (1+w(X))x_n) = 1+w(X).$$

$$\|\tilde{x}+\tilde{y}\| = \lim_{\mathcal{U}} \|(1+w(X))x_{n+1} - (1-w(X))x_n\|$$
$$\geqslant \lim_{\mathcal{U}}(f_{n+1})(1+w(X)x_{n+1} - (1-w(x))x_n)$$
$$= 1+w(X).$$

由 $U_X(\varepsilon)$ 的定义知

$$U_X(1+w(X)) = U_{\tilde{x}}(1+w(X)) \leqslant \frac{1-w(X)}{2}.$$

这与已知条件矛盾. 定理得证. □

由于 $U_X(\varepsilon) \geqslant \delta_X(\varepsilon), \forall \varepsilon \in [0,2]$, 我们有下面的推论[50].

推论3.4.9 若 $\delta_X(1+w(X)) > (1-w(X))/2$, 则 X 具有一致正规结构.

定理3.4.10 若存在 $\varepsilon \in [0,1]$, 使得 $U_X(1+\varepsilon) > f(\varepsilon)$, 则 X 具有正规结构. 其中, $f(\varepsilon)$ 定义如下:

$$f(\varepsilon) = \begin{cases} (R(1,X)-1)\dfrac{\varepsilon}{2}, & 0 \leqslant \varepsilon \leqslant \dfrac{1}{R(1,X)}, \\ \dfrac{1}{2}\left(1 - \dfrac{1-\varepsilon}{R(1,X)-1}\right), & \dfrac{1}{R(1,X)} < \varepsilon \leqslant 1. \end{cases}$$

证明 为了方便, 记 $R = R(1,X)$. 注意到 $1 \leqslant R \leqslant 2$, 若 $0 \leqslant \varepsilon \leqslant 1/R$, 则 $f(\varepsilon) = (R-1)\varepsilon/2 \geqslant 0$. 若 $1/R < \varepsilon \leqslant 1$, 则 $1-\varepsilon < 1-1/R \leqslant R-1$, 从而 $f(\varepsilon) = (1-(1-\varepsilon)/(R-1))/2 > 0$. 故由定理 3.4.3 知, X 是一致非方的, 从而是超自反的. 再由命题 3.4.7 知, $U_X(\varepsilon) = U_{\tilde{X}}(\varepsilon)$. 因此, 只需要证明 X 具有弱正规结构即可.

假设 X 不具有弱正规结构, 则如前面定理所述, 存在弱零序列 $\{x_n\} \subset S(X)$ 以及 $\{f_n\} \subset S(X^*)$ 满足 $f_n(x_n) = \|x_n\|$, 且

$$\lim_n \|x_{n+1} - x_n\| = 1, \quad \lim_n f_n(x_{n+1}) = \lim_n f_{n+1}(x_n) = 0.$$

注意到 $x_n \xrightarrow{w} 0$, 且 $D[(x_n)] = 1$, 由 R 的定义可得

$$\liminf_n \|x_{n+1} + x_n\| \leqslant R.$$

提取子列仍记为 $\{x_n\}$, 不妨假设 $\lim_n \|x_{n+1} - x_n\| \leqslant R$. 下面分两种情况来讨论:

(1) $0 \leqslant \varepsilon \leqslant 1/R$. 令 $\tilde{x} = (x_{n+1}-x_n)_{\mathcal{U}}$, $\tilde{y} = \{[1-(R-1)\varepsilon]x_{n+1}+\varepsilon x_n\}_{\mathcal{U}}$, $\tilde{f} = (-f_n)_{\mathcal{U}}$. 则有 $\|\tilde{f}\| = \tilde{f}(\tilde{x}) = \|\tilde{x}\| = 1$, 且

$$\|\tilde{y}\| = \|[1-(R-1)\varepsilon]x_{n+1} + \varepsilon x_n\|$$
$$= \|\varepsilon(x_n + x_{n+1}) + (1-R\varepsilon)x_{n+1}\|$$
$$\leqslant R\varepsilon + (1-R\varepsilon) = 1.$$

$$\tilde{f}(\tilde{x} - \tilde{y}) = \lim_{\mathcal{U}}(-f_n)\left((R-1)\varepsilon x_{n+1} - (1+\varepsilon)x_n\right) = 1 + \varepsilon,$$

$$\|\tilde{x} + \tilde{y}\| = \lim_{\mathcal{U}} \|[2-(R-1)\varepsilon]x_{n+1} - (1-\varepsilon)x_n\|$$
$$\geqslant \lim_{\mathcal{U}}(f_{n+1})\left([2-(R-1)\varepsilon]x_{n+1} - (1-\varepsilon)x_n\right)$$
$$= 2 - (R-1)\varepsilon.$$

故由 $U_X(\varepsilon)$ 的定义, 可以得到 $U_X(1+\varepsilon) = U_{\tilde{X}}(1+\varepsilon) \leqslant ((R-1)\varepsilon)/2$, 这与已知条件矛盾.

(2) $1/R < \varepsilon \leqslant 1$. 此时, 一定有 $R > 1$, 否则便得到 $\varepsilon > 1$, 矛盾. 令 $\tilde{x} = (x_{n+1} - x_n)_{\mathcal{U}}$, $\tilde{y} = \{[1-(R-1)\varepsilon']x_n + \varepsilon' x_{n+1}\}_{\mathcal{U}}$, $\tilde{f} = (-f_n)_{\mathcal{U}}$, 其中, $\varepsilon' = (1-\varepsilon)/(R-1) \in [0, 1/R)$. 由前面情况 (1) 的证明知 $\tilde{f}(\tilde{x}) = \|\tilde{x}\| = 1$, $\|\tilde{y}\| \leqslant 1$, 且

$$\tilde{f}(\tilde{x} - \tilde{y}) = \lim_{\mathcal{U}}(-f_n)\left((1-\varepsilon')x_{n+1} - [2-(R-1)\varepsilon']x_n\right) = 2 - (R-1)\varepsilon',$$

$$\|\tilde{x} + \tilde{y}\| = \lim_{\mathcal{U}} \|(1+\varepsilon')x_{n+1} - (R-1)\varepsilon' x_n\|$$
$$\geqslant \lim_{\mathcal{U}} f_{n+1}\left((1+\varepsilon')x_{n+1} - (R-1)\varepsilon' x_n\right)$$
$$= 1 + \varepsilon'.$$

由 $U_X(\varepsilon)$ 的定义可得 $U_X(2-(R-1)\varepsilon') = U_{\tilde{X}}(2-(R-1)\varepsilon') \leqslant (1-\varepsilon')/2$, 等价地有

$$U_X(1+\varepsilon) = U_{\tilde{X}}(1+\varepsilon) \leqslant \frac{1}{2}\left(1 - \frac{1-\varepsilon}{R-1}\right).$$

从而得到矛盾. 综合上述两种情况, 可知 X 具有正规结构. □

令 $\varepsilon_1 = 1 + \varepsilon$. 则上面的定理可以改写成下面定理的形式.

定理3.4.11 若 $U_X(\varepsilon_1) > f(\varepsilon_1)$, 则 X 具有正规结构, 其中 $f(\varepsilon_1)$ 定义如下:

$$f(\varepsilon_1) = \begin{cases} 0, & 0 \leqslant \varepsilon_1 \leqslant 1, \\ (R(1,X)-1)\dfrac{\varepsilon_1-1}{2}, & 1 \leqslant \varepsilon_1 \leqslant \dfrac{1}{R(1,X)}+1, \\ \dfrac{1}{2}\left(1 - \dfrac{2-\varepsilon_1}{R(1,X)-1}\right), & \dfrac{1}{R(1,X)}+1 < \varepsilon_1 \leqslant 2. \end{cases}$$

由于 $U_X(\varepsilon) \geqslant \delta_X(\varepsilon), \forall \varepsilon \in [0,2]$, 我们有下面的推论[58].

推论3.4.12 如果存在 $\varepsilon \in [0,1]$, 使得 $\delta_X(1+\varepsilon) > f(\varepsilon)$, 则 X 具有正规结构.

3.5 广义弱*凸模

2004 年, Gao[48] 引入了弱*凸模的定义:

$$W_X^*(\varepsilon) = \inf\left\{\frac{1}{2}f(x-y) : x,y \in S(X), f(x-y) \geqslant \varepsilon, f \in \nabla_x\right\}.$$

我们把上述定义中球面上任意两点的中点形式改为凸组合的形式, 便得到下面广义弱*凸模的定义:

定义3.5.1 对某个 $\alpha \in (0,1)$ 定义从 $[0,2] \to [0,1]$ 的函数:

$$\alpha\text{-}W_X^*(\varepsilon) = \inf\{\alpha f(x) - (1-\alpha)f(y) : x,y \in S(X), \|x-y\| \geqslant \varepsilon, f \in \nabla_x\}$$

称为 X 的广义弱*凸模.

不失一般性, 可以假设 $\alpha \in [\frac{1}{2}, 1]$. 显然, $\frac{1}{2}\text{-}W_X^*(\varepsilon) = W_X^*(\varepsilon)$. 容易验证, $\alpha\text{-}W_X^*(0) = 0$, $\alpha\text{-}W_X^*(\varepsilon)$ 关于 ε 是非降的, 且 $\alpha\text{-}W_X^*(2) = 1$.

例3.5.1 若 H 为 Hilbert 空间, 容易计算

$$\alpha\text{-}W_H^*(\varepsilon) = \alpha - (1-\alpha)\left(1 - \frac{\varepsilon^2}{2}\right).$$

引理3.5.1(Megginson)[93] 设 $x, y \in S(X)$ 且 $\|x-y\| = \varepsilon$, 其中 $0 < \varepsilon < 2$. 则存在序列 $\{x_n\}, \{y_n\} \subset S(X)$ 满足, $\|x_n - y_n\| > \varepsilon, \forall n \in \mathbb{N}$, 且 $x_n \to x$, $y_n \to y$.

命题3.5.2 对于 $0 \leqslant \varepsilon \leqslant 2$, 有

$\alpha\text{-}W_X^*(\varepsilon)$
$= \inf\{\alpha f(x) - (1-\alpha)f(y) : x \in S(X), y \in B(X), \|x-y\| \geqslant \varepsilon, f \in \nabla_x\}$
$= \inf\{\alpha f(x) - (1-\alpha)f(y) : x,y \in S(X), \|x-y\| > \varepsilon, f \in \nabla_x\}$
$= \inf\{\alpha f(x) - (1-\alpha)f(y) : x,y \in S(X), \|x-y\| = \varepsilon, f \in \nabla_x\}.$

证明 为了方便, 令 $W_1(\varepsilon), W_2(\varepsilon), W_3(\varepsilon)$ 分别表示命题中的三个下确界.

首先证明 $\alpha\text{-}W_X^*(\varepsilon) \leqslant W_1(\varepsilon)$. 令 $x \in S(X), y \in B(X)$ 和 $f \in \nabla_x$ 且 $\|x-y\| \geqslant \varepsilon$. 假设 $\|y\| < 1$. 则存在 $z, z' \in S(X)$ 和 $\lambda \in (0,1), y = \lambda z + (1-\lambda) z'$ 使得 $f(z) = f(z') = f(y)$. 由三角不等式, 有

$$\varepsilon \leqslant \|x-y\| \leqslant \lambda\|x-z\| + (1-\lambda)\|x-z'\|.$$

这就蕴含了 $\|x-z\| \geqslant \varepsilon$ 或者 $\|x-z'\| \geqslant \varepsilon$, 由 $\alpha\text{-}W_X^*(\varepsilon)$ 的定义, 则有 $\alpha f(x) - (1-\alpha)f(z) \geqslant \alpha\text{-}W_X^*(\varepsilon)$ 或者 $\alpha f(x) - (1-\alpha)f(z') \geqslant \alpha\text{-}W_X^*(\varepsilon)$. 从而 $\alpha f(x) - (1-\alpha)f(y) \geqslant \alpha\text{-}W_X^*(\varepsilon)$.

接下来证明 $W_2(\varepsilon) \leqslant W_3(\varepsilon)$. 设 $x,y \in S(X), f \in \nabla_x$ 且 $\|x-y\| = \varepsilon$. 由引理 3.5.1, 存在序列 $\{x_n\}, \{y_n\} \subset S(X)$ 使得 $\|x_n - y_n\| > \varepsilon, \forall n \in \mathbb{N}$, $x_n \to x$, 且 $y_n \to y$. 从而 $f(x_n) \to f(x) = 1, f(y_n) \to f(y)$. 利用 Bishop-Phelps-Bollobás 定理 (引理 3.4.4), 存在序列 $\{x_n'\} \subset S(X)$ 和 $\{f_n'\} \subset S(X^*)$ 满足 $f_n' \in \nabla_{x_n'}, \forall n \in \mathbb{N}, f_n' - f \to 0$ 且 $x_n' - x_n \to 0$. 提取子列, 不妨假设 $\|x_n' - y_n\| > \varepsilon, \forall n \in \mathbb{N}$. 于是

$$\begin{aligned}
W_2(\varepsilon) &\leqslant \alpha f_n'(x_n') - (1-\alpha)f_n'(y_n) \\
&= \alpha(f_n' - f)(x_n') + (1-\alpha)(f - f_n')(y_n) + \alpha f(x_n' - x_n) \\
&\quad + \alpha f(x_n) - (1-\alpha)f(y_n) \\
&\leqslant \alpha\|f_n' - f\| + (1-\alpha)\|f_n' - f\| + \alpha\|x_n' - x_n\| \\
&\quad + \alpha f(x_n) - (1-\alpha)f(y_n) \\
&\to \alpha f(x) - (1-\alpha)f(y).
\end{aligned}$$

最后, 由于 $W_1(\varepsilon) \leqslant W_2(\varepsilon), W_3(\varepsilon) \leqslant \alpha\text{-}W_X^*(\varepsilon)$, 命题得证. □

定理3.5.3 若存在 $\varepsilon \in (0,2)$, 使得 $\alpha\text{-}W_X^*(\varepsilon) > 2\alpha - 1$, 则 X 是一致非方的.

证明 对任意给定的 $\lambda \in (0,1)$, 若 X 不是一致非方的, 则对任意的 $\eta > 0$, 存在 $x,y \in S(X)$ 满足 $\|(x+y)/2\| > 1 - \lambda\eta$ 且 $\|(x-y)/2\| > 1 - \lambda\eta$.

令 $z_1 = \lambda y + (1-\lambda)x, z = z_1/\|z_1\| \in S(X), f_z \in \nabla_z$. 则 $\|z - z_1\| < 2\lambda\eta$, 且 $1 - 2\lambda\eta < \|z_1\| = f_z(z_1) = f_z(\lambda y + (1-\lambda)x) \leqslant 1$. 故 $\lambda f_z(y) > 1 - 2\lambda\eta - (1-\lambda)f_z(x) \geqslant \lambda - 2\lambda\eta$, 从而 $1 \geqslant f_z(y) > 1 - 2\eta$ 对任意的 $f_z \in \nabla_z$ 成立. 因此,

$$\alpha f_z(z) - (1-\alpha)f_z(y) < \alpha - (1-\alpha)(1-2\eta) < 2\alpha - 1 + 2\eta,$$
$$\|z-y\| \geqslant \|z_1 - y\| - \|z - z_1\| \geqslant (1-\lambda)\|x-y\| - 2\lambda\eta$$
$$= (1-\lambda) \cdot 2(1-\lambda\eta) - 2\lambda\eta = 2 - 2\lambda - 2\lambda(2-\lambda)\eta.$$

由 $\alpha\text{-}W_X^*(\cdot)$ 的定义有, $\alpha\text{-}W_X^*(2 - 2\lambda - 2\lambda(2-\lambda)\eta) < 2\alpha - 1 + 2\eta$. 注意到 $\lambda \in (0,1)$ 和 $\eta > 0$ 是任意的, 则有 $\alpha\text{-}W_X^*(\varepsilon) \leqslant 2\alpha - 1$ 对 $\forall \varepsilon \in (0,2)$ 成立. □

定理3.5.4 设 X 是超自反的, 则对任意的 $\varepsilon \in [0,2)$, 有 $\alpha\text{-}W_X^*(\varepsilon) = \alpha\text{-}W_{\widetilde{X}}^*(\varepsilon)$. 特别地, 若存在 $\varepsilon \in (0,2)$ 使得 $\alpha\text{-}W_X^*(\varepsilon) > 2\alpha - 1$, 则 $\alpha\text{-}W_X^*(\varepsilon) = \alpha\text{-}W_{\widetilde{X}}^*(\varepsilon)$.

证明 显然, 对任意的 $\varepsilon \in [0,2)$ 都有 $\alpha\text{-}W_X^*(\varepsilon) \geqslant \alpha\text{-}W_{\tilde{X}}^*(\varepsilon)$. 下面证明相反的不等式. 设 $\tilde{x}, \tilde{y} \in S(\tilde{X})$ 满足 $\|\tilde{x}-\tilde{y}\| > \varepsilon$, 其中 $\varepsilon \in [0,2)$. 记 $\tilde{x} = (x_n)_{\mathcal{U}}, \tilde{y} = (y_n)_{\mathcal{U}}$, 其中, $x_n, y_n \in X, \forall n \in \mathbb{N}$. 由于 X 是超自反的, 我们可以写成 $\tilde{f} = (f_n)_{\mathcal{U}}$, 其中, $f_n \in X^*, \forall n \in \mathbb{N}$. 则有

$$\lim_{\mathcal{U}}\|x_n\| = \lim_{\mathcal{U}}\|y_n\| = \lim_{\mathcal{U}}\|f_n\| = \lim_{\mathcal{U}}\|f_n(x_n)\| = 1, \quad \lim_{\mathcal{U}}\|x_n - y_n\| > \varepsilon.$$

对任意的 $n \in \mathbb{N}$, 令 $x_n' = x_n/\|x_n\|, y_n' = y_n/\|y_n\|, f_n' = f_n/\|f_n\|$. 利用 Bishop-Phelps-Bollobás 定理, 存在序列 $\{x_n''\} \subset S(X)$ 以及 $\{f_n''\} \subset S(X^*)$ 满足 $f_n'' \in \nabla_{x_n''}, \forall n \in \mathbb{N}$, 且 $\lim_{\mathcal{U}}\|f_n'' - f_n'\| = \lim_{\mathcal{U}}\|x_n'' - x_n'\| = 0$. 由 $\alpha\text{-}W_X^*(\varepsilon)$ 的定义, 则

$$\lim_{\mathcal{U}}\|x_n'' - y_n'\| \geqslant \lim_{\mathcal{U}}(\|x_n - y_n\| - \|x_n'' - x_n'\| - \|x_n' - x_n\| - \|y_n - y_n'\|)$$
$$= \lim_{\mathcal{U}}\|x_n - y_n\| > \varepsilon.$$

$$\alpha \tilde{f}(\tilde{x}) - (1-\alpha)\tilde{f}(\tilde{y})$$
$$= \lim_{\mathcal{U}}\left(\alpha f_n(x_n) - (1-\alpha)f_n(y_n)\right) = \lim_{\mathcal{U}}\left(\alpha f_n'(x_n') - (1-\alpha)f_n'(y_n')\right)$$
$$= \lim_{\mathcal{U}}\left(\alpha f_n'(x_n' - x_n'') + (1-\alpha)(f_n'' - f_n')(y_n') + \alpha(f_n' - f_n'')(x_n'')\right.$$
$$\left. + \alpha f_n''(x_n'') - (1-\alpha)f_n''(y_n')\right)$$
$$= \lim_{\mathcal{U}}\left(\alpha f_n''(x_n'') - (1-\alpha)f_n''(y_n')\right) \geqslant \alpha\text{-}W_X^*(\varepsilon).$$

这就蕴含了 $\alpha\text{-}W_{\tilde{X}}^*(\varepsilon) \geqslant \alpha\text{-}W_X^*(\varepsilon)$, 从而完成了第一部分的证明.

最后, 利用定理 3.5.3, 若存在 $\varepsilon \in (0,2)$ 使得 $\alpha\text{-}W_X^*(\varepsilon) > 2\alpha - 1$, 则 X 是一致非方的, 从而使超自反的. 于是定理得证. □

下面考虑广义弱*凸模与正规结构的关系.

定理 3.5.5 若 $\alpha\text{-}W_X^*(1+\omega(X)) > \alpha - (1-\alpha)\omega(X)$, 则 X 具有正规结构.

证明 由于 $\omega(X) \in [1/3, 1]$, 则存在 $\varepsilon \in (0,2)$, 使得 $\alpha\text{-}W_X^*(\varepsilon) > \alpha - (1-\alpha)\omega(X) \geqslant 2\alpha - 1$, 于是 X 是一致非方的, 从而使超自反的. 因此, $\alpha\text{-}W_X^*(\varepsilon) = \alpha\text{-}W_{\tilde{X}}^*(\varepsilon)$. 注意到, 若 X 是超自反的 Banach 空间, 则 X 具有一致正规结构, 当且仅当 $\tilde{X}$ 具有正规结构. 因此, 只需证明, 若 $\alpha\text{-}W_X^*(1+\omega(X)) > \alpha - (1-\alpha)\omega(X)$, 则 X 具有弱正规结构.

假设 X 不具有弱正规结构, 则由定理 3.4.8 中的推理知, 存在弱零序列 $\{x_n\} \subset S(X)$ 以及 $\{f_n\} \subset S(X^*)$ 满足 $f_n(x_n) = \|x_n\|$, 且

$$\lim_{n}\|x_{n+1} - x_n\| = 1, \quad \lim_{n}f_n(x_{n+1}) = \lim_{n}f_{n+1}(x_n) = 0.$$

令 $\tilde{x} = (x_n - x_{n+1})_{\mathcal{U}}$, $\tilde{y} = \big(\omega(X)(x_n + x_{n+1})\big)_{\mathcal{U}}$, $\tilde{f} = (f_n)_{\mathcal{U}}$. 则有 $\tilde{f}(\tilde{x}) = \|\tilde{x}\| = 1$, 以及

$$\|\tilde{y}\| = \lim_{\mathcal{U}} \|\omega(X)(x_n + x_{n+1})\| \leqslant \lim_{\mathcal{U}} \|x_n - x_{n+1}\| = 1.$$

$$\begin{aligned}\|\tilde{x} - \tilde{y}\| &= \lim_{\mathcal{U}} \|x_n - x_{n+1} - \omega(X)(x_n + x_{n+1})\| \\ &\geqslant \lim_{\mathcal{U}} (-f_{n+1})(x_n - x_{n+1} - \omega(X)(x_n + x_{n+1})) \\ &= 1 + \omega(X),\end{aligned}$$

$$\begin{aligned}&\alpha \tilde{f}(\tilde{x}) - (1-\alpha)\tilde{f}(\tilde{y}) \\ &= \lim_{\mathcal{U}} \big(\alpha f_n(x_n - x_{n+1}) - (1-\alpha)f_n(\omega(X)(x_n + x_{n+1}))\big) \\ &= \alpha - (1-\alpha)\omega(X).\end{aligned}$$

由 $\alpha\text{-}W_X^*(\varepsilon)$ 的定义, 有

$$\alpha\text{-}W_X^*(1+\omega(X)) \leqslant \alpha - (1-\alpha)\omega(X).$$

矛盾. 定理得证. □

定理3.5.6 若存在 $\varepsilon \in [0,1]$ 使得 $\alpha\text{-}W_X^*(1+\varepsilon) > f(\varepsilon)$, 则 X 具有正规结构, 其中 $f(\varepsilon)$ 定义如下

$$f(\varepsilon) := \begin{cases} \alpha + (1-\alpha)\big((R(1,X)-1)\varepsilon - 1\big), & 0 \leqslant \varepsilon \leqslant \dfrac{1}{R(1,X)}, \\ \alpha - (1-\alpha)\dfrac{1-\varepsilon}{R(1,X)-1}, & \dfrac{1}{R(1,X)} < \varepsilon \leqslant 1. \end{cases}$$

证明 为了方便, 记 $R = R(1,X)$. 注意到 $R \geqslant 1$. 若 $0 \leqslant \varepsilon \leqslant 1/R$, 则有 $f(\varepsilon) = \alpha + (1-\alpha)((R-1)\varepsilon - 1) \geqslant 2\alpha - 1$. 若 $1/R < \varepsilon \leqslant 1$, 则有 $1-\varepsilon < 1 - 1/R \leqslant R - 1$, 从而, $f(\varepsilon) = \alpha - (1-\alpha)[(1-\varepsilon)/(R-1)] > 2\alpha - 1$. 故对任意的 $\varepsilon \in [0,1]$, 都有 $\alpha\text{-}W_X^*(1+\varepsilon) > f(\varepsilon) \geqslant 2\alpha - 1$. 由定理 3.5.3 知, X 是一致非方的, 从而是超自反的. 因此, 我们只需证明 X 具有弱正规结构.

假设 X 不具有正规结构, 则由定理 3.4.8 中的推理知, 存在弱零序列 $\{x_n\} \subset S(X)$ 以及 $\{f_n\} \subset S(X^*)$ 满足 $f_n(x_n) = \|x_n\|$, 且

$$\lim_n \|x_{n+1} - x_n\| = 1, \quad \lim_n f_n(x_{n+1}) = \lim_n f_{n+1}(x_n) = 0.$$

注意到, $x_n \xrightarrow{w} 0$ 且 $D[(x_n)] = 1$, 由 R 的定义, 有

$$\liminf_n \|x_{n+1} + x_n\| \leqslant R.$$

提取子列仍记为 $\{x_n\}$，我们不妨假设 $\lim_n \|x_{n+1} + x_n\| \leqslant R$. 下面分两种情况来讨论.

(1) $\varepsilon \in [0, 1/R]$. 令 $\tilde{x} = (x_{n+1} - x_n)_{\mathcal{U}}$, $\tilde{y} = \big([1-(R-1)\varepsilon]x_{n+1} + \varepsilon x_n\big)_{\mathcal{U}}$, $\tilde{f} = (f_{n+1})_{\mathcal{U}}$, 则有 $\tilde{f}(\tilde{x}) = \|\tilde{x}\| = 1$, 以及

$$\begin{aligned}
\|\tilde{y}\| &= \lim_{\mathcal{U}} \big\|[1-(R-1)\varepsilon]x_{n+1} + \varepsilon x_n\big\| \\
&= \lim_{\mathcal{U}} \|\varepsilon(x_{n+1} + x_n) + (1-R\varepsilon)x_{n+1}\| \\
&\leqslant R\varepsilon + (1-R\varepsilon) = 1,
\end{aligned}$$

$$\begin{aligned}
\|\tilde{x} - \tilde{y}\| &= \lim_{\mathcal{U}} \big\|x_{n+1} - x_n - \big([1-(R-1)\varepsilon]x_{n+1} + \varepsilon x_n\big)\big\| \\
&= \lim_{\mathcal{U}} \big\|[(R-1)\varepsilon]x_{n+1} - (1+\varepsilon)x_n\big\| \\
&\geqslant (-f_n)\big([(R-1)\varepsilon]x_{n+1} - (1+\varepsilon)x_n\big) = 1 + \varepsilon,
\end{aligned}$$

$$\begin{aligned}
&\alpha \tilde{f}(\tilde{x}) - (1-\alpha)\tilde{f}(\tilde{y}) \\
&= \lim_{\mathcal{U}} \big(\alpha(f_{n+1})(x_{n+1} - x_n) - (1-\alpha)(f_{n+1})\big([1-(R-1)\varepsilon]x_{n+1} + \varepsilon x_n\big)\big) \\
&= \alpha + (1-\alpha)\big((R-1)\varepsilon - 1\big).
\end{aligned}$$

由 α-$W_X^*(\varepsilon)$ 的定义知

$$\alpha\text{-}W_X^*(1+\varepsilon) = \alpha\text{-}W_{\tilde{X}}^*(1+\varepsilon) \leqslant \alpha + (1-\alpha)\big((R-1)\varepsilon - 1\big),$$

这与题设矛盾.

(2) $\varepsilon \in (1/R, 1]$. 此时, $R > 1$, 否则有 $\varepsilon > 1$ 矛盾. 令 $\tilde{x} = (x_{n+1} - x_n)_{\mathcal{U}}$, $\tilde{y} = \big([1-(R-1)\varepsilon']x_n + \varepsilon' x_{n+1}\big)_{\mathcal{U}}$, $\tilde{f} = (f_{n+1})_{\mathcal{U}}$, 其中, $\varepsilon' = (1-\varepsilon)/(R-1) \in [0, 1/R)$. 由情形 (1) 的证明知, $\tilde{f}(\tilde{x}) = \|\tilde{x}\| = 1$, $\|\tilde{y}\| \leqslant 1$, 且

$$\begin{aligned}
\|\tilde{x} - \tilde{y}\| &= \lim_{\mathcal{U}} \big\|(1-\varepsilon')x_{n+1} - [2-(R-1)\varepsilon']x_n\big\| \\
&\geqslant (-f_n)\big((1-\varepsilon')x_{n+1} - [2-(R-1)\varepsilon']x_n\big) \\
&= 2 - (R-1)\varepsilon',
\end{aligned}$$

$$\begin{aligned}
&\alpha \tilde{f}(\tilde{x}) - (1-\alpha)\tilde{f}(\tilde{y}) \\
&= \lim_{\mathcal{U}} \big(\alpha(f_{n+1})(x_{n+1} - x_n) - (1-\alpha)(f_{n+1})\big([1-(R-1)\varepsilon']x_n + \varepsilon' x_{n+1}\big)\big) \\
&= \alpha - (1-\alpha)\varepsilon'.
\end{aligned}$$

由 $\alpha\text{-}W_X^*(\varepsilon)$ 的定义知

$$\alpha\text{-}W_X^*(2-(R-1)\varepsilon') = \alpha\text{-}W_{\tilde{X}}^*(2-(R-1)\varepsilon') \leqslant \alpha - (1-\alpha)\varepsilon'.$$

等价的有 $\alpha\text{-}W_X^*(1+\varepsilon) \leqslant [\alpha-(1-\alpha)(1-\varepsilon)]/(R-1)$, 矛盾. 定理得证. □

注3.5.7 令 $\varepsilon_1 = 1+\varepsilon$, 由定理 3.5.6 知, 若 $\alpha\text{-}W_X^*(1+\varepsilon_1) > f(\varepsilon_1)$, 则 X 具有正规结构, 其中 $f(\varepsilon_1)$ 定义如下

$$f(\varepsilon_1) := \begin{cases} 0, & 0 \leqslant \varepsilon_1 \leqslant 1, \\ \alpha+(1-\alpha)\big((R(1,X)-1)(\varepsilon_1-1)-1\big), & 1 \leqslant \varepsilon_1 \leqslant \dfrac{1}{R(1,X)}+1, \\ \alpha-(1-\alpha)\dfrac{2-\varepsilon_1}{R(1,X)-1}, & \dfrac{1}{R(1,X)}+1 < \varepsilon_1 \leqslant 2. \end{cases}$$

3.6 广义 Jordan-von Neumann 常数

在 Jordan 和 von Neumann 刻画内积空间的方法的基础上, 1937 年, Clarkson 定义了 Jordan-von Neumann 常数为满足下式的最小常数 C:

$$\frac{1}{C} \leqslant \frac{\|x+y\|^2 + \|x-y\|^2}{2(\|x\|^2+\|y\|^2)} \leqslant C,$$

其中, x,y 为 X 中任意不全为 0 的元. 等价地, 有

$$C_{NJ}(X) = \sup\left\{\frac{\|x+y\|^2+\|x-y\|^2}{2(\|x\|^2+\|y\|^2)} : x,y \in X \text{ 不全为零}\right\}.$$

关于 $C_{NJ}(X)$ 熟知的结果有

(1) X 是 Hilbert 空间, 当且仅当 $C_{NJ}(X) = 1$;

(2) X 是一致非方的, 当且仅当 $C_{NJ}(X) < 2$.

2003 年, Dhompongsa[36] 等对 Jordan-von Neumann 常数做了推广.

定义3.6.1 对任意 $a \geqslant 0$, 定义广义 Jordan-von Neumann 常数如下

$$C_{NJ}(a,X) = \sup\left\{\frac{\|x+y\|^2+\|x-z\|^2}{2\|x\|^2+\|y\|^2+\|z\|^2} : x,y,z \in B(X), \|y-z\| \leqslant a\|x\|\right\}$$

这里 x,y,z 至少有一个属于 $S(X)$.

注3.6.1 (1) $C_{NJ}(0,X) = C_{NJ}(X)$.

(2) $C_{NJ}(a,X)$ 是关于 a 的非降函数.

(3) 若存在 $a \geqslant 0$, 使得 $C_{NJ}(a,X) < 2$, 则有 $C_{NJ}(X) < 2$, 从而 X 是一致非方的.

(4) 对任意的 $a \geqslant 0$, 都有 $1+4a/(4+a^2) \leqslant C_{NJ}(a,X) \leqslant 2$ 且 $C_{NJ}(a,X) = 2, \forall a \geqslant 2$.

证明 (1)~(3)显然. 下面证明(4). 先证明左边不等式, 任取 $x \in S(X)$, 令 $y = (a/2)x = -z$. 则有 $y - z = ax$, 于是

$$C_{NJ}(a,X) \geqslant \frac{\|x+y\|^2 + \|x-z\|^2}{2\|x\|^2 + \|y\|^2 + \|z\|^2}$$
$$= \frac{(1+(a/2))^2\|x\|^2 + (1+(a/2))^2\|x\|^2}{2\|x\|^2 + 2(a^2/4)\|x\|^2}$$
$$= 1 + \frac{4a}{4+a^2}.$$

接下来证明 $C_{NJ}(a,X) \leqslant 2$. 由三角不等式, 有

$$\|x+y\|^2 + \|x-z\|^2 \leqslant (\|x\|^2 + 2\|x\|\|y\| + \|y\|^2) + (\|x\|^2 + 2\|x\|\|z\| + \|z\|^2)$$
$$\leqslant (2\|x\|^2 + 2\|y\|^2) + (2\|x\|^2 + 2\|z\|^2)$$
$$= 4\|x\|^2 + 2\|y\|^2 + 2\|z\|^2,$$

故 $C_{NJ}(a,X) \leqslant 2$. 最后, 注意到函数 $a \mapsto 1 + (4a/4+a^2)$ 在区间 $[0,2]$ 是严格增的, 且在 $a = 2$ 处达到最大值. 因此, 对任意的 $a \geqslant 2$, 都有 $C_{NJ}(a,X) = 2$. □

例3.6.1 设 H 为 Hilbert 空间, 则对任意的 $a \in [0,2]$ 有, $C_{NJ}(a,H) = 1 + 4a/(4+a^2)$.

证明 设 $a \in [0,2], x,y,z \in H$ 满足 $x \neq 0$ 且 $\|y-z\| = \alpha\|x\|$, 其中 $\alpha \in [0,a]$. 则有

$$\frac{\|x+y\|^2 + \|x-z\|^2}{2\|x\|^2 + \|y\|^2 + \|z\|^2} \leqslant \frac{2\|x\|^2 + \|y\|^2 + \|z\|^2 + 2\|x\|\|y-z\|}{2\|x\|^2 + \|y\|^2 + \|z\|^2}$$
$$\leqslant 1 + \frac{2\alpha\|x\|^2}{2\|x\|^2 + (\|y-z\|^2 + \|y+z\|^2)/2}$$
$$\leqslant 1 + \frac{2\alpha\|x\|^2}{2\|x\|^2 + \|y-z\|^2/2}$$
$$= 1 + \frac{4\alpha}{4+\alpha^2} \leqslant 1 + \frac{4a}{4+a^2}.$$

从而, 再由注 3.6.1 中的 (4) 知, $C_{NJ}(a,H) = 1 + 4a/(4+a^2)$. □

命题3.6.2 $C_{NJ}(a,X)$ 在区间 $[0,\infty)$ 上是连续函数.

证明 由于 $C_{NJ}(\cdot,X)$ 是非降的, 我们假设存在 $a > 0$, 使得

$$\sup_{b<a} C_{NJ}(b,X) = \alpha < \beta < \gamma = \inf_{b>a} C_{NJ}(b,X).$$

选取 $\gamma_n \downarrow a$ 以及 $x_n, y_n, z_n \in B(X)$ 且其中至少有一个属于 $S(X)$, 满足 $\|y_n - z_n\| = \gamma_n \|x_n\|$ 且 $g(x_n, y_n, z_n) \geqslant \beta, \forall n \in \mathbb{N}$, 其中 $g(x, y, z) = (\|x+y\|^2 + \|x-z\|^2)/(2\|x\|^2 + \|y\|^2 + \|z\|^2)$. 选取 $\eta_n \downarrow 1$, 使得 $\gamma_n/\eta_n < a, \forall n \in \mathbb{N}$, 则有

$$g(\eta_n x_n, y_n, z_n) = g(x_n, (y_n/\eta_n), (z_n/\eta_n)), \quad \forall n \in \mathbb{N}.$$

取 (n) 的子列 (n') 使得序列 $\|x_{n'} + y_{n'}\|, \|x_{n'} - z_{n'}\|, \|x_{n'}\|, \|y_{n'}\|, \|z_{n'}\|$ 都收敛. 注意到, 对任意的 $w \in X$ 和 $\eta_n \to 1$, 都有 $\|x_n + w\| - (\eta_n - 1)\|x_n\| \leqslant \|\eta_n x_n + w\| \leqslant \|x_n + w\| + (\eta_n - 1)\|x_n\|$, 从而 $\lim_{n'} \|\eta_{n'} x_{n'} + y_{n'}\| = \lim_{n'} \|x_{n'} + y_{n'}\|$ 以及 $\lim_{n'} \|\eta_{n'} x_{n'} - z_{n'}\| = \lim_{n'} \|x_{n'} - z_{n'}\|$. 因此, $\beta - \alpha \leqslant g(x_{n'}, y_{n'}, z_{n'}) - g(\eta_{n'} x_{n'}, y_{n'}, z_{n'}) \to 0$, 矛盾. 故当 $a > 0$ 时结论成立.

对于 $a = 0$, 任给 $\varepsilon > 0$, 取 $x_n, y_n, z_n \in B(X)$ 且其中至少有一个属于 $S(X)$, 满足 $\|y_n - z_n\| = a_n \|x_n\|$, $a_n \downarrow 0$ 以及

$$C_{NJ}(0^+, X) - \varepsilon := \inf_{a > 0} C_{NJ}(a, X) - \varepsilon < \lim_{n \to \infty} g(x_n, y_n, z_n).$$

令 $\varepsilon_n = 4a_n + a_n^2$, $\gamma_n = a_n \|x_n\|(\|y_n\| - a_n \|x_n\|)$. 则 $\varepsilon_n, \gamma_n \to 0$. 提取子列, 不妨假设 $\lim_{n \to \infty} (\|x_n\|^2 + \|y_n\|^2) = b$ 存在. 由 x_n, y_n, z_n 的选取可知 $b \neq 0$. 接下来, 注意到对足够大的 n,

$$g(x_n, y_n, z_n) \leqslant \frac{\|x_n + y_n\|^2 + \|x_n - y_n\|^2 + \varepsilon_n}{2\|x_n\|^2 + 2\|y_n\|^2 - \gamma_n}$$

$$\leqslant g(x_n, y_n, y_n) + \frac{\varepsilon_n + \gamma_n g(x_n, y_n, y_n)}{2\|x_n\|^2 + 2\|y_n\|^2 - \gamma_n}$$

$$\leqslant C_{NJ}(X) + \frac{\varepsilon_n + \gamma_n C_{NJ}(X)}{2\|x_n\|^2 + 2\|y_n\|^2 - \gamma_n}.$$

从而, 对任意的 $\varepsilon > 0$ 都有 $C_{NJ}(0^+, X) - \varepsilon < C_{NJ}(X) \leqslant C_{NJ}(0^+, X)$, 故 $C_{NJ}(0^+, X) = C_{NJ}(X)$, 因此 $C_{NJ}(\cdot, X)$ 在 0 点是连续的. 定理得证. □

命题3.6.3 $C_{NJ}(a, X) = C_{NJ}(a, \tilde{X})$.

证明 $C_{NJ}(a, X) \leqslant C_{NJ}(a, \tilde{X})$ 显然. 下面证明 $C_{NJ}(a, X) \geqslant C_{NJ}(a, \tilde{X})$.

对任意的 $\delta > 0$, 设 $\tilde{x}, \tilde{y}, \tilde{z} \in \tilde{X}$ 不全为零, 且 $\|\tilde{y} - \tilde{z}\| = \alpha \|\tilde{x}\|$, $\alpha \in [0, a]$. 若 $\tilde{x} = 0$, 则 $g(\tilde{x}, \tilde{y}, \tilde{z}) = 1 \leqslant C_{NJ}(a, X)$. 若 $\tilde{x} \neq 0$, 选取 $\varepsilon > 0$ 使得 $\varepsilon < \delta \|\tilde{x}\|$. 由于

$$c := \frac{\|\tilde{x} + \tilde{y}\|^2 + \|\tilde{x} - \tilde{z}\|^2}{2\|\tilde{x}\|^2 + \|\tilde{y}\|^2 + \|\tilde{z}\|^2} = \lim_{\mathcal{U}} \frac{\|x_n + y_n\|^2 + \|x_n - z_n\|^2}{2\|x_n\|^2 + \|y_n\|^2 + \|z_n\|^2} := \lim_{\mathcal{U}} c_n,$$

故集合 $\{n \in \mathbb{N} : |c_n - c| < \delta, \|y_n - z_n\| \leqslant \alpha \|x_n\| + \varepsilon < (\alpha + \delta)\|x_n\|\} \in \mathcal{U}$. 特别地, 存在 n 使得

$$c < g(x_n, y_n, z_n) + \delta \leqslant C_{NJ}(a + \delta, X) + \delta.$$

因此, 由 δ 的任意性以及 $C_{NJ}(\cdot, X)$ 的连续性知 $C_{NJ}(a, \tilde{X}) \geqslant C_{NJ}(a, X)$. □

引理3.6.4 对任意 $a \in [0, 2)$, 若 $C_{NJ}(a, X) = 2$, 则存在 $\{x_n\}, \{y_n\}, \{z_n\} \subset B(X)$ 满足

(1) $\|x_n\|, \|y_n\|, \|z_n\| \to 1$;

(2) $\|x_n + y_n\|, \|x_n - z_n\| \to 2$;

(3) $\|y_n - z_n\| \leqslant a \|x_n\|, \forall n \in \mathbb{N}$.

进一步, $\{x_n\}, \{y_n\}, \{z_n\}$ 可以在 $S(X)$ 中选取.

证明 设 $a \in [0, 2)$. 若 $C_{NJ}(a, X) = 2$, 则存在 $x_n, y_n, z_n \in B(X)$, 其中对每一个 n 都至少有一个属于 $S(X)$, 满足 $\|y_n - z_n\| \leqslant a \|x_n\|, \forall n \in \mathbb{N}$, 且 $g(x_n, y_n, z_n) \uparrow 2$, 这里

$$g(x, y, z) = \frac{\|x+y\|^2 + \|x-z\|^2}{2\|x\|^2 + \|y\|^2 + \|z\|^2}.$$

从而 (3) 成立. 注意到

$$\begin{aligned}
g(x, y, z) &= \frac{\|x+y\|^2 + \|x-z\|^2}{2\|x\|^2 + \|y\|^2 + \|z\|^2} \\
&\leqslant \frac{2\|x\|^2 + \|y\|^2 + \|z\|^2 + 2(\|x\|\|y\| + \|x\|\|z\|)}{2\|x\|^2 + \|y\|^2 + \|z\|^2} \\
&= 1 + \frac{2(\|x\|\|y\| + \|x\|\|z\|)}{2\|x\|^2 + \|y\|^2 + \|z\|^2}.
\end{aligned}$$

因此, 有

$$\frac{2(\|x_n\|\|y_n\| + \|x_n\|\|z_n\|)}{2\|x_n\|^2 + \|y_n\|^2 + \|z_n\|^2} \to 1,$$

这就蕴含了

$$\frac{(\|x_n\| - \|y_n\|)^2 + (\|x_n\| - \|z_n\|)^2}{2\|x_n\|^2 + \|y_n\|^2 + \|z_n\|^2} \to 0.$$

由于对每一个 n, x_n, y_n, z_n 中至少有一个属于 $S(X)$, 故存在 $\{n\}$ 的子列 $\{n'\}$ 使得 $\|x_{n'}\|, \|y_{n'}\|, \|z_{n'}\| \to 1$. 从而 $\|x_{n_i} + y_{n_i}\|, \|x_{n_i} - z_{n_i}\| \to 2$. 因此 (1),(2) 成立.

接下来, 对不为 0 的项 x, 令 $x' = x/\|x\|$, 由 x_n, y_n, z_n 的选取知, $\|x'_{n'} - x_{n'}\|, \|y'_{n'} - y_{n'}\|, \|z'_{n'} - z_{n'}\| \to 0$. 由于 $2 \geqslant \|x' + y'\| \geqslant \|x + y\| - \|x' - x\| - \|y' - y\|$, 我们有 $\|x'_{n'} + y'_{n'}\|, \|x'_{n'} - z'_{n'}\| \to 2$. 最后, $a\|x_{n'}\| \geqslant \|y_{n'} - z_{n'}\| \geqslant \|y'_{n'} - z'_{n'}\| - \|y'_{n'} - y_{n'}\| - \|z'_{n'} - z_{n'}\|$. 从而, $\limsup_{i \to \infty} \|y'_{n'} - z'_{n'}\| \leqslant a$. 因此, $\{x_n\}, \{y_n\}, \{z_n\}$ 可以在 $S(X)$ 中选取.   □

定理3.6.5 若 X 是 U 空间, 则 $C_{NJ}(a,X) < 2, \forall a \in (0,2)$.

证明 若存在 $\delta > 0$ 使得 $C_{NJ}(2-\delta, X) = 2$. 由引理 3.6.4, 存在序列 $\{x_n\}, \{y_n\}, \{z_n\} \subset S(X)$ 满足 $\|x_n + y_n\|, \|x_n - z_n\| \to 2$ 以及 $\|y_n - z_n\| \leqslant 2 - \delta, \forall n \in \mathbb{N}$.

取 $f_n \in \nabla_{x_n}$. 由于 X 是 U 空间, 则有 $f_n(x_n - y_n) \to 0, f_n(x_n - z_n) \to 0$. 因此

$$\begin{aligned} 2\|x_n\| &= 2f_n(x_n) = f_n(x_n - y_n) + f_n(x_n + z_n) + f_n(y_n - z_n) \\ &\leqslant f_n(x_n - y_n) + f_n(x_n + z_n) + \|y_n - z_n\| \\ &\leqslant f_n(x_n - y_n) + f_n(x_n + z_n) + 2 - \delta. \end{aligned}$$

于是, $2 \leqslant 2 - \delta$, 矛盾. □

命题3.6.6 对任意的 $\delta > 2\sqrt{C_{NJ}(X) - 1}$, 都有 $C_{NJ}(2-\delta, X) < 2$.

证明 假设存在 $\delta > 2\sqrt{C_{NJ}(X) - 1}$ 使得 $C_{NJ}(2-\delta, X) = 2$. 由引理 3.6.4, 存在序列 $\{x_n\}, \{y_n\}, \{z_n\} \subset S(X)$ 满足 $\|x_n + y_n\|, \|x_n - z_n\| \to 2$ 且 $\|y_n - z_n\| \leqslant 2 - \delta, \forall n \in \mathbb{N}$. 从而

$$\begin{aligned} \liminf_{n \to \infty} \|x_n - y_n\| &\geqslant \lim_{n \to \infty} \|x_n - z_n\| - \limsup_{n \to \infty} \|y_n - z_n\| \\ &\geqslant 2 - (2 - \delta) = \delta. \end{aligned}$$

因此, 由 $C_{NJ}(X)$ 的定义, 可得

$$C_{NJ}(X) \geqslant \liminf_{n \to \infty} \frac{\|x_n - y_n\|^2 + \|x_n + y_n\|^2}{2(\|x_n\|^2 + \|y_n\|^2)} \geqslant \frac{\delta^2 + 4}{4},$$

矛盾. □

引理3.6.7[36] 若 X 不具有弱正规结构, 则对任意的 $\varepsilon > 0$ 和 $1/2 < r \leqslant 1$, 存在 $x_1 \in S(X), x_2, x_3 \in rS(X)$ 满足

(i) $x_2 - x_3 = ax_1$ 且 $|a - r| < \varepsilon$;

(ii) $\|x_1 - x_2\| > 1 - \varepsilon$;

(iii) $\|x_1 + x_2\| > (1+r) - \varepsilon, \|x_3 + (-x_1)\| > (3r-1) - \varepsilon$.

定理3.6.8 若存在 $r \in (1/2, 1]$, 使得

$$C_{NJ}(r, X) < \frac{(1+r)^2 + (3r-1)^2}{2(1+r^2)} \quad \text{或} \quad C_{NJ}(0, X) < \frac{3+\sqrt{5}}{4},$$

则 X 具有一致正规结构.

证明 注意到命题 3.6.3, 我们只需证明定理条件蕴含 X 具有正规结构. 再由注 3.6.1 中的 (3) 知, 条件 $C_{NJ}(r, X) < ((1+r)^2 + (3r-1)^2)/(2(1+r^2))$, 蕴含

X 是一致非方的, 从而是自反的. 故正规结构与弱正规结构是一致的. 于是, 只需要证明 X 具有弱正规结构即可.

由 $C_{NJ}(\cdot, X)$ 的连续性知, 存在 $r' > r$ 使得 $C_{NJ}(r', X) < ((1+r)^2 + (3r-1)^2)/(2(1+r^2))$. 选取 $m \in \mathbb{N}$ 满足 $r + (1/m) \leqslant r'$. 假设 X 不具有弱正规结构, 由引理 3.6.7 知, 存在 $x_n \in S(X), y_n, z_n \in rS(X)$, 使得对每个 $n \in \mathbb{N}$ 都有

$$y_n - z_n = \alpha_n x_n \quad \text{且} \quad |\alpha_n - r| < \frac{1}{n+m},$$

$$\|x_n - y_n\|^2 > \left(1 - \frac{1}{n+m}\right)^2, \quad \|x_n + y_n\|^2 > \left(1 + r - \frac{1}{n+m}\right)^2,$$

$$\|x_n - z_n\|^2 > \left((3r-1) - \frac{1}{n+m}\right)^2.$$

注意到 $\|y_n - z_n\| = \alpha_n < r + 1/(n+m) < r + 1/m \leqslant r'$ 以及

$$\inf_{n \to \infty} \|x_n + y_n\|^2 \geqslant (1+r)^2, \quad \inf_{n \to \infty} \|x_n - z_n\|^2 \geqslant (3r-1)^2.$$

从而

$$\frac{(1+r)^2 + (3r-1)^2}{2(1+r^2)} \leqslant \inf_{n \to \infty} \frac{\|x_n + y_n\|^2 + \|x_n - z_n\|^2}{2\|x_n\|^2 + \|y_n\|^2 + \|z_n\|^2}$$
$$\leqslant C_{NJ}(r', X) < \frac{(1+r)^2 + (3r-1)^2}{2(1+r^2)}.$$

矛盾, 因此 X 具有弱正规结构.

对于 $C_{NJ}(0, X) < (3+\sqrt{5})/4$, 首先证明对任意的 $r \in (1/2, 1]$ 都有 $C_{NJ}(0, X) < ((1+r)^2 + 1)/(2(1+r^2))$. 类似前面的证明过程, 得到

$$\frac{(1+r)^2 + 1}{2(1+r^2)} \leqslant \inf_{n \to \infty} \frac{\|x_n + y_n\|^2 + \|x_n - y_n\|^2}{2(\|x_n\|^2 + \|y_n\|^2)} \leqslant C_{NJ}(0, X) < \frac{(1+r)^2 + 1}{2(1+r^2)}.$$

矛盾. 注意到 $((1+r)^2 + 1)/(2(1+r^2))$ 在 $r = (\sqrt{5}-1)/2 \in (1/2, 1]$ 达到最大值, 故结论成立. $\square$

特别地, 取 $r = 1$, 得到下面结论.

推论 3.6.9 若 $C_{NJ}(1, X) < 2$, 则 X 具有一致正规结构.

接下来用 $C_{NJ}(a, X)$ 来估计 $\text{WCS}(X)$ 的下界.

定理 3.6.10 若 X 不具有 Schur 性质, 则对 $0 \leqslant a \leqslant 1$ 有

$$[\text{WCS}(X)]^2 \geqslant \frac{1 + (1+a)^2/\min\{(R(1,X)+a)^2, 4\}}{C_{NJ}(a, X)}. \tag{3.6.1}$$

证明 若 $C_{NJ}(a,X) = 2$, 结论显然成立. 对于 $C_{NJ}(a,X) < 2$, 则 X 是一致非方的, 从而是超自反的. 设 $\{x_n\} \subset S(X)$ 为弱零序列, 不失一般性, 假定 $d = \lim_{n \neq m} \|x_n - x_m\|$ 存在. 选取 $\{x_n^*\} \subset S(X^*)$ 满足 $x_n^*(x_n) = 1$. 注意到 X 是自反的, 提取子列, 不妨设 $x_n^* \xrightarrow{w^*} x^*$.

对任意给定的 $0 < \varepsilon < 1$, 取足够大的 N 使得对任意的 $m > N$ 有

$$|x^*(x_N)| < \frac{\varepsilon}{2} \quad \text{且} \quad d - \varepsilon < \|x_m - x_N\| < d + \varepsilon$$

由 $R(1, X)$ 的定义知

$$\liminf_{m \to \infty} \left\| \frac{x_m}{d+\varepsilon} + x_N \right\| \leqslant R(1, X).$$

则存在 $M > N$ 使得

(1) $x_N^*(x_M) < \varepsilon$;

(2) $|(x_M^* - x^*)(x_N)| < \varepsilon/2$;

(3) $\|x_M/(d+\varepsilon) + x_N\| \leqslant R(1, X) + \varepsilon$.

从而 $|x_M^*(x_N)| \leqslant |(x_M^* - x^*)(x_N)| + |x^*(x_N)| < \varepsilon$.

记 $R = R(1, X)$, 令

$$x = \frac{x_M - x_N}{d + \varepsilon}, \quad y = \frac{(1+a)\big((1+a)x_M + (d+\varepsilon)x_N\big)}{(d+\varepsilon)(R+a+\varepsilon)^2},$$

$$z = \frac{(1+a)\big(x_M + (d+\varepsilon+a)x_N\big)}{(d+\varepsilon)(R+a+\varepsilon)^2},$$

容易验证 $x \in B(X), \|y - z\| \leqslant a\|x\|$ 且 $\|y\| \leqslant (1+a)/(R+a+\varepsilon), \|z\| \leqslant (1+a)/(R+a+\varepsilon)$. 并且注意到 $d \geqslant 1$, 有

$$(d+\varepsilon)\|x+y\| = \left\| \left(1 + \frac{(1+a)^2}{(R+a+\varepsilon)^2}\right)x_M - \left(1 - \frac{(1+a)(d+\varepsilon)}{(R+a+\varepsilon)^2}\right)x_N \right\|$$

$$\geqslant \left(1 + \frac{(1+a)^2}{(R+a+\varepsilon)^2}\right)x_M^*(x_M) - \left(1 - \frac{(1+a)(d+\varepsilon)}{(R+a+\varepsilon)^2}\right)x_M^*(x_N)$$

$$\geqslant \left(1 + \frac{(1+a)^2}{(R+a+\varepsilon)^2}\right)(1-\varepsilon),$$

3.6 广义 Jordan-von Neumann 常数

$$(d+\varepsilon)\|x-z\| = \left\|\left(1 - \frac{1+a}{(R+a+\varepsilon)^2}\right)x_M - \left(1 + \frac{(1+a)(d+\varepsilon+a)}{(R+a+\varepsilon)^2}\right)x_N\right\|$$

$$\geqslant \left(1 - \frac{1+a}{(R+a+\varepsilon)^2}\right)(-x_N^*)(x_M) - \left(1 + \frac{(1+a)(d+\varepsilon+a)}{(R+a+\varepsilon)^2}\right)(-x_N^*)(x_N)$$

$$\geqslant \left(1 + \frac{(1+a)(d+\varepsilon+a)}{(R+a+\varepsilon)^2}\right)(1-\varepsilon)$$

$$\geqslant \left(1 + \frac{(1+a)^2}{(R+a+\varepsilon)^2}\right)(1-\varepsilon).$$

由 $C_{NJ}(a, X)$ 的定义知

$$C_{NJ}(a, X) \geqslant \left(\frac{1-\varepsilon}{d+\varepsilon}\right)^2 \left(1 + \frac{(1+a)^2}{(R+a+\varepsilon)^2}\right).$$

由于 $\{x_n\}$ 和 ε 是任意的，得到

$$[\mathrm{WCS}(X)]^2 C_{NJ}(a, X) \geqslant 1 + \left(\frac{1+a}{R+a}\right)^2. \tag{3.6.2}$$

进一步，若令 $x = (x_N - x_M)/(d+\varepsilon)$，

$$y = \frac{(1+a)\big((1+a)x_N + (1-a)x_M\big)}{4(d+\varepsilon)}, \quad z = \frac{(1+a)\big((1-a)x_N + (1+a)x_M\big)}{4(d+\varepsilon)}.$$

易知, $x \in B(X)$, $\|y-z\| \leqslant a\|x\|$, 且 $\|y\| \leqslant (1+a)/\big(2(d+\varepsilon)\big) \leqslant (1+a)/2$, $\|z\| \leqslant (1+a)/\big(2(d+\varepsilon)\big) \leqslant (1+a)/2$. 并且

$$(d+\varepsilon)\|x+y\| = \left\|\left(1 + \frac{(1+a)^2}{4}\right)x_N - \left(1 - \frac{(1-a^2)}{4}\right)x_M\right\|$$

$$\geqslant \left(1 + \frac{(1+a)^2}{4}\right)x_N^*(x_N) - \left(1 - \frac{(1-a^2)}{4}\right)x_N^*(x_M)$$

$$\geqslant 1 + \frac{(1+a)^2}{4}(1-\varepsilon),$$

$$(d+\varepsilon)\|x-z\| = \left\|\left(1 + \frac{(1+a)^2}{4}\right)x_M - \left(1 - \frac{(1-a^2)}{4}\right)x_N\right\|$$

$$\geqslant \left(1 + \frac{(1+a)^2}{4}\right)x_M^*(x_M) - \left(1 - \frac{(1-a^2)}{4}\right)x_M^*(x_N)$$

$$\geqslant 1 + \frac{(1+a)^2}{4}(1-\varepsilon).$$

故由 $C_{NJ}(a, X)$ 的定义可得

$$C_{NJ}(a, X) \geqslant \left(1 + \frac{(1+a)^2}{4}\right)\left(\frac{1-\varepsilon}{d+\varepsilon}\right)^2.$$

由于 $\{x_n\}$ 和 ε 是任意的, 得到

$$[\text{WCS}(X)]^2 C_{NJ}(a, X) \geqslant 1 + \left(\frac{1+a}{2}\right)^2. \tag{3.6.3}$$

结合 (3.6.2) 式和 (3.6.3) 式, 从而 (3.6.1) 式成立. □

由于 $\text{WCS}(X) > 1$ 蕴含弱一致正规结构, 我们有下面推论.

推论3.6.11 若存在 $a \in [0, 1]$ 使得 $C_{NJ}(a, X) < 1 + (1+a)^2/\min\{(R(1, X)+a)^2, 4\}$, 则 X 具有正规结构.

注意到, $C_{NJ}(0, X) = C_{NJ}(X)$ 及 $C_{NJ}(a, X)$ 关于 a 非降, 则有下面的推论.

推论3.6.12 若 $C_{NJ}(X) < 1 + 1/R(1, X)^2$, 则 X 具有正规结构.

3.7 广义 James 常数

非方常数或者 James 常数定义如下:

$$J(X) := \sup\{\min\{\|x+y\|, \|x-y\|\} : x, y \in S(X)\}.$$

由一致非方的定义显然 X 一致非方的, 当且仅当 $J(X) < 2$.

1970 年, Schafer 为了刻画一致非方, 引入了下面的常数

$$\mathcal{S}(X) := \inf\{\max\{\|x+y\|, \|x-y\|\} : x, y \in S(X)\}.$$

并且证明了 X 一致非方当且仅当 $\mathcal{S}(X) > 1$. 此后 Gao 和 Lau, Casini, Kato 等人对上述两个常数进行了详尽的研究, 得到了下面的一个重要结论.

定理3.7.1 对于非平凡的 Banach 空间, 有 $J(X)\mathcal{S}(X) = 2$.

证明 对于 $\forall x, y \in S(X)$, 且 $x \neq \pm y$, 令

$$u = \frac{x+y}{\|x+y\|}, \quad v = \frac{x-y}{\|x-y\|}.$$

那么有 $u, v \in S(X)$, 而且

$$u \pm v = \left(\frac{1}{\|x+y\|} \pm \frac{1}{\|x-y\|}\right) x + \left(\frac{1}{\|x+y\|} \mp \frac{1}{\|x-y\|}\right) y.$$

因此

$$\|u \pm v\| \geqslant \left| \|x\| \left| \frac{1}{\|x+y\|} \pm \frac{1}{\|x-y\|} \right| - \|y\| \left| \frac{1}{\|x+y\|} \mp \frac{1}{\|x-y\|} \right| \right|$$

$$= \left| \left| \frac{1}{\|x+y\|} \pm \frac{1}{\|x-y\|} \right| - \left| \frac{1}{\|x+y\|} \mp \frac{1}{\|x-y\|} \right| \right|$$

$$\geqslant 2\min\left\{ \frac{1}{\|x+y\|}, \frac{1}{\|x-y\|} \right\}$$

$$= \frac{2}{\max\{\|x+y\|, \|x-y\|\}}.$$

由 $J(X)$ 的定义可得

$$J(X) \geqslant \min\{\|u+v\|, \|u-v\|\} \geqslant \frac{2}{\max\{\|x+y\|, \|x-y\|\}}.$$

因为 $x, y \in S(X)$ 是任意的, 且 $x \neq \pm y$, 由上式得

$$J(X) \geqslant \frac{2}{\mathcal{S}(X)}.$$

另一方面,

$$\|u \pm v\| \leqslant \|x\| \left| \frac{1}{\|x+y\|} \pm \frac{1}{\|x-y\|} \right| + \|y\| \left| \frac{1}{\|x+y\|} \mp \frac{1}{\|x-y\|} \right|$$

$$= \left| \frac{1}{\|x+y\|} \pm \frac{1}{\|x-y\|} \right| + \left| \frac{1}{\|x+y\|} \mp \frac{1}{\|x-y\|} \right|$$

$$= 2\max\left\{ \frac{1}{\|x+y\|}, \frac{1}{\|x-y\|} \right\}$$

$$= \frac{2}{\min\{\|x+y\|, \|x-y\|\}}.$$

由 $\mathcal{S}(X)$ 的定义可得

$$\mathcal{S}(X) \leqslant \max\{\|u+v\|, \|u-v\|\} \leqslant \frac{2}{\min\{\|x+y\|, \|x-y\|\}}.$$

因为 $x, y \in S(X)$ 是任意的, 且 $x \neq \pm y$, 由上式得

$$\mathcal{S}(X) \leqslant \frac{2}{J(X)}.$$

因此, 有 $J(X)\mathcal{S}(X) = 2$. □

2003 年, Dhompongsa[35] 等推广了 James 常数, 引入了下面的定义.

定义3.7.1　对任意 $a \geqslant 0$, 定义广义 James 常数

$$J(a,X) = \sup\{\min\{\|x+y\|, \|x-z\|\} : x,y,z \in B(X), \|y-z\| \leqslant a\|x\|\}.$$

注3.7.2　由广义 James 常数的定义易知

(1) $J(a,X) = \sup\{\min\{\|x+y\|, \|x-z\|\} : x,y,z \in B(X), \|y-z\| \leqslant a\|x\|\}$, 这里 x,y,z 中至少有一个属于 $S(X)$;

(2) $J(0,X) = J(X)$;

(3) $J(a,X)$ 是关于 a 的非减函数;

(4) 如果存在 $a \geqslant 0$ 使得 $J(a,X) < 2$, 则有 $J(X) < 2$, 从而 X 是一致非方空间。

例3.7.1　设 H 是 Hilbert 空间, 则 $J(a,H) = \sqrt{2+a}, \forall a \in [0,2]$.

证明　设 $x,y,z \in B_H$, 满足 $\|y-z\| \leqslant a\|x\|$. 一方面, 我们有

$$\begin{aligned}\min\{\|x+y\|^2, \|x-z\|^2\} &\leqslant \frac{\|x+y\|^2 + \|x-z\|^2}{2} \\ &= \frac{2\|x\|^2 + \|y\|^2 + \|z\|^2 + 2\langle x, y-z\rangle}{2} \\ &= \frac{4 + 2\|x\|\|y-z\|}{2} \\ &\leqslant 2+a.\end{aligned}$$

另一方面, 设 e_1 和 e_2 是 S_H 的正交元, 令

$$x = e_1, \quad y = \frac{a}{2}e_1 + \sqrt{1-\frac{a^2}{4}}e_2, \quad z = -\frac{a}{2}e_1 + \sqrt{1-\frac{a^2}{4}}e_2.$$

则有 $\|y-z\| = a\|x\|$, $\min\{\|x+y\|, \|x-z\|\} = \|x+y\| = \sqrt{2+a}$. □

注意到, 对任意的 $x,y \in S(X)$, 都有 $2\min\{\|x+y\|^2, \|x-y\|^2\} \leqslant \|x+y\|^2 + \|x-y\|^2$, 我们有下面的命题.

命题3.7.3　$J(a,X)^2/2 \leqslant C_{NJ}(a,X), \forall a \in [0,\infty)$.

推论3.7.4　对任意的 $a \in [0,2]$, $J(a,X) = 2 \Leftrightarrow C_{NJ}(a,X) = 2$.

证明　若 $C_{NJ}(a,X) = 2$, 由引理 3.6.4, 存在序列 $\{x_n\}, \{y_n\}, \{z_n\} \subset S(X)$ 满足 $\|x_n+y_n\|, \|x_n-z_n\| \to 2$ 以及 $\|y_n-z_n\| \leqslant 2-\delta, \forall n \in \mathbb{N}$. 从而, $J(a,X) = 2$. 相反的不等式是命题 3.7.3 的直接结果. □

由推论 3.6.9 和推论 3.7.4 可得下面结论.

推论3.7.5　若 $J(1,X) < 2$, 则 X 具有一致正规结构.

命题3.7.6　设 $0 \leqslant a \leqslant b$, 则有 $J(b,X) + a/2 \leqslant J(a,X) + b/2$. 特别地, $J(\cdot, X)$ 在区间 $[0,\infty)$ 上是连续函数.

证明 设 $\varepsilon > 0$, 则存在 $x, y, z \in B(X)$ 使得 $\|y - z\| = b_1 \|x\|$, $J(b, X) - \varepsilon < \min\{\|x + y\|, \|x - z\|\}$. 不妨假定 $b_1 > a$, 否则结论显然成立. 选取 $y_1, z_1 \in B(X)$ 满足 $\|y - y_1\| \leqslant (b - a)/2$, $\|z - z_1\| \leqslant (b - a)/2$, $\|y_1 - z_1\| \leqslant a \|x\|$. 事实上, 令 $\alpha = (b_1 - a)/2b_1$, 取 $y_1 = (1 - \alpha)y + \alpha z$, $z_1 = (1 - \alpha)z + \alpha y$ 即可. 从而有

$$J(b, X) - \varepsilon \leqslant \min\{\|x + y\|, \|x - z\|\}$$
$$\leqslant \min\{\|x + y_1\| + \|y - y_1\|, \|x - z_1\| + \|z - z_1\|\}$$
$$\leqslant \min\{\|x + y_1\|, \|x - z_1\|\} + \frac{b - a}{2}$$
$$\leqslant J(a, X) + \frac{b - a}{2}.$$

令 $\varepsilon \to 0$, 则得到 $J(b, X) + a/2 \leqslant J(a, X) + b/2$. $\square$

由 $J(\cdot, X)$ 的连续性, 类似命题 3.6.3 容易得到下面结论.

命题3.7.7 $J(a, X) = J(a, \tilde{X})$.

定理3.7.8 $C_{NJ}(a, X) \geqslant (1+a)^2/(1+a^2), \forall a \in (0, 1]$ 当且仅当 $J(1, X) = 2$.

证明 必要性. 由于 $C_{NJ}(a, X)$ 是连续的, 从而

$$C_{NJ}(1, X) = \lim_{a \to 1} C_{NJ}(a, X) \geqslant \frac{(1+a)^2}{(1+a^2)} = 2.$$

由推论 3.7.4 知, $J(1, X) = 2$.

充分性. 假设 $J(1, X) = 2$. 由引理 3.6.4, 存在序列 $\{x_n\}, \{y_n\}, \{z_n\} \subset S(X)$ 满足 $\|x_n + y_n\| \to 2$, $\|x_n + z_n\| \to 2$ 以及 $\|y_n - z_n\| \leqslant 1, \forall n \in \mathbb{N}$. 于是, 对任意的 n, 都有 $\|y_n - z_n\| \leqslant a$. 注意到不等式

$$\|x_n + y_n\| - \|y_n - ay_n\| \leqslant \|x_n - ay_n\| \leqslant 1 - a,$$
$$\|x_n - z_n\| - \|z_n - az_n\| \leqslant \|x_n - az_n\| \leqslant 1 - a.$$

则有

$$\lim_{n \to \infty} \|x_n + ay_n\| = 1 + a, \quad \lim_{n \to \infty} \|x_n - az_n\| = 1 + a.$$

从而, 有

$$\lim_{n \to \infty} C_{NJ}(a, X) = \lim_{n \to \infty} \frac{\|x_n + ay_n\|^2 + \|x_n - az_n\|^2}{2\|x_n\|^2 + \|ay_n\|^2 + \|az_n\|^2} = \frac{(1+a)^2}{1+a^2}.$$

故充分性得证. $\square$

推论3.7.9 若存在 $a \in (0, 1]$ 使得 $C_{NJ}(a, X) < (1+a)^2/(1+a^2)$, 则 X 具有一致正规结构.

定理3.7.10 $J(a,X) \geqslant (3+a)/2, \forall a \in (0,1]$ 当且仅当 $C_{NJ}(1,X) = 2$.

证明 必要性. 由于 $J(a,X)$ 是连续的, 从而
$$J(1,X) = \lim_{a \to 1} J(a,X) \geqslant \lim_{a \to 1} \frac{3+a}{2} = 2.$$

由推论 3.7.4 知, $C_{NJ}(1,X) = 2$.

充分性. 假设 $C_{NJ}(1,X) = 2$. 若 $a = 1$, 结论显然成立.

对于 $a \in (0,1)$, 由于 $C_{NJ}(1,X) = 2$, 由引理 3.6.4, 存在序列 $\{x_n\}, \{y_n\}, \{z_n\} \subset S(X)$ 满足 $\|x_n + y_n\| \to 2$, $\|x_n + z_n\| \to 2$ 以及 $\|y_n - z_n\| \leqslant 1, \forall n \in \mathbb{N}$. 于是, 对任意的 n, 都有 $\|y_n - z_n\| \leqslant a$. 令

$$y_n' = \frac{1+a}{2}y_n + \frac{1-a}{2}z_n, \quad z_n' = \frac{1-a}{2}y_n + \frac{1+a}{2}z_n.$$

则有
$$\|z_n - z_n'\| = \frac{1-a}{2}\|y_n - z_n\| \leqslant \frac{1-a}{2},$$
$$\|y_n - y_n'\| = \frac{1-a}{2}\|z_n - y_n\| \leqslant \frac{1-a}{2},$$
$$\|y_n' - z_n'\| = a\|y_n - z_n\| \leqslant a.$$

从而
$$\liminf_{n \to \infty} \|x_n + y_n'\| \geqslant \lim_{n \to \infty} \|x_n + y_n\| - \|y_n - y_n'\|$$
$$\geqslant 2 - \frac{1-a}{2} = \frac{3+a}{2},$$

$$\liminf_{n \to \infty} \|x_n - z_n'\| \geqslant \lim_{n \to \infty} \|x_n - z_n\| - \|z_n - z_n'\|$$
$$\geqslant 2 - \frac{1-a}{2} = \frac{3+a}{2}.$$

因此, 由 $J(a,X)$ 的定义可得
$$J(a,X) \geqslant \min\left\{\liminf_{n \to \infty} \|x_n + y_n'\|, \liminf_{n \to \infty} \|x_n - z_n'\|\right\} = \frac{3+a}{2}.$$

故充分性得证. □

推论3.7.11 若存在 $a \in (0,1]$ 使得 $J(a,X) < (3+a)/2$, 则 X 具有一致正规结构.

命题3.7.12 对任意的 $\delta > J(X)$, 都有 $J(2-\delta, X) < 2$.

证明 假设存在 $\delta > J(X)$ 使得 $J(2-\delta, X) = 2$. 由引理 3.6.4 知, 存在序列 $\{x_n\}, \{y_n\}, \{z_n\} \subset S(X)$ 满足

$$\|x_n + y_n\|, \|x_n - z_n\| \to 2 \quad \text{且} \quad \|y_n - z_n\| \leqslant 2-\delta, \quad \forall n \in \mathbb{N}. \tag{3.7.1}$$

从而

$$\liminf_{n \to \infty} \|x_n - y_n\| \geqslant \lim_{n \to \infty} \|x_n - z_n\| - \limsup_{n \to \infty} \|y_n - z_n\|$$
$$\geqslant 2 - (2-\delta) = \delta.$$

因此, 由 $J(X)$ 的定义, 可得

$$J(X) \geqslant \liminf_{n \to \infty} \min\{\|x_n - y_n\|, \|x_n + y_n\|\} = \delta,$$

矛盾. □

命题3.7.13 对任意的 $\delta > \varepsilon_0(X)$, 都有 $J(2-\delta, X) < 2$.

证明 假设存在 $\delta > \varepsilon_0(X)$ 使得 $J(2-\delta, X) = 2$. 由引理 3.6.4 知, 存在序列 $\{x_n\}, \{y_n\}, \{z_n\} \subset S(X)$ 满足 (3.7.1) 式. 从而, $\limsup_{n \to \infty} \|x_n - y_n\| < \delta$. 又由于 $\|x_n - z_n\| \leqslant \|x_n - y_n\| + \|y_n - z_n\|$, 令 $n \to \infty$, 则得到 $2 < \delta + (2-\delta)$, 矛盾. □

接下来, 我们利用 $J(a, X)$ 来估计 $\text{WCS}(X)$ 的下界, 进而能够得到蕴含正规结构的几何条件.

定理3.7.14 若 X 不具有 Schur 性质, 则对任意的 $a \in [0, 1]$, 有

$$\text{WCS}(X) \geqslant \frac{1 + (1+a)/\min\{R(1, X) + a, 2\}}{J(a, X)}. \tag{3.7.2}$$

证明 若 $J(a, X) = 2$, 结论显然成立. 对于 $J(a, X) < 2$, 则 X 是一致非方的, 从而是超自反的. 对于 $C_{NJ}(a, X) < 2$, 则 X 是一致非方的, 从而是超自反的. 设 $\{x_n\} \subset S(X)$ 为弱零序列, 不失一般性, 假定 $d = \lim_{n \neq m} \|x_n - x_m\|$ 存在. 选取 x_N, x_M, x_N^*, x_N^* 如定理 3.6.10 所述.

记 $R = R(1, X)$, 并令

$$x = \frac{x_M - x_N}{d+\varepsilon}, \quad y = \frac{(1+a)x_M + (d+\varepsilon)x_N}{(d+\varepsilon)(R+a+\varepsilon)}, \quad z = \frac{x_M + (d+\varepsilon+a)x_N}{(d+\varepsilon)(R+a+\varepsilon)}.$$

容易验证 $x,y,z \in B(X)$, $\|y-z\| \leqslant a\|x\|$. 并且

$$(d+\varepsilon)\|x+y\| = \left\|\left(1+\frac{1+a}{R+a+\varepsilon}\right)x_M - \left(1-\frac{d+\varepsilon}{R+a+\varepsilon}\right)x_N\right\|$$

$$\geqslant \left(1+\frac{1+a}{R+a+\varepsilon}\right)x_M^*(x_M) - \left(1-\frac{d+\varepsilon}{R+a+\varepsilon}\right)x_M^*(x_N)$$

$$\geqslant 1+\frac{1+a}{R+a+\varepsilon} - \varepsilon,$$

$$(d+\varepsilon)\|x-z\| = \left\|\left(1-\frac{1}{R+a+\varepsilon}\right)x_M - \left(1+\frac{d+\varepsilon+a}{R+a+\varepsilon}\right)x_N\right\|$$

$$\geqslant \left(1-\frac{1}{R+a+\varepsilon}\right)(-x_N^*)(x_M) - \left(1+\frac{d+\varepsilon+a}{R+a+\varepsilon}\right)(-x_N^*)(x_N)$$

$$\geqslant 1+\frac{d+\varepsilon+a}{R+a+\varepsilon} - \varepsilon.$$

注意到, $d \geqslant 1$ 以及 $0 \leqslant a \leqslant 1$, 由 $J(a,X)$ 的定义知

$$(d+\varepsilon)J(a,X) \geqslant \min\left\{1+\frac{1+a}{R+a+\varepsilon}-\varepsilon, 1+\frac{d+\varepsilon+a}{R+a+\varepsilon}-\varepsilon\right\}$$

$$= 1+\frac{1+a}{R+a+\varepsilon} - \varepsilon.$$

由于 $\{x_n\}$ 和 ε 是任意的, 则得到

$$\text{WCS}(X) \geqslant \frac{1+(1+a)/(R+a)}{J(a,X)}. \tag{3.7.3}$$

进一步, 若令 $x = (x_N - x_M)/(d+\varepsilon)$,

$$y = \frac{(1+a)x_N + (1-a)x_M}{2(d+\varepsilon)}, \quad z = \frac{(1-a)x_N + (1+a)x_M}{2(d+\varepsilon)}.$$

则有 $x,y,z \in B(X)$, $\|y-z\| = a\|x\|$, 且

$$(d+\varepsilon)\|x+y\| = \left\|\left(1+\frac{1+a}{2}\right)x_N - \left(1-\frac{1-a}{2}\right)x_M\right\|$$

$$\geqslant \left(1+\frac{1+a}{2}\right)x_N^*(x_N) - \left(1-\frac{1-a}{2}\right)x_N^*(x_M)$$

$$\geqslant 1+\frac{1+a}{2} - \varepsilon,$$

$$(d+\varepsilon)\|x-z\| = \left\|\left(1+\frac{1+a}{2}\right)x_M - \left(1-\frac{1-a}{2}\right)x_N\right\|$$

$$\geqslant \left(1+\frac{1+a}{2}\right)x_M^*(x_M) - \left(1-\frac{1-a}{2}\right)x_M^*(x_N)$$

$$\geqslant 1+\frac{1+a}{2} - \varepsilon.$$

从而, 由 $J(a, X)$ 的定义知

$$(d+\varepsilon)J(a, X) \geqslant 1 + \frac{1+a}{2} - \varepsilon.$$

由 $\{x_n\}$ 和 ε 的任意性, 我们有

$$\text{WCS}(X) \geqslant \frac{3+a}{2J(a, X)}. \tag{3.7.4}$$

结合 (3.7.3) 式和 (3.7.4) 式, 则 (3.7.2) 式成立. □

由于 $\text{WCS}(X) > 1$ 弱一致正规结构, 故由前面的定理可得

推论3.7.15 若存在 $a \in [0, 1]$ 使得 $J(a, X) < 1 + (1+a)/\min\{R(1, X) + a, 2\}$, 则 X 具有正规结构.

注意到 $J(0, X) = J(X)$ 且 $J(a, X)$ 是关于 a 的非减函数, 有下面的推论.

推论3.7.16 若 $J(X) < 1 + 1/R(1, X)$, 则 X 具有正规结构.

最后, 我们考虑一致正规结构的稳定性问题. 用 $d(X, Y)$ 表示 X 到 Y 的 Banach-Mazur 距离.

定理3.7.17 设 X 与 Y 同构, 若存在 $a \in [0, 1]$ 使得

$$d(X, Y) < \frac{3+a}{2J(a\,d(X, Y), Y)} \quad \text{或者} \quad d(X, Y) < \frac{1+\sqrt{5}}{2C_J(Y)},$$

则分别有 $J(a, X) < (3+a)/2$ 或者 $J(X) < (1+\sqrt{5})/2$. 特别地, 若 Y 是 Hilbert 空间, 且 $d(X, Y) < (1+\sqrt{5})/2\sqrt{2}$, 则 X 具有一致正规结构.

证明 设 $a \in [0, 1]$ 且满足定理中的条件. 对任意的 $\varepsilon > 0$, 存在同构映射 $\phi: (X, \|\cdot\|) \to (Y, \|\cdot\|)$, 满足 $M := \|\phi\|\|\phi^{-1}\| \leqslant (1+\varepsilon)d(X, Y)$. 在 Y 上定义范数: $|y| = \|\phi\|\|\phi^{-1}(y)\|$. 则有 $\|y\| \leqslant |y| \leqslant M\|y\|, \forall y \in Y$, 且 $J(a, Y_{|\cdot|}) = J(a, X)$. 取 $x, y, z \in B_{(Y, |\cdot|)}$, 满足 $|y-z| \leqslant a|x|$. 则 $x, y, z \in B_{(Y, \|\cdot\|)}$, 且有 $|y-z| \leqslant aM\|x\|$. 又由于 $\min\{|x+y|, |x-z|\} \leqslant M\min\{\|x+y\|, \|x-z\|\} \leqslant MJ(aM, Y_{\|\cdot\|})$, $J(a, X) = J(a, Y_{|\cdot|}) \leqslant MJ(aM, Y_{\|\cdot\|})$. 因此, 由 Banach-Mazur 距离的定义知, $J(a, X) \leqslant d(X, Y)J(a\,d(X, Y), Y)$. 其他部分的证明是显然的. □

推论3.7.18 若存在 $a \in [0, 1]$ 使得

$$d(X, Y) < \frac{a - 2J(a, Y) + \sqrt{(2J(a, Y) - a)^2 + 4a(3+a)}}{2a},$$

则 $J(a, X) < (3+a)/2$.

证明 由前面定理的证明知, $J(a, X) \leqslant d(X, Y)J(a\,d(X, Y), Y)$. 注意到命题 3.7.6, 以及下面的事实:

$$d(X, Y)\left(J(a, X) + \frac{a(d(X, Y) - 1)}{2}\right) < \frac{3+a}{2},$$

当且仅当
$$d(X,Y) < \frac{a - 2J(a,Y) + \sqrt{(2J(a,Y) - a)^2 + 4a(3+a)}}{2a}.$$

我们有
$$d(X,Y) < \frac{3+a}{2J(a\,d(X,Y),Y)}.$$

再由定理 3.7.17 知, 结论成立. □

3.8 新常数 $J_{X,p}(t)$

本节引入一个新的常数, 它是光滑模和 Gao 常数的推广. 这个常数可以刻画 Banach 空间的几何性质, 例如, 一致非方性、光滑性、q 一致光滑性 $(1 < q \leqslant 2)$、超自反性、正规结构等.

定义 3.8.1 设 $x,y \in S(X)$, 对任意的 $t > 0$ 和 $1 \leqslant p < \infty$, 定义下面的常数
$$J_{X,p}(t) = \sup \left\{ \left(\frac{\|x + ty\|^p + \|x - ty\|^p}{2} \right)^{1/p} \right\}.$$

由定义易知, 当 $1 \leqslant p < \infty$ 时, 有 $J_{X,p}(t) \geqslant \rho_X(t)$; 取 $p = 1$ 和 $p = 2$ 时, 分别得到 $J_{X,1}(t) = \rho_X(t) + 1$ 和 $2J_{X,2}^2(t) = E(t,X)$. 这里, $E(t,X)$ 是 Gao[49] 于 2005 年引入的, 定义如下: 对任意的 $t \in [0,1]$,
$$E(t,X) = \sup\{\|x+ty\|^2 + \|x-ty\|^2 : x,y \in S(X)\}.$$

命题 3.8.1 对任意的 $t > 0$, 我们有
$$J_{X,p}(t) = \sup\{J_{Y,p}(t) : Y \in \mathcal{P}(X)\}$$

其中, $\mathcal{P}(X) = \{Y : Y \text{ 是 } X \text{ 二维子空间}\}$.

命题 3.8.2 对任意的 $t > 0$, 下面的结论成立:

(1) $J_{X,p}(t)$ 是非减的函数;

(2) $J_{X,p}(t)$ 是凸函数;

(3) $J_{X,p}(t)$ 是连续的函数;

(4) $(J_{X,p}(t) - 1)/t$ 也是非减的函数.

证明 (1) 注意到, $f(t) = \|x+ty\|^p + \|x-ty\|^p$ 是一个凸的偶函数. 设

$0 < t_1 \leqslant t_2, x, y \in S(X)$. 则有

$$\|x+t_1y\|^p + \|x-t_1y\|^p = f(t_1) = f\left(\frac{t_2+t_1}{2t_2}t_2 + \frac{t_2-t_1}{2t_2}(-t_2)\right)$$
$$\leqslant f(t_2) = \|x+t_2y\|^p + \|x-t_2y\|^p$$
$$\leqslant 2J_{X,p}^p(t_2).$$

从而, $2J_{X,p}^p(t_1) \leqslant 2J_{X,p}^p(t_2)$, 因此 $J_{X,p}(t_1) \leqslant J_{X,p}(t_2)$.

(2) 设 $x, y \in S(X), t_1, t_2 > 0, 0 < \lambda < 1$. 令 $r(s) = \text{sgn}(\sin 2\pi s)$, 有

$$\left(\int_0^1 \|x+r(s)(\lambda t_1 + (1-\lambda)t_2)y\|^p dt\right)^{1/p}$$
$$\leqslant \left(\int_0^1 (\lambda\|x+r(s)t_1y\| + (1-\lambda)\|x+r(s)t_2y\|)^p dt\right)^{1/p}$$
$$\leqslant \lambda \left(\int_0^1 \|x+r(s)t_1y\|^p dt\right)^{1/p} + (1-\lambda)\left(\int_0^1 \|x+r(s)t_2y\|^p dt\right)^{1/p}$$
$$\leqslant \lambda J_{X,p}(t_1) + (1-\lambda)J_{X,p}(t_2).$$

由于 x, y 是任意的, 故 $J_{X,p}(\lambda t_1 + (1-\lambda)t_2) \leqslant \lambda J_{X,p}(t_1) + (1-\lambda)J_{X,p}(t_2)$.

(3) 函数 $J_{X,p}(t)$ 的连续性可从 (2) 得到.

(4) 设 $0 < t_1 \leqslant t_2$, 则存在 $\lambda \in (0,1]$ 使得 $t_1 = \lambda t_2$. 从而

$$\frac{J_{X,p}(t_1)-1}{t_1} \leqslant \frac{J_{X,p}((1-\lambda)0 + \lambda t_2)-1}{\lambda t_2} \leqslant \frac{J_{X,p}(t_2)-1}{t_2}. \qquad \square$$

命题3.8.3 对任意的 $t > 0$, 有下面的结论

$$J_{X,p}(t) = \sup\left\{\left(\frac{\|x+ty\|^p + \|x-ty\|^p}{2}\right)^{1/p} : x \in S(X), y \in B(X)\right\}$$
$$= \sup\left\{\left(\frac{\|x+ty\|^p + \|x-ty\|^p}{2}\right)^{1/p} : x, y \in B(X)\right\}.$$

证明 由命题 3.8.2 中的 (1) 可知

$$\sup_{x \in S(X)} \sup_{y \in B(X)} \left\{\left(\frac{\|x+ty\|^p + \|x-ty\|^p}{2}\right)^{1/p}\right\} \leqslant J_{X,p}(t\|y\|) \leqslant J_{X,p}(t).$$

由于相反的不等式是显然的, 故第一个不等式成立.

固定参数 t. 令 $h(\lambda) = \|\lambda x + ty\|^p + \|\lambda x - ty\|^p$. 则 $h(\lambda)$ 是一个凸的偶函数, 从而对任意的 $\lambda \geqslant 1$ 有 $h(\lambda) \geqslant h(1)$. 取 $x, y \in B(X)$ 可以得到

$$\left\|\frac{x}{\|x\|} + ty\right\|^p + \left\|\frac{x}{\|x\|} - ty\right\|^p \geqslant \|x + ty\|^p + \|x + ty\|^p.$$

因此

$$\sup_{x \in S(X)} \sup_{y \in B(X)} (\|x + ty\|^p + \|x + ty\|^p) \geqslant \sup_{x \in B(X)} \sup_{y \in B(X)} (\|x + ty\|^p + \|x + ty\|^p).$$

由于相反的不等式是显然的, 故第二个不等式也成立. □

定理3.8.4 设 $1 \leqslant p < \infty, t > 0$, 则 $J_{X,p}(t) < 1 + t \Leftrightarrow J(t, X) < 1 + t$, 其中, $J(t, X) = \sup\{\min\{\|x + ty\|, \|x - ty\|\} : x, y \in S(X)\}$ 为参数化的 James 常数.

证明 必要性. 我们知道, 对任意的 t 都有 $J(t, X) \leqslant 1 + t$. 假设 $J(t, X) = 1 + t$, 由 $J(t, X)$ 的定义知, 对任意的 $\varepsilon > 0$, 存在 $x, y \in S(X)$, 满足

$$\min\{\|x + ty\|, \|x - ty\|\} \geqslant 1 + t - \varepsilon.$$

从而,

$$\left(\frac{\|x + ty\|^p + \|x - ty\|^p}{2}\right)^{1/p} \geqslant 1 + t - \varepsilon.$$

由于 ε 是任意的, 则 $J_{X,p}(t) \geqslant 1 + t$, 矛盾.

充分性. 假设 $J_{X,p}(t) = 1 + t$, 则对任意的 $\varepsilon > 0$, 存在 $x, y \in S(X)$, 满足

$$\|x + ty\|^p + \|x - ty\|^p \geqslant 2(1 + t - \varepsilon)^p.$$

注意到 $\|x + ty\|^p + \|x - ty\|^p \leqslant 2(1 + t)^p$. 由于 ε 是任意的, 故 $\|x + ty\| = \|x - ty\| = 1 + t$. 由 $J(t, X)$ 的定义, 可以得到 $J(t, X) \geqslant 1 + t$, 矛盾. □

我们知道 $J(t, X)$ 可以刻画一致非方, 由定理 3.8.4 和文献 [57] 中的结论, 可以得到下面的推论.

推论3.8.5 设 $1 \leqslant p < \infty, t > 0$, 则下列条件等价:

(1) X 是一致非方的;
(2) 存在 $t > 0$ 满足 $J_{X,p}(t) < 1 + t$;
(3) 对任意的 $t > 0$ 都有 $J_{X,p}(t) < 1 + t$.

定理3.8.6 X 是一致光滑的当且仅当 $\lim_{t \to 0}(J_{X,p}(t) - 1)/t = 0$.

证明 由于 $J_{X,p}(t) \geqslant \rho_X(t) + 1$, 故充分性显然成立. 下面证明必要性.

假设 $\lim_{t\to 0}(J_{X,p}(t)-1)/t > 0$. 由命题 3.8.2 中的 (4) 知, 对任意的 $t > 0$, 存在 $0 < c < 1$ 使得 $\frac{J_{X,p}(t)-1}{t} \geqslant c$. 不妨设 $t < 1$. 选取 x, y 满足 $\|x\| = 1$, $\|y\| = t$ 且

$$\|x+y\|^p + \|x-y\|^p \geqslant 2(1+ct)^p.$$

不失一般性, 设 $\min\{\|x+y\|, \|x-y\|\} = \|x-y\| = h$, 则 $h \in [1-t, 1+ct]$. 由上面的不等式可得

$$\|x+y\| + \|x-y\| \geqslant h + (2(1+ct)^p - h^p)^{1/p} =: f(h).$$

注意到 $f(h)$ 在 $h = 1-t$ 达到最小值, 从而由光滑模 $\rho_X(t)$ 的定义得

$$\frac{\rho_X(t)}{t} \geqslant \frac{f(1-t)-2}{2t} = \frac{1-t+\left(2(1+ct)^p - (1-t)^p\right)^{1/p} - 2}{2t}.$$

令 $t \to 0$, 运用洛必达法则可得 $\lim_{t\to 0}\rho_X(t)/t \geqslant c > 0$, 显然这与一致光滑的定义矛盾. □

我们知道, 对于 $1 \leqslant p < \infty$ 以及 $1 < q \leqslant 2$, X 是 q 一致光滑的当且仅当存在 $K \geqslant 1$ 满足

$$\frac{\|x+y\|^p + \|x-y\|^p}{2} \leqslant \|x\|^q + \|Ky\|^q, \quad \forall x, y \in X.$$

因此, 由定理 3.8.6 和 $J_{X,p}(t)$ 的定义容易得到下面的定理.

定理3.8.7 设 $1 \leqslant p < \infty, 1 < q \leqslant 2$. 则下列条件是等价的：
(1) X 是 q 一致光滑.
(2) 存在 $K \geqslant 1$, 使得对任意的 $t > 0$ 都有, $J_{X,p}(t) \leqslant (1+Kt^q)^{1/q}$.

定理3.8.8 设 X 是空间 l_r 或者 $L_r[0,1]$ 且 $\dim(X) \geqslant 2$.
(1) 若 $1 < r \leqslant 2$ 且 $1/r + 1/r' = 1$. 对于任意的 $t > 0$, 当 $1 < p < r'$ 时, 有 $J_{X,p}(t) = (1+t^r)^{1/r}$; 当 $r' < p < \infty$ 时, 存在 $K \geqslant 1$, 使得 $J_{X,p}(t) \leqslant (1+Kt^r)^{1/r}$.
(2) 若 $2 \leqslant r < \infty, 1 \leqslant p < \infty$, 记 $h = \max\{r, p\}$. 则

$$J_{X,p}(t) = \left(\frac{(1+t)^h + |1-t|^h}{2}\right)^{1/h}, \quad \forall t > 0.$$

证明 (1) 注意到, 若 $1 < r \leqslant 2$, 则 $l_r, L_r[0,1]$ 都是 r 一致光滑的且满足 Clarkson 不等式

$$\left(\frac{\|x+ty\|^{r'} + \|x-ty\|^{r'}}{2}\right)^{1/r'} \leqslant (\|x\|^r + \|y\|^r)^{1/r}.$$

由文献 [109] 的 Remark 1 知, 当 $1 < p < r'$ 时, r 一致光滑的等价定义中可以取值 $K = 1$, 从而, $J_{X,p}(t) \leqslant (1 + t^r)^{1/r}$, $\forall t > 0$.

另一方面, 取 $x = (1, 0, \cdots)$, $y = (0, 1, 0, \cdots)$. 则 $\|x\| = \|y\| = 1$, 且

$$\left(\frac{\|x + ty\|_r^p + \|x - ty\|_r^p}{2}\right)^{1/p} = (1 + t^r)^{1/r}.$$

因此, 当 $1 < p < r'$ 时, 有 $J_{l_r,p}(t) = (1 + t^r)^{1/r}$.

对于空间 $L_r[0, 1]$, 可以取 $x(s), y(s)$ 满足 $\int_0^b |x(s)|^r \mathrm{d}s = 1$, $\int_b^1 |y(s)|^r \mathrm{d}s = 1$. 令

$$x_1(s) = \begin{cases} x(s), & 0 \leqslant s < b, \\ 0, & b \leqslant s \leqslant 1, \end{cases} \quad y_1(s) = \begin{cases} 0, & 0 \leqslant s < b, \\ y(s), & b \leqslant s \leqslant 1. \end{cases}$$

则 $\|x_1(s)\| = \|y_1(s)\| = 1$, 且当 $1 < p < r'$ 时

$$\left(\frac{\|x_1(s) + ty_1(s)\|_r^p + \|x_1(s) - ty_1(s)\|_r^p}{2}\right)^{1/p} = (1 + t^r)^{1/r}.$$

因此, 当 $1 < p < r'$ 时, 有 $J_{L_r,p}(t) = (1 + t^r)^{1/r}$. 若 $r' < p < \infty$, 由定理 3.8.7 知, 存在 $K \geqslant 1$, 满足 $J_{X,p}(t) \leqslant (1 + Kt^r)^{1/r}$.

(2) 若 $2 \leqslant r < \infty$, 则 $l_r, L_r[0, 1]$ 都满足 Hanner 不等式

$$\|x + y\|^r + \|x - y\|^r \leqslant \big|\|x\| + \|y\|\big|^r + \big|\|x\| - \|y\|\big|^r.$$

由文献 [115] 知, 对某个 $\gamma > 0$, 下面两个不等式等价:

$$\|x + y\|^r + \|x - y\|^r \leqslant \big|\|x\| + \|\gamma y\|\big|^r + \big|\|x\| - \|\gamma y\|\big|^r,$$

$$\left(\frac{\|x + y\|^s + \|x - y\|^s}{2}\right)^{1/s} \leqslant \left(\frac{\big|\|x\| + \|\gamma y\|\big|^a + \big|\|x\| - \|\gamma y\|\big|^a}{2}\right)^{1/a},$$

其中, $1 < r, s, a, < \infty$. 首先令 $s = a = p$, 可以得到

$$J_{X,p}(t) \leqslant \left(\frac{(1 + t)^p + |1 - t|^p}{2}\right)^{1/p}.$$

类似地, 令 $s = p, a = r$, 可以得到

$$J_{X,p}(t) \leqslant \left(\frac{(1 + t)^r + |1 - t|^r}{2}\right)^{1/r}.$$

另一方面, 取 $x_1 = y_1 = (1, 0, \cdots)$, $x_2 = ((1/2)^{1/r}, (1/2)^{1/r}, \cdots)$, $y_2 = ((1/2)^{1/r}, (1/2)^{1/r}, \cdots)$. 则 $\|x_i\| = \|y_j\| = 1$, $i, j = 1, 2$, 且

$$\left(\frac{\|x_1 + ty_1\|_r^p + \|x_1 - ty_1\|_r^p}{2}\right)^{1/p} = \left(\frac{(1 + t)^p + |1 - t|^p}{2}\right)^{1/p},$$

$$\left(\frac{\|x_2+ty_2\|_r^p+\|x_2-ty_2\|_r^p}{2}\right)^{1/p}=\left(\frac{(1+t)^r+|1-t|^r}{2}\right)^{1/r}.$$

因此, 结论 (2) 关于 l_r 成立.

对于 $L_r[0,1]$, 取 $x(s)\in S_{L_r[0,1]}$, 则 $\int_0^1|x(s)|^r\mathrm{d}s=1$. 取 $b\in[0,1]$ 使得 $\int_0^b|x(s)|^r\mathrm{d}s=1/2$, 则 $\int_b^1|x(s)|^r\mathrm{d}s=1/2$. 令

$$y(s)=\begin{cases}x(s),&0\leqslant s<b,\\-x(s),&b\leqslant s\leqslant 1.\end{cases}$$

令 $x_1(s)=y_1(s)=x(s)$, $x_2(s)=x(s)$, $y_2(s)=y(s)$. 则 $x_i(s),y_i(s)\in S_{L_r[0,1]}$, $i=1,2$, 且

$$\left(\frac{\|x_1(s)+ty_1(s)\|_r^p+\|x_1(s)-ty_1(s)\|_r^p}{2}\right)^{1/p}=\left(\frac{(1+t)^p+|1-t|^p}{2}\right)^{1/p},$$

$$\left(\frac{\|x_2(s)+ty_2(s)\|_r^p+\|x_2(s)-ty_2(s)\|_r^p}{2}\right)^{1/p}=\left(\frac{(1+t)^r+|1-t|^r}{2}\right)^{1/r}.$$

故结论 (2) 关于 $L_r[0,1]$ 也成立. □

定理3.8.9 对于 $1\leqslant p\leqslant 2$, 下列条件等价:

(1) X 同胚于 Hilbert 空间;

(2) 对任意的 $t>0$, 都有 $J_{X,p}(t)=(1+t^2)^{1/2}$.

证明 (1) $\Rightarrow$ (2) 由定理 3.8.8 知, 若 X 同胚于 Hilbert 空间, 则有 $r=2$. 因此对任意的 $t\geqslant 0$, $1\leqslant p\leqslant 2$, 有 $J_{X,p}(t)=(1+t^2)^{1/2}$.

(2) $\Rightarrow$ (1) 当 $p=1$ 时, $\rho_X(t)\leqslant\sqrt{1+t^2}-1$, 由文献 [15] 中的结果知 X 同胚于 Hilbert 空间. □

注3.8.10 当 $p>2$ 时, 上面的定理并不成立. 事实上, 若 $p>2$, X 是 Hilbert 空间, 则由定理 3.8.8 知, 对任意的 $t>0$, 都有 $J_{X,p}(t)=(((1+t)^p+|1-t|^p)/2)^{1/p}$.

下面估计 $J_{X,p}(t)$ 的稳定性, $d(X,Y)$ 表示 X 到 Y 的 Banach-Mazur 距离.

定理3.8.11 设 X 和 Y 是同构的 Banach 空间, 则对任意的 $t>0$, $1\leqslant p<\infty$ 有

$$\frac{J_{X,p}(t)}{d(X,Y)}\leqslant J_{Y,p}(t)\leqslant J_{X,p}(t)d(X,Y).$$

证明 设 $x,y\in S(X)$. 对任意的 $\varepsilon>0$, 存在从 X 到 Y 的同构映射 T 满足 $\|T\|\|T^{-1}\|\leqslant(1+\varepsilon)d(X,Y)$. 令 $x'=Tx/\|T\|$, $y'=Ty/\|T\|$, 则 $x',y'\in B_Y$.

由命题 3.8.3 可得

$$\left(\frac{\|x+ty\|^p + \|x-ty\|^p}{2}\right)^{1/p}$$

$$= \|T\| \left(\frac{\left\|T^{-1}(x'+ty')\right\|^p + \left\|T^{-1}(x'-ty')\right\|^p}{2}\right)^{1/p}$$

$$\leqslant (1+\varepsilon)d(X,Y) \left(\frac{\|x'+ty'\|^p + \|x'-ty'\|^p}{2}\right)^{1/p}$$

$$\leqslant (1+\varepsilon)d(X,Y) J_{Y,p}(t).$$

注意到 $x, y \in S(X)$ 以及 $\varepsilon > 0$ 是任意的, 因此 $J_{X,p}(t) \leqslant J_{Y,p}(t) d(X,Y)$. 第二个不等式只需要交换 X 和 Y 的位置即可得到. □

推论 3.8.12 设 $t > 0$, $X_1 = (X, \|\cdot\|_1)$, 这里 $\|\cdot\|_1$ 是 X 的等价范数, 且存在 $a, b > 0$ 使得 $a\|x\| \leqslant \|x\|_1 \leqslant b\|x\|, \forall x \in X$. 则 $(a/b) J_{X,p}(t) \leqslant J_{X_1,p}(t) \leqslant (b/a) J_{X,p}(t)$.

推论 3.8.13 设 X 在 Y 中有限表示, 则

(1) $J_{X,p}(t) \leqslant J_{Y,p}(t)$;

(2) $J_{X,p}(t) = J_{X^{**},p}(t)$.

证明 (1) 对任意的 $x, y \in S(X)$, 令 X_0 是包含 x 和 y 的二维子空间. 任意给定 $\varepsilon > 0$, 因为 X 在 Y 中有限表示, 则存在 Y 的二维子空间 Y_0 满足 $d(X_0, Y_0) \leqslant 1 + \varepsilon$. 对 X_0 和 Y_0 运用定理 3.8.11 可得 $J_{X,p}(t) \leqslant (1+\varepsilon) J_{Y,p}(t)$. 再由 ε 的任意性知结论成立.

(2) 由局部自反性原理知, X^{**} 总是在 X 中有限表示. 故由 (1) 的结论可得 $J_{X,p}(t) \geqslant J_{X^{**},p}(t)$. 另一方面, 由于 X 与 X^{**} 的一个子空间同构, 则有 $J_{X,p}(t) \leqslant J_{X^{**},p}(t)$. □

接下来, 我们用具体的例子来验证上述的稳定性结果, 并对某特殊的空间 $J_{X,p}(t)$ 的值做出严格的估计.

设 $\lambda > 0$, 令 Z_λ 表示 $\mathbb{R}^2$ 赋以范数 $|x|_\lambda = (\|x\|_2^2 + \lambda\|x\|_\infty^2)^{1/2}$ 生成的空间. 则有

$$\sqrt{(\lambda+2)/2}\|x\|_2 \leqslant |x|_\lambda \leqslant \sqrt{\lambda+1}\|x\|_2, \quad \forall x \in Z_\lambda.$$

由推论 3.8.12 可得

$$J_{Z_\lambda,p}(t) \leqslant \sqrt{2(\lambda+1)/(\lambda+2)} J_{\ell_2,p}(t).$$

类似地, 可得

$$J_{X_{\lambda,r},p}(t) \leqslant \lambda J_{l_r,p}(t), \quad J_{Y_{\lambda,r},p}(t) \leqslant \lambda J_{L_r,p}(t),$$

3.8 新常数 $J_{X,p}(t)$

$$J_{l_{r,r'},p}(t) \leqslant 2^{1/r'-1/r} J_{l_r,p}(t), \quad J_{b_{r,r'},p}(t) \leqslant 2^{1/r'-1/r} J_{l_r,p}(t).$$

这里, $X_{\lambda,r}$ 表示空间 l_r $(2 \leqslant r < \infty)$ 赋以范数 $\|x\|_{\lambda,r} = \max\{\|x\|_r, \lambda\|x\|_\infty\}$, $Y_{\lambda,r}$ 表示空间 $L_r[0,1]$ $(1 \leqslant r \leqslant 2)$ 赋以范数 $\|x\|_{\lambda,r} = \max\{\|x\|_r, \lambda\|x\|_1\}$. 其中, $\lambda \geqslant 1$, $l_{r,r'}$, $b_{r,r'}$ 分别表示 Day-James 和 Bynum 空间.

遗憾的是, 我们只给出上述空间 $J_{X,p}(t)$ 的粗略估计, 并没有得到精确的取值, 但是对于下面的空间, 有如下的计算结果.

例3.8.1 设 $X = \mathbb{R}^2$ 赋以范数

$$\|x\| = \begin{cases} \|x\|_\infty, & x_1 x_2 \geqslant 0, \\ \|x\|_1, & x_1 x_2 \leqslant 0, \end{cases}$$

则有

$$J_{X,p}(t) = \begin{cases} \left[(1 + (1+t)^p)/2\right]^{1/p}, & 0 < t \leqslant 1, \\ \left[(t^p + (1+t)^p)/2\right]^{1/p}, & 1 < t < \infty. \end{cases}$$

证明 我们知道 $\rho_X(t) = \max\{t/2, t - 1/2\}^{[67]}$, 则对任意的 $x, y \in S(X)$ 有

$$\|x + ty\|^p + \|x - ty\|^p \leqslant 1 + (1+t)^p.$$

事实上, 若 $\|x + ty\| \leqslant 1$, 上述不等式显然成立. 设 $\|x + ty\| \leqslant h$ $(1 \leqslant h \leqslant 1+t)$, 则有

$$\|x + ty\|^p + \|x - ty\|^p \leqslant h^p + [2(\rho_X(t) + 1) - h]^p.$$

(1) 若 $0 < t < 1$, 则 $\|x+ty\|^p + \|x-ty\|^p \leqslant h^p + (2+t-h)^p =: f(h)$. 注意到函数 $f(h)$ 在 $h = 1$ 处达到最大值, 从而可得 $\|x+ty\|^p + \|x-ty\|^p \leqslant 1 + (1+t)^p$. 取 $x = (1,1)$, $y = (0,1)$, 则有 $\|x+ty\|^p + \|x-ty\|^p = 1 + (1+t)^p$. 因此, $J_{X,p}(t) = \left[(1 + (1+t)^p)/2\right]^{1/p}$.

(2) 若 $1 < t < \infty$, 则 $\|x+ty\|^p + \|x-ty\|^p \leqslant h^p + (2t+1-h)^p =: f(h)$. 注意到函数 $f(h)$ 在 $h = 1+t$ 处达到最大值, 从而可得 $\|x+ty\|^p + \|x-ty\|^p \leqslant t^p + (1+t)^p$. 取 $x = (1,1)$, $y = (0,1)$, 则前面的不等式 "=" 可达, 因此 $\|x+ty\|^p + \|x-ty\|^p = t^p + (1+t)^p$. 于是 $J_{X,p}(t) = \left[(t^p + (1+t)^p)/2\right]^{1/p}$. □

最后, 我们讨论 $J_{X,p}(t)$ 与不动点性质之间的联系.

定理3.8.14 $2J_{X,p}^p(1) \geqslant \left(1 + (\omega(X))^p\right)[R(X)]^p$.

证明 由 $R(X)$ 的定义知, 对任意的 $\varepsilon > 0$, 存在 $x \in S(X)$ 以及 $\{x_n\} \subset B(X)$ 满足

$$\liminf_{n \to \infty} \|x_n + x\| \geqslant R(X) - \varepsilon.$$

选取 $\{x_n\}$ 的子列仍记为 (x_n), 使得 $\lim_{n\to\infty}\|x_n+x\| \geqslant R(X)-\varepsilon$, 且 $\lim_{n\to\infty}\|x_n+x\|$ 存在, 则有

$$\begin{aligned}
2J_{X,p}^p(1) &\geqslant \lim_{n\to\infty}(\|x_n+x\|^p+\|x_n-x\|^p) \\
&\geqslant \left(1+(\omega(X))^p\right)\lim_{n\to\infty}\|x_n+x\|^p \\
&\geqslant \left(1+(\omega(X))^p\right)(R(X)-\varepsilon)^p.
\end{aligned}$$

由于 ε 是任意的, 定理得证. $\square$

我们知道, $R(X)<2$ 蕴含弱不动点性质. 利用前面的定理, 可得下面推论.

推论 3.8.15 若 $J_{X,p}(1) < 2^{1-1/p}\left(1+(\omega(X))^p\right)^{1/p}$, 则 $R(X)<2$.

2008 年, Casini 等在文献 [24] 中得到了下面的引理.

引理 3.8.16 设 X 是超自反的且不具有 Shur 性质. 则存在 $x_1', x_2' \in S(X)$ 以及 $f_1', f_2' \in S(X^*)$ 满足下面的关系式:

(1) $\|x_1'-x_2'\| = \mathrm{WCS}(X)$, $\|x_1'+x_2'\| \leqslant R(X)$;
(2) $f_i'(x_i') = 1$, $i=1,2$ 且 $f_i'(x_j') = 0$, $i \neq j$.

定理 3.8.17 设 X 不具有 Shur 性质, 则

$$2J_{X^*,p}^p(t) \geqslant \frac{(1+t)^p}{[R(X)]^p} + \frac{(1+t)^p}{[\mathrm{WCS}(X)]^p}.$$

特别地, 若 $p=1$, 有 $\rho_{X^*}(t)+1 \geqslant (1+t)/(2\mathrm{WCS}(X)) + (1+t)/(2R(X))$.

证明 由引理 3.8.16, 有

$$\begin{aligned}
2J_{X^*,p}^p(t) &\geqslant \|f_2'+tf_1'\|^p + \|f_2'-tf_1'\|^p \\
&\geqslant \left\|(f_2'+tf_1')\left(\frac{x_2'+x_1'}{R(X)}\right)\right\|^p + \left\|(f_2'-tf_1')\left(\frac{x_2'-x_1'}{\mathrm{WCS}(X)}\right)\right\|^p \\
&\geqslant \frac{(1+t)^p}{[R(X)]^p} + \frac{(1+t)^p}{[\mathrm{WCS}(X)]^p}. \quad \square
\end{aligned}$$

推论 3.8.18 若 $\rho_{X^*}(t) < ((t-1)R(X)+(1+t))/2R(X)$, 则 X 具有一致正规结构.

第 4 章 集值映射不动点理论

集值映射不动点理论在博弈论和经济数学等应用学科有着重要的应用价值, 因此, 人们自然希望知道, 已知的单值映射的不动点存在性问题的结果能否推广到集值映射的情形.

有些单值映射的不动点结果已经推广到了集值映射, 例如, 1969 年, Nadler[95] 把 Banach 压缩映射原理推广到集值压缩映射. 然而, 还有许多其他的开问题并没有解决, 例如, 著名的 Kirk 定理能否推广到集值映射, 即具有弱正规结构的 Banach 空间中, 集值映射是否具有不动点?

许多蕴含弱正规结构的几何性质 (例如, 一致凸、接近一致凸、一致光滑等) 都蕴含单值映射不动点性质. 人们自然要问: 这些性质是否也蕴含集值映射不动点性质? 因此, 出现了一些关于推广 Kirk 定理的不完全结果, 这些结果也为证明上述几何性质蕴含集值非扩张映射不动点的存在性, 指引了方向.

本章将介绍集值映射不动点理论的一些经典结果, 以及这个分支当前的研究方向.

4.1 集 值 映 射

我们用 $\mathrm{CB}(X)$ 表示所有 X 的非空有界闭子集的全体, 用 $K(X)$ ($\mathrm{KC}(X)$) 表示所有 X 的非空紧 (凸) 子集的全体. 对于 $x \in X$, 用 $d(x, C) := \inf\{d(x, y) : y \in C\}$ 表示点 X 到集合 C 的距离.

定义 4.1.1 设 C 为 X 的闭凸子集, 则集值映射 $T : C \to \mathrm{CB}(X)$ 称为是压缩的, 是指若存在常数 $k \in [0, 1)$ 使得

$$H(Tx, Ty) \leqslant k\|x - y\|, \quad x, y \in C, \tag{4.1.1}$$

若 (4.1.1) 式对 $k = 1$ 成立, 则称 T 是非扩张的. 其中, $H(\cdot, \cdot)$ 表示 $\mathrm{CB}(X)$ 上的 Hausdorff 距离, 即对于任意的 $A, B \in \mathrm{CB}(X)$

$$H(A, B) := \max\left\{\sup_{x \in A}\inf_{y \in B}\|x - y\|, \sup_{y \in B}\inf_{x \in A}\|x - y\|\right\}. \tag{4.1.2}$$

集值映射 $T : C \to 2^X$ 在 C 上称为是上半连续的, 是指若任意的 $V \subset X$ 是开集, 则 $\{x \in C : Tx \subset V\}$ 是开集; 称 T 为下半连续的, 是指若任意的

$V \subset X$ 是开集, 则 $T^{-1}(V) := \{x \in C : Tx \cap V \neq \varnothing\}$ 是开集; 称 T 为连续的, 是指若 T 既是上半连续又是下半连续的. 集值算子连续性还有另外一种定义: 称 $T : X \to \mathrm{CB}(X)$ 在 X 是关于 Hausdorff 距离 H 是连续的, 是指若对任意的 $x_n \to x$, 都有 $H(Tx_n, Tx) \to 0$. 不难发现, 若对任意的 $x \in X, Tx$ 是紧的, 则两种连续性定义是等价的[17].

若 $x \in Tx$, 则称 x 为集值映射 T 的不动点.

1969 年, Nadler[95] 把 Banach 压缩映射原理推广到集值压缩映射:

定理4.1.1 设 C 为 X 的非空闭子集. $T : C \to \mathrm{CB}(C)$ 是压缩的, 则 T 具有不动点.

集值非扩张映射的不动点理论比相应的单值非扩张映射要复杂多, 一个突破性的进展是, T. C. Lim[83] 在 1974 年, 利用 Edelstein 的渐近中心方法得到的:

定理4.1.2 设 X 为一致凸的 Banach 空间, C 为 X 的非空有界闭子集. 集值映射 $T : C \to K(C)$ 是非扩张的, 则 T 具有不动点.

我们下面先给出有关渐近中心方法的一些概念和结果.

对于给定的有界序列 $\{x_n\} \subset X$ 和非空有界闭凸集 $C \subset X$, $\{x_n\}$ 关于 C 的渐近半径和渐近中心分别定义如下:

$$r(C, \{x_n\}) = \inf \left\{ \limsup_{n \to \infty} \|x_n - x\| : x \in C \right\},$$

$$A(C, \{x_n\}) = \left\{ x \in C : \limsup_{n \to \infty} \|x_n - x\| = r(C, \{x_n\}) \right\}.$$

若 C 是非空弱紧凸集, 则 $A(C, \{x_n\})$ 也是非空弱紧凸集.

称 $\{x_n\}$ 关于 C 是规则的, 是指若对任意 $\{x_n\}$ 的子列 $\{x_{n_i}\}$ 都有 $r(C, \{x_n\}) = r(C, \{x_{n_i}\})$. 进一步, 称 $\{x_n\}$ 相对于 C 是渐近一致的, 是指若对任意 $\{x_n\}$ 的子列 $\{x_{n_i}\}$, 都有 $A(C, \{x_n\}) = A(C, \{x_{n_i}\})$.

在 Banach 空间中, 下面的结论成立.

引理4.1.3(Goebel[55], Lim[83]) 设 $C, \{x_n\}$ 如上所述, 则

(i) 总是存在 $\{x_n\}$ 的一个子列关于 C 是规则的.

(ii)(Kirk[71]) 若 C 是可分的, 则存在 $\{x_n\}$ 的一个子列关于 C 是渐近一致的.

设 D 为 X 中的有界集, 则 D 关于 C 的 Chebyshev 半径定义如下:

$$r_C(D) = \inf_{x \in C} \sup_{y \in D} \|x - y\|.$$

1990 年, W. A. Kirk 和 S. Massa[73] 利用序列的渐近中心的方法推广了 Lim 的结果, 得到了下面的定理.

定理4.1.4(Kirk-Massa定理) 设 C 为 X 的非空闭凸子集. 集值映射 $T: C \to \mathrm{KC}(C)$ 是非扩张的. 若 X 中每一个有界序列关于 C 的渐近中心是非空紧集, 则 T 具有不动点.

我们已经知道 k-UC Banach 空间中有界序列的渐近中心是紧集, 然而, Kuczumov 和 Prus[78] 给出一个反例表明 NUC Banach 空间中, 有界序列关于有界闭凸子集的渐近中心不一定是紧集. 因此, NUC Banach 空间中的集值映射不动点问题仍然是开问题. 2000 年, Xu[113] 在关于集值映射不动点理论的综述中, 明确的提出了这个开问题 (也包括 NUS Banach 空间).

2003 年, Domínguez Benavides 和 Lorenzo[42] 通过分析渐近中心在 Kirk-Massa 定理的重要性, 并研究了特定空间, 包括 NUC Banach 空间的几何结构和渐近中心的联系, 得到了有界序列渐近中心的 Chebyshev 半径与关于测度 β 和 χ 的非紧凸模之间的关系.

定理4.1.5 设 C 为自反 Banach 空间的非空闭凸子集, $\{x_n\} \subset C$ 有界且关于 C 是规则的, 则

$$r_C(A(C, \{x_n\})) \leqslant (1 - \Delta_{X,\beta}(1^-))r(C, \{x_n\}).$$

进一步, 若 X 满足非严格的 Opial 条件, 则

$$r_C(A(C, \{x_n\})) \leqslant (1 - \Delta_{X,\chi}(1^-))r(C, \{x_n\}).$$

注意到, 上面的不等式给出了一个迭代的方式, 并且一列渐近中心的 Chebyshev 半径的值在该迭代的每一步都递减. Domínguez Benavides 和 Lorenzo[43] 得到下面的结果.

定理4.1.6 设 $C \subset X$ 为非空有界闭凸子集, 集值映射 $T: C \to \mathrm{KC}(C)$ 是非扩张的. 若 $\varepsilon_\beta(X) < 1$, 则 T 具有不动点.

特别地, 若 X 是 NUC, 则 $\varepsilon_\beta(X) = 0$, 因此这个定理保证了 NUC Banach 空间中的集值非扩张映射具有不动点, 从而对 Xu 提出的开问题之一给出了肯定的回答.

另外, 也有一些学者研究了非自身集值非扩张映射的不动点问题. 在介绍这些结果之前, 我们先引入有关 Inward 集、Inward 条件以及 χ-型映射的概念.

设 $C \subset X$ 为非空闭子集, 则 C 在点 $x \in C$ 的 Inward 集定义为

$$I_C(x) := \{x + \lambda(y - x) : \lambda \geqslant 1, y \in C\}.$$

若 C 为非空闭凸集, 则有

$$I_C(x) := \{x + \lambda(y - x) : \lambda \geqslant 0, y \in C\}.$$

定义 4.1.2 称非自身集值映射 $T: C \to 2^X$ 在 C 上满足 Inward (弱 Inward) 条件, 是指若

$$Tx \subset I_C(x) \ (\ Tx \subset \overline{I_C(x)}\ ), \quad \forall x \in C.$$

非空有界集 B 的 Hausdorff 非紧测度定义如下:

$$\chi(B) = \inf\{d > 0 : B \text{ 可以被有限个半径小于等于 } d \text{ 的集合覆盖}\}.$$

定义 4.1.3 称非自身集值映射 $T: C \to 2^X$ 为 χ-收缩 (1-χ-压缩) 的, 是指对任意的有界子集 $B \subset C$ 且 $\chi(B) > 0$, 有下面不等式成立:

$$\chi(T(B)) < \chi(B) \quad (\chi(T(B)) \leqslant \chi(B)).$$

其中, $T(B) = \cup_{x \in B} Tx$.

下面是两个重要的结果:

定理 4.1.7[84,100] 设 C 为 Banach 空间 X 中的非空有界闭凸子集, $T: C \to K(X)$ 为集值压缩映射. 若对任意的 $x \in C$ 都有 $Tx \subset \overline{I_C(x)}$, 则 T 具有不动点.

定理 4.1.8[32] 设 $C \subset X$ 为非空有界闭凸子集, 非自身集值映射 $T: C \to KC(X)$ 是 χ-收缩的. 若对任意的 $x \in C$ 都有 $Tx \cap \overline{I_C(x)} \neq \varnothing$, 则 T 具有不动点.

4.2 (DL)-条件

2006 年, S. Dhompongsa[37] 等仔细研究了文献 [42], [43] 中定理的证明过程, 发现证明中用到的主要工具就是有界序列渐近中心的 Chebyshev 半径与序列的渐近半径之间的关系式. 因此, 他们对原有的证明过程做出了改进, 并引入了 Domínguez-Lorenzo 条件 ((DL)-条件).

定义 4.2.1 称 Banach 空间 X 满足 (DL)-条件, 是指对任意的弱紧凸子集 $C \subset X$, 以及 C 中任意的关于 C 规则的有界序列 $\{x_n\}$, 存在 $\lambda \in [0,1)$ 使得

$$r_C(A(C, \{x_n\})) \leqslant \lambda r(C, \{x_n\}).$$

定理 4.2.1 若 X 满足 (DL)-条件, 则 X 具有 w-NS.

证明 证明略. 因为这是下一节的定理 4.3.1 的一个直接结果. □

注 4.2.2 (DL)-条件不蕴含 w-UNS.

证明 设 X 为序列空间 $\{l_n\}_n \geqslant 2$ 按 l_2-直和构成的空间, 由于 X 是各向一致凸 (UCED) 的, 故弱紧凸子集中的有界序列的渐近中心是单点集, 从而 X 满足 (DL)-条件. 但是 WCS$(X) = 1$. □

4.2 (DL)-条件

定理4.2.3 设 $C \subset X$ 为弱紧凸子集，集值映射 $T: C \to \mathrm{KC}(C)$ 是非扩张的. 若 X 满足 (DL)-条件，则 T 具有不动点.

证明 证明略. 因为这是下一节的定理 4.3.4 的一个直接结果. □

由定理 4.1.6 知，若 $\varepsilon_\beta(X) < 1$，则 X 满足 (DL)-条件. 对于非自身集值非扩张映射，我们有下面的结果[37].

定理4.2.4 设 X 为自反的 Banach 空间且满足 (DL)-条件，C 为 X 中可分的有界闭凸子集，非自身集值 $T: C \to \mathrm{KC}(X)$ 是非扩张且 $1-\chi$-压缩的，若 $T(C)$ 为有界集且 T 满足 Inward 条件:

$$Tx \subset I_C(x), \quad \forall\, x \in C,$$

则 T 具有不动点.

证明 任意给定 $x_0 \in C$，对每一个 $n \geqslant 1$，考虑集值压缩映射 $T_n: C \to \mathrm{KC}(X)$ 定义如下：

$$T_n x := \frac{1}{n} x_0 + \left(1 - \frac{1}{n}\right) Tx, \quad \forall\, x \in C.$$

注意到，对任意 $x \in C$，集合 $I_C(X)$ 是凸集且包含 C，容易得到 $T_n x \subset I_C(X)$, $\forall\, x \in C$. 由定理 4.1.7，存在唯一的 $x_n \in C$ 为 T_n 的不动点. 从而，我们得到一列 $\{x_n\}$ 满足 $\lim_n d(x_n, Tx_n) = 0$.

设 $\{n_\alpha\}$ 为正整数集 $\{n\}$ 上的超网. 记 $A = A(C, \{x_{n_\alpha}\})$. 我们首先证明 $Tx \cap I_A(x) \neq \varnothing$, $\forall x \in A$.

实际上，由于对每一个 n_α，都有 Tx_{n_α} 是紧集，故可以取 $y_{n_\alpha} \in Tx_{n_\alpha}$ 使得

$$\|x_{n_\alpha} - y_{n_\alpha}\| = d(x_{n_\alpha}, Tx_{n_\alpha}).$$

又由于对任意的 $x \in A$, Tx 是紧的，则存在 $z_{n_\alpha} \in Tx$ 使得

$$\|y_{n_\alpha} - z_{n_\alpha}\| = d(y_{n_\alpha}, Tx) \leqslant H(Tx_{n_\alpha}, Tx) \leqslant \|x_{n_\alpha} - x\|.$$

令 $z = \lim_\alpha z_{n_\alpha} \in Tx$，则只需证 $z \in I_A(x)$. 记 $r = r(C, \{x_{n_\alpha}\})$，一方面，我们有

$$\lim_\alpha \|x_{n_\alpha} - z\| = \lim_\alpha \|y_{n_\alpha} - z_{n_\alpha}\| \leqslant \lim_\alpha \|x_{n_\alpha} - x\| = r,$$

另一方面，由于 $z \in Tx \subset I_C(x)$，则存在 $\lambda \geqslant 0$ 和某个 $v \in C$ 使得，$z = x + \lambda(v-x)$. 若 $\lambda \leqslant 1$，则显然有 $z \in C$，从而，由上面的不等式知，$z \in A \subset I_A(x)$. 若 $\lambda > 1$，令 $\mu = 1/\lambda \in (0,1)$, $v = \mu z + (1-\mu)x$. 则有

$$\lim_\alpha \|x_{n_\alpha} - v\| \leqslant \mu \lim_\alpha \|x_{n_\alpha} - z\| + (1-\mu) \lim_\alpha \|x_{n_\alpha} - x\| \leqslant r.$$

故 $v \in A$, 从而 $z \in I_A(x)$.

因此, 映射 $T : A \to \mathrm{KC}(X)$ 是非扩张的, 1-χ-压缩的, 且满足 $Tx \cap I_A(x) \neq \varnothing$, $\forall x \in A$. 由于 X 满足 (DL)-条件, 则存在 $\lambda \in [0,1)$ 使得 $r_C(A) \leqslant \lambda r(C, \{x_{n_\alpha}\})$.

现在取定 $x_1 \in A$, 定义 $T_n^1 : A \to \mathrm{KC}(X)$ 如下:
$$T_n^1 x := \frac{1}{n} x_1 + \left(1 - \frac{1}{n}\right) Tx, \quad \forall x \in A.$$
容易验证 T_n^1 是 χ-收缩的[42], 又由于 $I_A(x)$ 是凸的, 则有
$$T_n^1 x \cap I_A(x) \neq \varnothing, \quad \forall x \in A.$$
从而, 由定理 4.1.8 知, T_n^1 具有不动点. 因此, 我们可以找到序列 $\{x_n^1\} \subset A$ 满足 $\lim_n d(x_n^1, Tx_n^1) = 0$. 前面的证明过程, 可以得到
$$Tx \cap I_{A_1}(x) \neq \varnothing, \quad \forall x \in A_1 := A(C, \{x_{n_\alpha}^1\}),$$
$$r_C(A_1) \leqslant \lambda r(C, \{x_{n_\alpha}^1\}) \leqslant \lambda r_C(A).$$
由归纳法, 对每一个整数 $m \geqslant 1$, 选取序列 $\{x_n^m\} \subset A^{m-1}$ 满足, $\lim_n d(x_n^m, Tx_n^m) = 0$. 利用超网 $\{x_{n_\alpha}^m\}$, 构造集合 $A^m := A(C, \{x_{n_\alpha}^m\})$ 满足, $r_C(A^m) \leqslant \lambda^m r_C(A)$.

取 $x_m \in A^m$, 下面证明 $\{x_m\}$ 是 Cauchy 列. 对每一个 $m \geqslant 1$ 和任意的正整数 n, 有
$$\|x_{m-1} - x_m\| \leqslant \|x_{m-1} - x_n^m\| + \|x_n^m - x_m\| \leqslant \mathrm{diam} A^{m-1} + \|x_n^m - x_m\|.$$
令 $n \to \infty$ 取上极限得
$$d(x_m, Tx_m) \leqslant \mathrm{diam} A^{m-1} + \limsup_n \|x_n^m - x_m\| = \mathrm{diam} A^{m-1} + r(C, \{x_n^m\})$$
$$\leqslant \mathrm{diam} A^{m-1} + r_C(A^{m-1})$$
$$\leqslant 3 r_C(A^{m-1}) \leqslant 3 \lambda^{m-1} r_C(A).$$
由于 $\lambda < 1$, 则存在 $x \in C$ 使得 $x_m \to x$. 下面证明 x 是 T 的不动点. 对每一个 $m \geqslant 1$ 都有
$$d(x_m, Tx_m) \leqslant \|x_m - x_n^m\| + d(x_n^m, Tx_n^m) + H(Tx_n^m, Tx_m)$$
$$\leqslant 2\|x_m - x_n^m\| + d(x_n^m, Tx_n^m).$$
令 $n \to \infty$ 取上极限可得
$$d(x_m, Tx_m) \leqslant 2 \limsup_n \|x_m - x_n^m\| \leqslant 2 \lambda^{m-1} r_C(A).$$
最后, 关于 m 对两边取极限得到, $\lim_m d(x_m, Tx_m) = 0$. 再由 T 的连续性, 故 $d(x, Tx) = 0$, 即 $x \in Tx$. □

4.3 (D) 性质

2006 年, S. Dhompongsa[38] 等在引入(DL)-条件后不久, 又引入了 (D) 性质.

定义4.3.1 称 Banach 空间 X 具有 (D) 性质, 是指对任意的弱紧凸子集 $C \subset X$, 以及任意的关于 C 规则的有界序列 $\{x_n\} \subset C$ 和 $\{y_n\} \subset A(C, \{x_n\})$, 存在 $\lambda \in [0, 1)$ 使得
$$r(C, \{y_n\}) \leqslant \lambda r(C, \{x_n\}).$$

由定义, 显然有 (D) 性质比 (DL)-条件弱, 实际上, (D) 性质严格弱于 (DL)-条件.

定理4.3.1 若 X 满足 (D) 性质, 则 X 具有 w-NS.

证明 假设 X 不具有弱正规结构, 则存在弱零序列 $\{x_n\} \subset B_X$, 满足
$$\lim_{n \to \infty} \|x_n - x\| = \operatorname{diam}(\overline{\operatorname{co}}(\{x_n\})) = 1, \quad \forall x \in \overline{\operatorname{co}}(\{x_n\}).$$

记 $C := \overline{\operatorname{co}}(\{x_n\})$, 不妨提取子列, 我们可以假定 $\{x_n\}$ 是关于 C 是规则的. 容易验证 $r(C, \{x_n\}) = 1$, $A(C, \{x_n\}) = C$, 而且 $\{x_n\}$ 关于 C 是渐近一致的, 实际上, 令 $\{x_{n_k}\}$ 为 $\{x_n\}$ 的子列, 有
$$A(C, \{x_{n_k}\}) = \left\{ x \in C : \limsup_{k \to \infty} \|x_{n_k} - x\| = r(C, \{x_{n_k}\}) = 1 \right\} = C.$$

由于 $\{x_n\} \subset C = A(C, \{x_n\})$, 且 X 关于某个 $\lambda \in [0, 1)$ 满足 (D) 性质, 因此 $r(C, \{x_n\}) \leqslant \lambda r(C, \{x_n\})$, 矛盾. □

注4.3.2 UNS 不蕴含 (D) 性质. 因此, 推广 Kirk 定理到集值非扩张映射的问题, 用引入 (D) 性质的方法无法完全解决.

证明 令 $X = \mathbb{R} \bigoplus_\infty l_2 \bigoplus_\infty l_2$, 由于 $\min\{N(\mathbb{R}, N(l_2)\} > 1$, 利用文献 [23] 中的结果知 $N(X) > 1$. 然而, X 不具有 (D) 性质. 实际上, 考虑子集 $C = B_X$, 以及 C 中的弱零序列 $x_n = (0, e_n, 0)$. 由于 X 满足非严格的 Opial 条件, 我们有 $r(C, \{x_n\}) = 1$ 且 $A(C, \{x_n\}) = B_\mathbb{R} \times \{0\} \times B_{l_2}$. 如果考虑序列 $y_n = (0, 0, e_n) \in A(C, \{x_n\})$, 则有 $r(C, \{y_n\}) = 1$, 从而, X 不具有 (D) 性质. □

在证明本节主要结果前, 我们先引入一个引理.

引理4.3.3[43] 设 $C \subset X$ 为可分的非空弱紧凸集, 集值映射 $T: C \to \operatorname{KC}(C)$ 是压缩的. 若 A 是 C 的闭凸子集且满足 $Tx \cap A \neq \varnothing, \forall x \in A$, 则 T 具有不动点.

定理4.3.4[38] 设 X 为满足 (D) 性质的 Banach 空间, C 为 X 中非空的弱紧凸子集, 若 $T: C \to \operatorname{KC}(C)$ 为集值非扩张映射, 则 T 具有不动点.

证明 设 C 为非空的弱紧凸子集，由于 T 是自身映射，我们可以假设 C 是可分的（否则，可以构造 C 的一个 T 不变的闭凸子集[78]）。

任意给定 $z_0 \in C$，定义集值压缩映射 $T_n : C \to \mathrm{KC}(C)$ 如下：

$$T_n(x) = \frac{1}{n}z_0 + \left(1 - \frac{1}{n}\right)Tx, \quad x \in C.$$

由 Nadler 定理[95]，对每一个 $n \in \mathbb{N}$，T_n 都具有不动点，记为 x_n^1。容易证明 $\lim_{n\to\infty} \mathrm{dist}(x_n^1, Tx_n^1) = 0$。由于 T 是紧值的，则存在 $y_n^1 \in Tx_n^1$ 满足

$$\|y_n^1 - x_n^1\| = \mathrm{dist}(x_n^1, Tx_n^1), \quad n \geqslant 1.$$

由引理 4.1.3，可以假设序列 $\{x_n^1\} \subset C$ 关于 C 是规则且渐近一致的。

记 $A_1 = A(C, \{x_n^1\})$。任取 $z \in A_1$，由于 Tz 是紧集，注意到 T 是非扩张的，则存在 $z_n \in Tz$ 满足

$$\|y_n^1 - z_n\| = \mathrm{dist}(y_n^1, Tz) \leqslant H(Tx_n^1, Tz) \leqslant \|x_n^1 - z\|.$$

再由 Tz 是紧集，我们可以假设 z_n（强）收敛于点 $z' \in Tz$。于是

$$\limsup_n \|x_n - z'\| = \limsup_n \|y_n - z_n\| \leqslant \limsup_n \|x_n - z\|.$$

从而，$z' \in A$。因此，对任意 $x \in A_1$，有 $Tx \cap A_1 \neq \emptyset$。

取定 $z_1 \in A_1$，定义集值压缩映射 $T_n : C \to \mathrm{KC}(C)$ 如下：

$$T_n(x) = \frac{1}{n}z_1 + \left(1 - \frac{1}{n}\right)Tx, \quad x \in C.$$

A_1 的凸性蕴含对任意 $x \in A_1$，有 $T_n x \cap A_1 \neq \emptyset$。由定理 4.3.3，$T_n$ 在 A_1 中具有不动点，记为 x_n^2。

于是，我们可以得到一个序列 $\{x_n^2\} \subset A_1$ 关于 C 是规则且渐近一致的，且满足 $\lim_{n\to\infty} \mathrm{dist}(x_n^2, Tx_n^2) = 0$。由于 X 满足 (D) 性质，故存在 $\lambda \in [0,1)$ 使得

$$r(C, \{x_n^2\}) \leqslant \lambda A(C, \{x_n^1\}).$$

由归纳法，我们可以找到一列 $\{x_n^k\} \subset A_{k-1} = A(C, \{x_n^{k-1}\})$ 关于 C 是规则且渐近一致的，且满足

$$\lim_{n\to\infty} \mathrm{dist}(x_n^k, Tx_n^k) = 0 \text{ 以及 } r(C, \{x_n^k\}) \leqslant \lambda A(C, \{x_n^{k-1}\}), \quad \forall k \in \mathbb{N}.$$

因此，

$$r(C, \{x_n^k\}) \leqslant \lambda A(C, \{x_n^{k-1}\}) \leqslant \cdots \leqslant \lambda^{k-1} r(C, \{x_n^1\}).$$

注意到文献[16]第48页, 可以假设对每一个 $k \in \mathbb{N}$, $\lim_{n,m;n\neq m} \|x_n^k - x_m^k\|$ 存在, 不妨设 $\|x_n^k - x_m^k\| < \lim_{n,m;n\neq m} \|x_n^k - x_m^k\| + \frac{1}{2^k}$, 对任意的 $n, m \in \mathbb{N}$, $n \neq m$ 成立. 设 $\{y_n\}$ 为 $\{x_n^n\}$ 的对角化序列, 则 $\{y_n\}$ 是 Cauchy 列. 实际上, 对每一个 $n \geqslant 1$ 和任意的正整数 m, 我们有

$$\|y_n - y_{n-1}\| \leqslant \|y_n - x_m^{n-1}\| + \|x_m^{n-1} - x_{n-1}^{n-1}\|$$
$$\leqslant \|y_n - x_m^{n-1}\| + \lim_{i,j;i\neq j} \|x_i^{n-1} - x_j^{n-1}\| + \frac{1}{2^{n-1}}.$$

令 $m \to \infty$ 取上极限则有

$$\|y_n - y_{n-1}\| \leqslant \limsup_{m\to\infty} \|y_n - x_m^{n-1}\| + \lim_{i,j;i\neq j} \|x_i^{n-1} - x_j^{n-1}\| + \frac{1}{2^{n-1}}$$
$$\leqslant r(C, \{x_n^{n-1}\}) + \limsup_i \|x_i^{n-1} - y_n\|$$
$$\quad + \limsup_j \|x_j^{n-1} - y_n\| + \frac{1}{2^{n-1}}$$
$$= 3r(C, \{x_n^{n-1}\}) + \frac{1}{2^{n-1}}$$
$$\leqslant 3\lambda^{n-2} r(C, \{x_n^1\}) \frac{1}{2^{n-1}}.$$

由于 $\lambda < 1$, 故存在 $y \in C$ 使得 $y_n \to y$. 因此, 当 $n \to \infty$ 有

$$\text{dist}(y, Ty) \leqslant \|y - y_n\| + \text{dist}(y_n, Ty_n) + H(Ty_n, Ty) \to 0.$$

从而, y 是 T 的不动点. □

4.4 蕴含集值不动点性质的几何条件

我们知道, (DL)-条件和 (D) 性质都蕴含弱集值不动点性质 (w-MFPP), 即任意非空紧凸子集上的自身集值非扩张映射都具有不动点. 因此, 本节将给出一些几何常数有关的蕴含 (DL)-条件或 (D) 性质的几何条件.

定理4.4.1[44] 设 C 为 X 的非空弱紧凸子集, $\{x_n\} \subset C$ 为有界序列且关于 C 是规则的, 则

$$r_C(A(C, \{x_n\})) \leqslant \frac{1}{1 + r_X(1)} r(C, \{x_n\}).$$

证明 记 $r = r(C, \{x_n\})$, $A = A(C, \{x_n\})$. 由于 $\{x_n\} \subset C$ 是有界序列, 且 C 是弱紧集, 不失一般性, 不妨假设 $x_n \xrightarrow{w} x \in C$, 且 $\lim_n \|x_n - x\|$ 存在. 由于 $\{x_n\}$ 关于 C 是规则的, 故提取子列不改变序列 $\{x_n\}$ 的渐近半径.

取 $z \in A$. 考虑弱零序列 $y_n = (x_n - x)/\|x - z\|$, 则 $\lim_n \|y_n\| \geqslant 1$. 令 $y = (x - z)/\|x - z\|$, 则 $\|y\| = 1$. 从而

$$1 + r_X(1) \leqslant \liminf_n \|y_n + y\| \leqslant \frac{r}{\|x - z\|}.$$

由 $z \in A$ 和 d 的任意性知, 定理中的不等式成立. □

推论4.4.2 若 $r_X(1) > 0$, 则 X 满足 (DL)-条件.

定理4.4.3 设 C 为 Banach 空间 X 的弱紧凸子集, $\{x_n\} \subset C$ 为有界序列且关于 C 是规则的, 则对任意的 $a \in [0, 2]$, 有

$$r_C(A(C, \{x_n\})) \leqslant \frac{J(a, X)}{1 + |1 - a|/\mu(X)} r(C, \{x_n\}).$$

证明 记 $r = r(C, \{x_n\})$, $A = A(C, \{x_n\})$. 不妨设 $r > 0$. 由于 C 是弱紧集, 我们可以假设 $x_n \xrightarrow{w} x \in C$, 否则可以取 $\{x_n\}$ 的一个子列, 因为 $\{x_n\}$ 关于 C 是规则的, 选取子列不会改变序列 $\{x_n\}$ 的渐近半径.

取 $z \in A$, 则有 $\limsup_n \|x_n - z\| = r$, 为了方便, 记 $\mu = \mu(X)$, 由定义知

$$\limsup_n \|x_n - 2x + z\| = \limsup_n \|(x_n - x) + (z - x)\|$$
$$\leqslant \mu \limsup_n \|(x_n - x) - (z - x)\| = \mu r.$$

由于 C 是凸集, 则 $(2/(1+\mu))x + ((\mu-1)/(1+\mu))z \in C$, 于是得到

$$\limsup_n \left\| x_n - \left(\frac{2}{1+\mu} x + \frac{\mu - 1}{1+\mu} z \right) \right\| \geqslant r.$$

另一方面, 由范数的弱下半连续性,

$$\liminf_n \left\| \left(1 - \frac{1-a}{\mu} \right)(x_n - x) - \left(1 + \frac{1-a}{\mu} \right)(z - x) \right\| \geqslant \left(1 + \frac{|1-a|}{\mu} \right) \|z - x\|,$$

因此, 对于任意的 $\varepsilon > 0$, 存在足够大的 $N \in \mathbb{N}$ 使得

(1) $\|x_N - z\| \leqslant r + \varepsilon$;

(2) $\|x_N - 2x + z\| \leqslant \mu(r + \varepsilon)$;

(3) $\|x_N - (2/(1+\mu))x + ((\mu-1)/(1+\mu))z\| \geqslant r - \varepsilon$;

(4) $\|(1-(1-a)/\mu)(x_N - x) - (1+(1-a)/\mu)(z-x)\| \geqslant (1+|1-a|/\mu)\|z-x\|((r-\varepsilon)/r)$.

令 $u = (1/(r+\varepsilon))(x_N - z)$, $v = (1/\mu(r+\varepsilon))(x_N - 2x + z)$, $w = ((1-$

$a)/\mu(r+\varepsilon))(x_N-2x+z)$. 则 $u,v,w\in B_X, \|v-w\|\leqslant a\|u\|$，并且

$$\|u+v\| = \left\|\frac{x_N-x}{r+\varepsilon}-\frac{z-x}{r+\varepsilon}+\frac{x_N-x}{\mu(r+\varepsilon)}+\frac{z-x}{\mu(r+\varepsilon)}\right\|$$

$$= \left\|\left(\frac{1}{r+\varepsilon}+\frac{1}{\mu(r+\varepsilon)}\right)(x_N-x)-\left(\frac{1}{r+\varepsilon}-\frac{1}{\mu(r+\varepsilon)}\right)(z-x)\right\|$$

$$= \frac{1}{r+\varepsilon}\left(1+\frac{1}{\mu}\right)\left\|x_N-\left(\frac{2}{1+\mu}x+\frac{\mu-1}{1+\mu}z\right)\right\|$$

$$\geqslant \left(1+\frac{1}{\mu}\right)\left(\frac{r-\varepsilon}{r+\varepsilon}\right),$$

$$\|u-w\| = \left\|\frac{x_N-x}{r+\varepsilon}-\frac{z-x}{r+\varepsilon}-\frac{(1-a)(x_N-x)}{\mu(r+\varepsilon)}-\frac{(1-a)(z-x)}{\mu(r+\varepsilon)}\right\|$$

$$= \frac{1}{r+\varepsilon}\left\|\left(1-\frac{1-a}{\mu}\right)(x_n-x)-\left(1+\frac{1-a}{\mu}\right)(z-x)\right\|$$

$$\geqslant \left(1+\frac{|1-a|}{\mu}\right)\frac{\|z-x\|}{r}\left(\frac{r-\varepsilon}{r+\varepsilon}\right).$$

由 $J(a,X)$ 的定义知

$$J(a,X) \geqslant \min\{\|u+v\|, \|u-w\|\}$$
$$\geqslant \min\left\{\left(1+\frac{1}{\mu}\right)\left(\frac{r-\varepsilon}{r+\varepsilon}\right), \left(1+\frac{|1-a|}{\mu}\right)\frac{\|z-x\|}{r}\left(\frac{r-\varepsilon}{r+\varepsilon}\right)\right\}.$$

再由范数的弱下半连续性知, $\|z-x\|\leqslant r$, 从而

$$\min\left\{\left(1+\frac{1}{\mu}\right)\left(\frac{r-\varepsilon}{r+\varepsilon}\right), \left(1+\frac{|1-a|}{\mu}\right)\frac{\|z-x\|}{r}\left(\frac{r-\varepsilon}{r+\varepsilon}\right)\right\}$$
$$= \left(1+\frac{|1-a|}{\mu}\right)\frac{\|z-x\|}{r}\left(\frac{r-\varepsilon}{r+\varepsilon}\right).$$

因此, $J(a,X)\geqslant (1+|1-a|/\mu)(\|z-x\|/r)((r-\varepsilon)/(r+\varepsilon))$.

注意到, 上面的不等式对任意的 $\varepsilon>0$ 和 $z\in A$ 都成立, 有

$$\sup_{z\in A}\|x-z\| \leqslant \left(\frac{J(a,X)}{1+|1-a|/\mu}\right)r,$$

从而

$$r_C(A) \leqslant \left(\frac{J(a,X)}{1+|1-a|/\mu}\right)r. \qquad \square$$

推论4.4.4 若 $J(a,X)<1+|1-a|/\mu(X)$, 则 X 满足 (DL)-条件.

特别地, 取 $a = 0$, 得到 Kaewkhao 的结论.

注4.4.5 若 $J(X) < 1 + 1/\mu(X)$ 时, 则 X 具有 (DL)-条件.

定理4.4.6 设 C 为 X 的非空弱紧凸子集, $\{x_n\} \subset C$ 为有界序列且关于 C 是规则的, 则

$$r_C(A(C, \{x_n\})) \leqslant \frac{R(1,X)\sqrt{2C_{NJ}(X)}}{R(1,X)+1} r(C, \{x_n\}).$$

证明 记 $r = r(C, \{x_n\})$, $A = A(C, \{x_n\})$. 不妨设 $r > 0$. 由于 $\{x_n\} \subset C$ 是有界序列, 且 C 是弱紧集, 不失一般性, 不妨设 $x_n \xrightarrow{w} x \in C$, 且 $d = \lim_{n \neq m} \|x_n - x_m\|$ 存在. 注意到 $\{x_n\}$ 关于 C 是规则的, 则对序列 $\{x_n\}$ 的任意子列 $\{y_n\}$, 都有 $r(C, \{x_n\}) = r(C, \{y_n\})$.

由范数的弱下半连续性, 有

$$\liminf_n \|x_n - x\| \leqslant \liminf_n \liminf_m \|x_n - x_m\| = \liminf_{n \neq m} \|x_n - x_m\| = d.$$

令 $\eta > 0$, 提取子列我们可以假定, $\|x_n - x\| < d + \eta$ 对任意的 $n \in \mathbb{N}$ 成立.

取 $z \in A$. 则有 $\limsup_n \|x_n - z\| = r$, 且 $\|x - z\| \leqslant \liminf_n \|x_n - z\| \leqslant r$. 记 $R = R(1, X)$, 由定义知

$$R \geqslant \liminf_n \left\| \frac{x_n - x}{d + \eta} + \frac{z - x}{r} \right\| = \liminf_n \left\| \frac{x_n - x}{d + \eta} - \frac{x - z}{r} \right\|.$$

另一方面, 注意到 C 的凸性蕴含了 $((R-1)/(R+1))x + (2/(R+1))z \in C$, 再由范数的弱下半连续性, 有

$$\liminf_n \left\| \frac{1}{r}(x_n - z) + \frac{1}{R}\left(\frac{x_n - x}{d+\eta} - \frac{x-z}{r}\right) \right\|$$
$$= \liminf_n \left\| \left(\frac{1}{r} + \frac{1}{R(d+\eta)}\right)x_n - \left(\frac{1}{R(d+\eta)} + \frac{1}{Rr}\right)x - \left(\frac{1}{r} - \frac{1}{Rr}\right)z \right\|$$
$$\geqslant \left\| \left(\frac{1}{r} - \frac{1}{Rr}\right)x + \frac{2}{Rr}z - \left(\frac{1}{r} + \frac{1}{Rr}\right)z \right\|$$
$$= \left(\frac{1}{r} + \frac{1}{Rr}\right) \left\| \frac{R-1}{R+1}x + \frac{2}{R+1}z - z \right\|$$
$$\geqslant \left(\frac{1}{r} + \frac{1}{Rr}\right) r_C(A),$$

并且

$$\liminf_n \left\| \frac{1}{r}(x_n - z) - \frac{1}{R}\left(\frac{x_n - x}{d + \eta} - \frac{x - z}{r}\right)\right\|$$
$$= \liminf_n \left\|\left(\frac{1}{r} - \frac{1}{R(d+\eta)}\right)(x_n - x) - \left(\frac{1}{r} + \frac{1}{Rr}\right)(z - x)\right\|$$
$$\geqslant \left(\frac{1}{r} + \frac{1}{Rr}\right)\|z - x\|$$
$$\geqslant \left(\frac{1}{r} + \frac{1}{Rr}\right) r_C(A).$$

考虑 X 的超幂空间 $\tilde{X}$, 令

$$\tilde{u} = \frac{1}{r}\{x_n - z\}_\mathcal{U} \in S_{\tilde{X}}, \quad \tilde{v} = \frac{1}{R}\left\{\frac{x_n - x}{d + \eta} - \frac{x - z}{r}\right\}_\mathcal{U} \in B_{\tilde{X}}.$$

利用上面的估计, 可得

$$\|\tilde{u} + \tilde{v}\| = \lim_\mathcal{U} \left\|\frac{1}{r}(x_n - z) + \frac{1}{R}\left(\frac{x_n - x}{d + \eta} - \frac{x - z}{r}\right)\right\| \geqslant \left(\frac{1}{r} + \frac{1}{Rr}\right) r_C(A),$$

$$\|\tilde{u} - \tilde{v}\| = \lim_\mathcal{U} \left\|\frac{1}{r}(x_n - z) - \frac{1}{R}\left(\frac{x_n - x}{d + \eta} - \frac{x - z}{r}\right)\right\| \geqslant \left(\frac{1}{r} + \frac{1}{Rr}\right) r_C(A).$$

因此, 由 $C_{NJ}(X)$ 的定义知

$$C_{NJ}(\tilde{X}) \geqslant \frac{\|\tilde{u} + \tilde{v}\|^2 + \|\tilde{u} - \tilde{v}\|^2}{2(\|\tilde{u}\|^2 + \|\tilde{v}\|^2)} \geqslant \frac{1}{2}\left(\frac{1}{r} + \frac{1}{Rr}\right)^2 r_C(A)^2.$$

由于 $C_{NJ}(\tilde{X}) = C_{NJ}(X)$, 得到

$$C_{NJ}(X) \geqslant \frac{1}{2}\left(\frac{1}{r} + \frac{1}{Rr}\right)^2 r_C(A)^2$$

因此, 定理中的不等式成立. □

由于 $R(1, X) \geqslant 1$, 若 $C_{NJ}(X) < (1/R(1, X) + 1)^2/2$, 则 $C_{NJ}(X) < 2$. 这就蕴含了 X 是一致非方的, 从而是超自反的. 由定理 4.4.6 和定理 4.2.3, 得到下面的结果.

推论4.4.7 若 $C_{NJ}(X) < (1/R(1, X) + 1)^2/2$, 则 X 满足 (DL)-条件.

2009 年, S. Dhompongsa[39] 证明了弱正交的 Banach 格满足非严格的 Opial 条件.

引理4.4.8 若 X 为弱正交的 Banach 格, 则 X 满足非严格的 Opial 条件.

证明 设 $\{x_n\}$ 为 X 中的弱零序列, $x \in X$, 则有

$$\limsup_{n\to\infty} \|x_n\| = \frac{1}{2} \limsup_{n\to\infty} \|(x_n - x) + (x_n + x)\|$$
$$\leqslant \frac{1}{2} \left(\limsup_{n\to\infty} \|x_n - x\| + \limsup_{n\to\infty} \|x_n + x\| \right)$$
$$\leqslant \frac{1}{2} \left(\limsup_{n\to\infty} \|x_n - x\| + \limsup_{n\to\infty} |\|x_n + x\| - \|x_n - x\|| + \limsup_{n\to\infty} \|\|x_n - x\|\| \right)$$
$$= \frac{1}{2} \left(\limsup_{n\to\infty} \|x_n - x\| + 0 + \limsup_{n\to\infty} \|\|x_n - x\|\| \right)$$
$$= \limsup_{n\to\infty} \|x_n - x\|.$$

故 X 满足非严格的 Opial 条件. □

定理4.4.9 设 X 为弱正交的 Banach 格, 若 $\varepsilon_{0,m}(X) < 1$, 则 X 满足 (DL)-条件.

证明 设 C 为 X 的弱紧凸子集, $\{x_n\} \subset C$ 为有界序列且关于 C 是规则的. 为了方便, 记 $r = r(C, \{x_n\})$. 注意到, 对任意的子列 $\{y_n\} \subset \{x_n\}$, 都有 $r_C(A(C, \{x_n\})) \leqslant r_C(A(C, \{y_n\}))$, 则由 C 的弱紧性知, 存在 $\{x_n\}$ 的子列 $\{x_{n_k}\}$ 使得 $\{x_{n_k}\}$ 弱收敛于 C 中某点, 记为 x.

由于 X 是弱正交的 Banach 格, 故 X 满足非严格的 Opial 条件. 从而

$$\limsup_{k\to\infty} \|x_{n_k} - x\| = r(C, \{x_{n_k}\}) = r.$$

因此, 对任意的 $0 < \eta < 1$, 存在 $k_1 \in \mathbb{N}$ 使得, 若 $k \geqslant k_1$, 则有

$$\|x_{n_k} - x\| \geqslant r(1 - \eta).$$

现在, 取 $z \in A(C, \{x_{n_k}\})$, 则 $\limsup_{k\to\infty} \|x_{n_k} - z\| = r$. 令 $u = |x_{n_k} - x|/r$, $v = |x - z|/\|x - z\|$, $k \geqslant k_1$, 则 $\|u\| \geqslant 1 - \eta$, $\|v\| = 1$. 由 σ_X 的定义可得, 对任意的 $k \geqslant k_1$,

$$1 + \sigma_X(1 - \eta) \leqslant \left\| \frac{|x_{n_k} - x|}{r} + \frac{|x - z|}{\|x - z\|} \right\|.$$

从而, 利用弱正交性 (考虑弱零序列 $\{x_{n_k} - x\}$) 以及不等式 $\|\|u| - |v\|\| \leqslant |u - v|$,

得

$$\|x-z\|(1+\sigma_X(1-\eta)) \leqslant \limsup_{k\to\infty}\left\|\frac{\|x-z\|}{r}|x_{n_k}-x|+|x-z|\right\|$$

$$=\limsup_{k\to\infty}\left\|\frac{\|x-z\|}{r}|x_{n_k}-x|-|x-z|\right\|$$

$$\leqslant \limsup_{k\to\infty}\left\|\frac{\|x-z\|}{r}(x_{n_k}-x)-(x-z)\right\|$$

$$\leqslant \limsup_{k\to\infty}\left\|\frac{\|x-z\|}{r}(x_{n_k}-x)-(x_{n_k}-x)\right\|+\limsup_{k\to\infty}\|(x_{n_k}-x)-(x-z)\|$$

$$=\limsup_{k\to\infty}\left\|\frac{\|x-z\|}{r}(x_{n_k}-x)-(x_{n_k}-x)\right\|+\limsup_{k\to\infty}\|(x_{n_k}-x)+(x-z)\|$$

$$\leqslant \left|\frac{\|x-z\|}{r}-1\right|r+r.$$

由范数的弱下半连续性，有 $\|x-z\|\leqslant \liminf_{k\to\infty}\|x_{n_k}-z\|\leqslant r$. 因此，有 $\|x-z\|/r\leqslant 1$ 且

$$\|x-z\|(1+\sigma_X(1-\eta))\leqslant 2r-\|x-z\|.$$

从而得到

$$\|x-z\|\leqslant \frac{2}{2+\sigma_X(1-\eta)}r.$$

由于 z 是 $A(C,\{x_{n_k}\})$ 中的任意元，且 $x\in C$，可推得

$$r_C(A(C,\{x_n\}))\leqslant r_C(A(C,\{x_{n_k}\}))\leqslant \frac{2}{2+\sigma_X(1-\eta)}r(C,\{x_n\}).$$

由题设知 $\varepsilon_{0,m}(X)<1$，于是 $\lim_{\varepsilon\to 1}\delta_{m,X}(\varepsilon)>0$. 再由引理 2.11.6，这就蕴含了 $\lim_{\eta\to 0}\delta_{m,X}(1-\eta)>0$，从而 X 满足 (DL)-条件. □

特别地，一致单调的 Banach 格 X 满足 $\varepsilon_{0,m}(X)<1$. 因此，有下面结论.

推论4.4.10[39] 若 X 是具有一致单调范数的弱正交 Banach 格，则 X 满足 (DL)-条件.

定理4.4.11[38] 若 $C_{NJ}(X)<1+\mathrm{WCS}(X)^2/4$，则 X 具有 (D) 性质.

证明 设 C 为 X 中的弱紧凸子集，$\{x_n\}\subset C$，$\{y_n\}\subset A(C,\{x_n\})$ 关于 C 是规则且渐近一致的. 不失一般性，不妨设 $y_n\xrightarrow{w}y\in C$，且存在 $d\geqslant 0$ 使得 $\lim_{k\neq l}\|y_k-y_l\|=d$.

令 $r=r(C,\{x_n\})$. 若 $r=0$ 或 $d=0$，则 (D) 性质的条件显然成立. 假设 $r>0$ 且 $d>0$，取足够小的 $0<\varepsilon<\min\{l,d\}$，不妨设

$$\big|\|y_k-y_l\|-d\big|<\varepsilon,\quad \forall k\neq l. \tag{4.4.1}$$

给定 $k \neq l$, 由于 $y_k, y_l \in A(C, \{x_n\})$, 利用 $A(C, \{x_n\})$ 的凸性, 不妨提取子列, 我们可以假设

$$\|x_n - y_k\| < r + \varepsilon, \quad \|x_n - y_l\| < r + \varepsilon, \tag{4.4.2}$$

且对足够大的 n 有

$$\left\|x_n - \frac{y_k + y_l}{2}\right\| > r - \varepsilon. \tag{4.4.3}$$

由 $C_{NJ}(X)$ 的定义和 (4.4.1)~(4.4.3) 式, 对足够大的 n,

$$C_{NJ}(X) \geqslant \frac{\|2x_n - (y_k + y_l)\|^2 + \|y_k - y_l\|^2}{2\|x_n - y_k\|^2 + 2\|x_n - y_l\|^2} \geqslant \frac{4(r-\varepsilon)^2 + (d-\varepsilon)^2}{4(r+\varepsilon)^2}.$$

由 ε 的任意性, 则有

$$C_{NJ}(X) \geqslant \frac{4r^2 + d^2}{4r^2}.$$

注意到,

$$\mathrm{WCS}(X) = \inf\left\{\frac{\lim_{n,m;n\neq m} \|x_n - x_m\|}{\limsup_n \|x_n\|} : x_n \xrightarrow{w} 0, \lim_{n \neq m} \|x_n - x_m\| \text{ 存在}\right\},$$

从而, 可以推得

$$C_{NJ}(X) \geqslant 1 + \frac{\mathrm{WCS}(X)^2 (\limsup_n \|y_n - y\|)^2}{4r^2}$$

$$\geqslant 1 + \frac{\mathrm{WCS}(X)^2 r(C, \{y_n\})^2}{4r^2}.$$

因此,

$$r(C, \{y_n\}) \leqslant \frac{2\sqrt{C_{NJ}(X) - 1}}{\mathrm{WCS}(X)} r(C, \{x_n\}).$$

定理得证. □

对任意的有界子集 $B \subset X$, 其可分的非紧测度定义如下:

$$\beta(B) = \sup\{\varepsilon: \text{ 存在序列} \{x_n\} \subset B \text{ 满足} \mathrm{sep}(\{x_n\}) \geqslant \varepsilon\}$$

其中,

$$\mathrm{sep}(\{x_n\}) = \inf\{\|x_n - x_m\|: n \neq m\}.$$

下面给出与非紧测度 β 相关的非紧凸模的定义:

$$\Delta_{X,\beta}(\varepsilon) = \inf\{1 - d(0, A): A \subset B_X \text{ 凸}, \beta(A) \geqslant \varepsilon\}.$$

与非紧测度 β 相关的非紧凸系数定义如下:

$$\varepsilon_\beta(X) = \sup\{\varepsilon \geqslant 0 : \Delta_{X,\beta}(\varepsilon) = 0\}.$$

若 X 是自反的 Banach 空间, 则 $\varepsilon_\beta(X)$ 有下面的等价定义:

$$\varepsilon_\beta(X) = \inf\left\{1 - \|x\| : \{x_n\} \subset B_X, x = w - \lim_n x_n, \operatorname{sep}(\{x_n\}) \geqslant \varepsilon\right\}.$$

我们知道 X 是 NUC, 当且仅当 $\varepsilon_\beta(X) = 0$. 上面提到的定义和性质可以参考文献 [16].

定理4.4.12 设 X 为自反的 Banach 空间. 若 $\varepsilon_\beta(X) < \operatorname{WCS}(X)$, 则 X 具有 (D) 性质.

证明 设 C 为 X 弱紧凸子集, 序列 $\{x_n\} \subset C$, $\{y_j\} \subset A(C, \{x_n\})$ 关于 C 是规则且渐近一致的. 提取 $\{y_j\}$ 的子列, 仍记为 $\{y_j\}$, 不妨假设 $y_j \xrightarrow{w} y_0 \in C$ 且 $d = \lim_{k \neq l} \|y_k - y_l\|$ 存在. 记 $r = r(C, \{x_n\})$.

由于 $\{y_0, y_j\} \subset A(C, \{x_n\})$, 我们有

$$\limsup_n \|x_n - y_0\| = r, \quad \limsup_n \|x_n - y_j\| = r, \quad \forall j \in \mathbb{N}.$$

故对任意的 $\eta \geqslant 0$, 存在 $N \in \mathbb{N}$ 使得 $\|x_N - y_0\| \geqslant r - \eta$ 且 $\|x_N - y_j\| \leqslant r + \eta$, $\forall j \in \mathbb{N}$.

不失一般性, 假定 $\|y_k - y_l\| \geqslant d - \eta$ 对任意的 $k \neq l$ 都成立. 下面考虑序列 $\{(x_N - y_j)/(r + \eta)\} \subset B_X$, 注意到

$$\beta\left(\left\{\frac{x_N - y_j}{r + \eta}\right\}\right) \geqslant \frac{d - \eta}{r + \eta} \quad \text{且} \quad \frac{x_N - y_j}{r + \eta} \xrightarrow{w} \frac{x_N - y_0}{r + \eta}.$$

由 $\Delta_{X,\beta}(\cdot)$ 的定义知

$$\Delta_{X,\beta}\left(\frac{d - \eta}{r + \eta}\right) \leqslant 1 - \left\|\frac{x_N - y_0}{r + \eta}\right\| \leqslant 1 - \frac{r - \eta}{r + \eta}.$$

由于上面的不等式对任意的 $\eta > 0$ 成立, 我们得到 $\Delta_{X,\beta}(d/r) = 0$, 从而 $\varepsilon_\beta(X) \geqslant d/r$. 接下来用下面的方式来估计 d:

$$d = \lim_{k \neq l} \|y_k - y_l\| = \lim_{k \neq l} \|(y_k - y_0) - (y_l - y_0)\|$$

$$\geqslant \operatorname{WCS}(X) \limsup_n \|y_n - y_0\|$$

$$\geqslant \operatorname{WCS}(X) r(C, \{y_n\}).$$

从而,

$$r(C, \{y_n\}) \leqslant \frac{\varepsilon_\beta(X)}{\operatorname{WCS}(X)} r(C, \{x_n\}).$$

定理得证. □

第 5 章 Banach空间几何和逼近性质

5.1 逼近紧和度量投影的连续性

定义5.1.1 Banach 空间 X 的一个子集 C 称作逼近紧的, 是指对任意 $\{x_n\}_{n=1}^\infty \subset C$ 和任意 $y \in X$, 使得如果 $\|x_n - y\| \to \mathrm{dist}(y, C) = \inf\{\|x - y\| : x \in C\}$, $\{x_n\}_{n=1}^\infty$ 就有一个 Cauchy 列. 称 X 是逼近紧的, 如果 X 的每个闭凸子集是逼近紧的.

1961 年, Jefimow 和 Stechkin 提出, 作为 Banach 空间的一个性质可以保证任意的 $x \in X$ 都在非空闭凸集 C 中有一个最佳逼近元素. 当 Banach 空间 X 是严格凸的, 我们有 X 中的每个闭凸集是半 Chebyshev 集.

定义5.1.2 令 X 是一个 Banach 空间且 $C \subset X$ 由

$$P_C(x) = \{y \in C : \|x - y\| = \mathrm{dist}(y, C)\}, \quad \forall\, x \in X$$

定义集值映射 $P_C : X \to K$ 称为集值度量投影. 如果对任一 $x \in X$, $P_C(x) \neq \varnothing$, 则称 C 是近迫的. 如果对任一 $x \in X$, $P_C(x)$ 至多是单点集, 则 C 称为半 Chebyshev 的. 如果 C 是近迫的且是半 Chebyshev 的, 则称 C 是 Chebyshev 的.

逼近紧和投影算子的连续性这两个概念是密切相关的. 我们给出如下定理.

定理5.1.1 设 Banach 空间, C 是 X 中的一个半 Chebyshev 闭子集. 如果 C 是逼近紧的, 则 C 是 X 的一个 Chebyshev 子集且度量投影 P_C 是连续的.

证明 固定 $y \in X$, 取一个极小化序列 $\{x_n\}_{n=1}^\infty \subset C$, 使得 $\|x_n - y\| \to \mathrm{dist}(y, C)$ $(n \to \infty)$. 由于 C 在 X 中是逼近紧的, 所以 $\{x_n\}_{n=1}^\infty$ 有一个 Chebyshev 子列 $\{x_{n_k}\}_{k=1}^\infty$. 由于 X 的完备性, 存在 $x \in X$, 使得 $x_n \to x$ $(n \to \infty)$. 由 C 的闭性有 $x \in C$, 则 $\|x - y\| = \mathrm{dist}(y, C)$ 且 $x \in C$, 即 $x \in P_C(y)$, 这样 C 在 X 中是近迫的. 但 C 也是 X 中的一个半 Chebyshev 子集, 所以 C 是 X 中的一个 Chebyshev 子集.

现在证明 P_C 的连续性. 对 X 中任意 $x_0 \in X \backslash C$ 和 $\{x_n\}_{n=1}^\infty$, $x_n \to x_0$ $(n \to \infty)$. 由于 C 是 X 中的一个 Chebyshev 子集, 度量投影 $P_C(x_n)$ 和

$P_C(x)$ 存在, 由距离函数的连续性, 有

$$\|x_n - P_C(x_n)\| = \mathrm{dist}(x_n, C) \to \mathrm{dist}(x_0, C) = \|x_0 - P_C(x_0)\|. \tag{5.1.1}$$

由 $x_n \to x_0 \ (n \to \infty)$, 有

$$\|x_0 - P_C(x_n)\| \to \mathrm{dist}(x_0, C) \quad (n \to \infty). \tag{5.1.2}$$

假设 $P_C(x_n)$ 不收敛到 $P_C(x_0)$, 不失一般性, 可以认为

$$\|P_C(x_n) - P_C(x_0)\| \geqslant d, \tag{5.1.3}$$

对所有 $n \geqslant 1$ 和某个 $d > 0$.

由 (5.1.3) 式和 C 的逼近紧性, 序列 $\{P_C(x_n)\}_{n=1}^{\infty}$ 有一个 Cauchy 子列, 我们仍然用 $\{P_C(x_n)\}_{n=1}^{\infty}$ 表示. 令 $z = \lim_{n \to \infty} P_C(x_n)$, 由范数的连续性, 有

$$\|x_n - P_C(x_n)\| \to \|x_0 - z\| \quad (n \to \infty).$$

这样又由 (5.1.1) 式, 有

$$\|x_0 - P_C(x_0)\| = \|x_0 - z\| = \mathrm{dist}(x_0, C).$$

由于 C 是 X 中的一个 Chebyshev 子集, 所以 $z = P_C(x_0)$, 即

$$P_C(x_n) \to P_C(x_0) \quad (n \to \infty),$$

这与条件 (5.1.3) 式矛盾. 所以推断

$$P_C(x_n) \to P_C(x_0) \quad (n \to \infty),$$

即 P_C 是连续的. □

由上述定理我们自然会问在什么 Banach 空间中的非空有界闭凸子集 C 的逼近紧性对投影算子 P_C 的连续性是必要的? 2007 年陈述涛等在《中国科学A辑: 数学》上发表了如下定理.

定理5.1.2 令 X 是中点局部一致凸空间, 且 C 是 X 中的一个闭凸集, 则 C 是逼近紧的 Chebyshev 集当且仅当 P_C 是连续的.

为了证明该定理我们先给出一个引理.

引理5.1.3 X 中的一个非空集 C 是逼近紧当且仅当对任意 $y \in X$, $\{x_n\}_{n=1}^{\infty} \subset C, \{y_n\}_{n=1}^{\infty} \subset X$, 如果

(i) $y_n \to y \ (n \to \infty)$;

(ii) 当 $n \to \infty$, $\|x_n - y_n\| \to \mathrm{dist}(x_0, C)$, $\{x_n\}_{n=1}^{\infty}$ 有一个 Cauchy 子列.

证明 必要性. 假设 C 是逼近紧的. 对任意 $y \in X$, $\{x_n\}_{n=1}^{\infty} \subset C, \{y_n\}_{n=1}^{\infty} \subset X$, 使得(i) $y_n \to y (n \to \infty)$; (ii) 当 $n \to \infty$, $\|x_n - y_n\| \to \text{dist}(x_0, C)$, 那么

$$\text{dist}(y, C) \leqslant \|x_n - y\| \leqslant \|x_n - y_n\| + \|y_n - y\| \to \text{dist}(y, C) \quad (n \to \infty),$$

则有 $\|x_n - y\| \to \text{dist}(y, C)(n \to \infty)$. 由假设 $\{x_n\}_{n=1}^{\infty}$ 有一个 Cauchy 子列.

充分性是显然的. $\square$

定理 5.1.2 的证明 由 X 是中点局部一致凸空间, 则 X 是严格凸空间, 则 C 是半 Chebyshev 集. 故只需证明 C 是逼近紧的.

对任意 $y \in X$, $\{x_n\}_{n=1}^{\infty} \subset C, \{y_n\}_{n=1}^{\infty} \subset X$, 使得(i) $y_n \to y(n \to \infty)$; (ii) 当 $n \to \infty$, $\|x_n - y_n\| \to \text{dist}(x_0, C)$, 由引理 5.1.3, 我们想证明 $\{x_n\}_{n=1}^{\infty}$ 有一个Cauchy 子列.

由假设, 度量投影 $P_C : X \to C$ 是连续的, 所以有

$$P_C(y_n) \to P_C(y) \quad (n \to \infty).$$

由距离函数的连续性, 有

$$\|y_n - P_C(y_n)\| = \text{dist}(y_n, C) \to \text{dist}(y, C) = \|y - P_C(y)\| \quad (n \to \infty).$$

我们断言存在 $\{n\}$ 的子列 $\{n_k\}$, 使得

$$\|x_{n_k} - P_C(y_{n_k})\| \to 0 \quad (k \to \infty). \tag{5.1.4}$$

现在假设 (5.1.4) 式是正确的, 则对任意 $\varepsilon > 0$, 存在 $N_1 > 1$, 使得对任意 $k \geqslant N_1$, 有

$$\|x_{n_k} - P_C(y_{n_k})\| < \frac{\varepsilon}{3}. \tag{5.1.5}$$

由

$$P_C(y_{n_k}) \to P_C(y) \quad (k \to \infty),$$

存在 $N_2 > 1$, 使得对任意 $k, l \geqslant N_2$, 有

$$\|P_C(y_{n_k}) - P_C(y_{n_l})\| < \frac{\varepsilon}{3}. \tag{5.1.6}$$

取 $N = \max\{N_1, N_2\}$, 由 (5.1.5) 式和 (5.1.6) 式, 有

$$\|x_{n_k} - y_{n_l}\| \leqslant \|x_{n_k} - P_C(y_{n_k})\| + \|P_C(y_{n_k}) - P_C(y_{n_l})\| + \|P_C(y_{n_l}) - x_{n_l}\| < \varepsilon,$$

这表示 $\{x_{n_k}\}_{k=1}^{\infty}$ 是 $\{x_n\}_{n=1}^{\infty}$ 的一个 Cauchy 列, 必要性成立.

现在证明条件 (5.1.4).

5.1 逼近紧和度量投影的连续性

假设条件 (5.1.4) 是错的, 那么不失一般性, 假设对所有 $n \geqslant 1$ $\left(d < \frac{\|y\|}{2}\right)$

$$\|x_n - P_C(x_n)\| > 2d > 0.$$

由 $P_C(y_n) \to P_C(y) \, (n \to \infty)$, 存在 N_3, 如果 $n \geqslant N_3$, 有

$$\|P_C(y) - P_C(y_n)\| < d.$$

则对所有 $n \geqslant N_3$, 有

$$\|x_n - P_C(y)\| \geqslant \|x_n - P_C(y_n)\| - \|P_C(y) - P_C(y_n)\| > d.$$

不失一般性, 假设 $N_3 = 1$. 由刚才证明的条件可推出

$$\{x_n\}_{n=1}^{\infty} \subset C \backslash B(P_C(y), d).$$

不失一般性, 我们可以认为 $P_C(y) = 0$, 则存在 $x^* \in X^*$ 使得(i) $\|x^*\| = 1$; (ii)对所有 $v \in C$, $(x^*, -v) \geqslant 0$; (iii) $(x^*, y) = \|y\|$. 事实上, 我们知道 $B(y, \|y\|) \cap C = \varnothing$. 由分离定理, 存在 $x^* \in S(X^*)$ 使得

$$\sup\{x^*(x) : x \in C\} \leqslant \inf\{x^*(x) : x \in B(y, \|y\|)\}.$$

注意到

$$\inf\{x^*(x) : x \in B(y, \|y\|)\} = \inf\{x^*(x) : x \in \overline{B}(y, \|y\|)\}, \quad \overline{B}(y, \|y\|) \cap C = 0,$$

因此, 对所有 $v \in C$, 都有 $(x^*, -v) \geqslant 0$ 且 $x^*(0) \leqslant \inf\{x^*(x) : x \in B(y, \|y\|)\}$.
所以,

$$x^*(0 - y) \leqslant \inf\{x^*(x) : x \in B(y, \|y\|) - y\}$$
$$= \inf\{x^*(x) : x \in B(0, \|y\|)\}.$$

因此

$$x^*(y) = \sup\{x^*(x) : x \in B(0, \|y\|)\} = \|y\|.$$

定义超平面

$$H_t = \{x \in X : (x^*, x) = t\}, \quad \forall t \in \mathbb{R},$$

则实超平面 $H_0 = \{x \in X : (x^*, x) = 0\}$ 分离 C 和 $B(y, \|y\|)$ 且支撑闭球 $\overline{B}(y, \|y\|)$. 设

$$H_+ = \bigcup_{t \geqslant 0} H_t, \quad H_- = \bigcup_{t \leqslant 0} H_t,$$

则
$$C \subset H_-, \quad B(y, \|y\|) \subset H_+.$$

我们有下列 X 的拓扑直和分解
$$X = H_0 \cup \{ty : t \in \mathbb{R}\},$$

即任意 $x \in X$, x 有唯一分解
$$x = x_0 + t_x y,$$

这里
$$x_0 = x - \frac{(x^*, x)}{\|y\|} y \in H_0, \quad t_x = \frac{(x^*, x)}{\|y\|} \in \mathbb{R}.$$

这样对任意的 $t \in \mathbb{R}$，有
$$H_t = H_0 + \left\{ t \frac{y}{\|y\|} \right\}.$$

定义
$$B = \overline{B}(y, \|y\|) \backslash B\left(0, \frac{d}{2}\right).$$

断言
$$\alpha = \inf\{(x^*, x) = t_x \|y\| : \forall x \in B\} > 0. \tag{5.1.7}$$

如果 (5.1.7) 式不正确，即 $\alpha = 0$，取一列正数 $\{t_n\}$ 且 $t_n \to 0$ $(n \to \infty)$，则 $t_n y \to 0 \, (n \to \infty)$. 对任意 $n \geqslant 1$，取
$$w_n = H_{t_n} \cap B = H_{t_n} \cap \left\{ \overline{B}(y, \|y\|) \backslash B\left(0, \frac{d}{2}\right) \right\},$$

由分解式，有
$$w_n = w_n^0 + t_n y, \quad w_n^0 \in H_0.$$

取 $z_n = -w_n^0 + t_n y, w_n^0 \in H_0$，则看到 $z_n \in H_{t_n} \cap \{\overline{B}(y, \|y\|) \backslash B(0, \frac{d}{2})\}$ 且对所有的 $n \geqslant 1$，
$$\frac{w_n + z_n}{2} = t_n y.$$

所以，$\|w_n + z_n - 20\| = \|2 t_n y\| = t_n \|2y\| \to 0$ $(n \to \infty)$. 由 X 是中点局部一致凸空间，故
$$w_n - z_n \to 0 \quad (n \to \infty).$$

也就是 $w_n^0 \to 0\,(n \to \infty)$ 那么就有 $w_n = w_n^0 + t_n y \to 0\,(n \to \infty)$. 另一方面, 由 $w_n \in \overline{B}(y, \|y\|) \backslash B(0, \frac{d}{2})$ 有 $\|w_n\| \geqslant \frac{d}{2}$, 矛盾. 这样就证明了 $\alpha > 0$. 定义

$$H_\alpha^+ = \{x \in X : (x^*, x) = \alpha\},$$

有 $B \subset H_\alpha^+$. 注意

$$\overline{B}(y, \|y\|) = B \cup B\left(0, \frac{d}{2}\right), \quad \{x_n\}_{n=1}^\infty \in C \backslash B(0, d).$$

对任意 $x \in \overline{B}(y, \|y\|)$, 有 $x \in B$ 或 $x \in B(0, \frac{d}{2})$. 如果 $x \in B$, 那么 $x \in H_\alpha^+$ 且 $\{x_n\}_{n=1}^\infty \subset C \subset H_-$. 这样可推断对任意 $n \geqslant 1$,

$$\|x - x_n\| \geqslant \mathrm{dist}(H_\alpha^+, H_-) \geqslant \mathrm{dist}(0, H_\alpha^+) = \alpha > 0. \tag{5.1.8}$$

如果 $x \in B(0, \frac{d}{2})$, 注意到 $\{x_n\}_{n=1}^\infty \subset C \backslash B(0, d)$, 这样可推断对任意 $n \geqslant 1$,

$$\|x - x_n\| \geqslant \frac{d}{2}. \tag{5.1.9}$$

因为 $y_n \to y$ 且 $\|x_n - y_n\| \to \mathrm{dist}(y, C)\,(n \to \infty)$, 则

$$\|x_n - y\| \to \mathrm{dist}(y, C) = \|x_n - P_C(y)\| = \|y\| \quad (n \to \infty).$$

注意 $P_C(y) = 0$, 对任意 $n \geqslant 1$, 可以假设

$$\|x_n - y\| \leqslant \|y\| + r,$$

这里 $r = \min\{\frac{d}{2}, \alpha\} > 0$. 这样容易看出

$$\mathrm{dist}(\{x_n\}_{n=1}^\infty, \overline{B}(y, \|y\|)) < r.$$

因为 $r = \min\{\frac{d}{2}, \alpha\} > 0$, 这与 (5.1.8) 式和 (5.1.9) 式矛盾. 因此 (5.1.4) 式是正确的. □

关于一般凸集上的投影算子我们很难给出具体的表达式, 但对于超平面

$$H_{x^*, \alpha} = \{y \in X : x^*(y) = \alpha\},$$

我们有如下结果.

定理5.1.4 设 X 是 Banach 空间, $x_0^* \in X^*, x_0^* \neq 0, \alpha \in \mathbb{R}$ 且存在 $x \in S(X)$ 使得 $x_0^*(x) = \|x_0^*\|$, 则

$$P_{H_{x^*, \alpha}}(x) = x + \frac{\alpha - x_0^*(x)}{\|x_0^*\|^2} F^{-1}(x_0^*), \quad x \in X.$$

证明 首先证明如果 $f \in S(X^*)$ 且在 $S(X)$ 上达到范数, 则

$$P_{H_{f,\alpha}}(x) = \{x + (\alpha - f(x))u : u \in S(X), f(u) = 1\}.$$

因为 $f(x + (\alpha - f(x))u) = \alpha$, 所以 $x + (\alpha - f(x))u \in H_{f,\alpha}$. 因此

$$\|x - [x + (\alpha - f(x))u]\| \geqslant d(x, H_{f,\alpha}),$$

或

$$|\alpha - f(x)| \geqslant d(x, H_{f,\alpha}).$$

另一方面, 对任意 $y \in H_{f,\alpha}$, $\|x - y\| \geqslant |f(x-y)| = |\alpha - f(x)|$, 则 $d(x, H_{f,\alpha}) \geqslant |\alpha - f(x)|$. 这就证明了

$$d(x, H_{f,\alpha}) = |\alpha - f(x)| = \|x - [x + (\alpha - f(x))u]\|.$$

故 $H_{f,\alpha}$ 是逼近集且 $f(x + (\alpha - f(x))u \in P_{H_{f,\alpha}}(x)$, 其中 $u \in S(X), f(u) = 1$. 所以

$$\{x + (\alpha - f(x))u : u \in S(X), f(u) = 1\} \subset P_{H_{f,\alpha}}(x). \tag{5.1.10}$$

任取 $y \in P_{H_{f,\alpha}}(x)$ 且 $x \notin H_{f,\alpha}$, 则 $\|x - y\| = d(x, H_{f,\alpha}) = |f(x - y)| \neq 0$. 令 $u = \frac{y-x}{\alpha - f(x)}$, 则 $u \in S(X), f(u) = 1$ 且 $y = x + (\alpha - f(x))u$. 故

$$y \in \{x + (\alpha - f(x))u : u \in S(X), f(u) = 1\}.$$

当 $x \in H_{f,\alpha}$ 时, 则 $x = P_{H_{f,\alpha}}(x)$ 且 $f(x) = \alpha$, 因此

$$x = P_{H_{f,\alpha}}(x) = x + (\alpha - f(x))u, \quad u \in S(X), \quad f(u) = 1.$$

从而

$$P_{H_{f,\alpha}}(x) \subset \{x + (\alpha - f(x))u : u \in S(X), f(u) = 1\}. \tag{5.1.11}$$

由(5.1.10)式, (5.1.11)式得, 对每个 $x \in X$,

$$P_{H_{f,\alpha}}(x) = \{x + (\alpha - f(x))u : u \in S(X), f(u) = 1\}. \tag{5.1.12}$$

注意 $f \in S(X^*)$ 且在 $S(X)$ 上达到范数, 则 $F^{-1}(f) = \{x + (\alpha - f(x))u : u \in S(X), f(u) = 1\}$. 由(5.1.12)式得出

$$P_{H_{x^*,\alpha}}(x) = x + (\alpha - f(x))F^{-1}(f), \quad x \in X. \tag{5.1.13}$$

因为 $H_{x^*,\alpha} = \{y \in X : x^*(y) = \alpha\} = \left\{y \in X : \frac{x_0^*(x)}{\|x_0^*\|}(y) = \frac{\alpha}{\|x_0^*\|}\right\}$, 由假设 $\frac{x_0^*(x)}{\|x_0^*\|}$ 在 $S(X)$ 上达到范数, 则 $F^{-1}\left(\frac{x_0^*(x)}{\|x_0^*\|}\right) \neq \varnothing$, 由 (5.1.11) 式得

$$P_{H_{x^*,\alpha}}(x) = x + \left(\frac{x_0^*(x)}{\|x_0^*\|} - \frac{x_0^*(x)}{\|x_0^*\|}\right) F^{-1}\left(\frac{x_0^*(x)}{\|x_0^*\|}\right) \neq \varnothing, \quad x \in X. \quad (5.1.14)$$

我们知道 F 有齐次性, 即 $F(\alpha x) = \alpha F(x), x \in X, \alpha \in \mathbb{R}$. 利用 F 的齐次性容易证明, 若 $F^{-1}(x^*) \neq \varnothing$, 则对任意 $\alpha \neq 0$, 有 $F^{-1}(\alpha x^*) = \alpha F^{-1}(x^*)$. 利用 (5.1.12) 式推出

$$P_{H_{x^*,\alpha}}(x) = x + \frac{\alpha - x_0^*(x)}{\|x_0^*\|^2} F^{-1}(x_0^*), \quad x \in X.$$

$\square$

下面我们给出两个定义.

定义 5.1.3 Banach 空间称为近严格凸的, 如果 X 的单位球面上的凸集是相对紧集.

定义 5.1.4 投影算子 P_A 称为上半连续的, 如果对任意 $x \in X, P_A(x_0) \subset W$, 存在 0 点邻域 U 使得 $\{P_A(x) : x \in U\} \subset W$.

Banach 空间的近严格凸性和超平面投影算子的上半连续有密切的关系. 王建华于 2006 年在《数学物理学报》上发表了如下定理.

定理 5.1.5 设 X 是近严格凸的, $x_0^* \in X^*, x_0^* \neq 0, \alpha \in \mathbb{R}$ 且存在 $x \in S(X)$ 使得 $x_0^*(x) = \|x_0^*\|$, 则 $P_{H_{x^*,\alpha}}(x)$ 是上半连续的.

证明 由定义 5.1.4 的证明知 $F^{-1}(x_0^*) \neq \varnothing$. 设 $x, y \in F^{-1}(x_0^*)$, 则 $x_0^*(x) = x_0^*(y) = \|x_0^*\|^2 = \|x\|^2 = \|y\|^2$. 取 $0 \leqslant \lambda \leqslant 1$, 则

$$x_0^*(\lambda x + (1-\lambda)y) \leqslant \|x_0^*\| \|\lambda x + (1-\lambda)y\| + \|x_0^*\| \|x\| = \|x_0^*\|^2.$$

又

$$x_0^*(\lambda x + (1-\lambda)y) = \lambda x_0^*(x) + (1-\lambda)x_0^*(y)$$
$$= x_0^*(x) = x_0^*(y) = \|x_0^*\|^2 = \|x\|^2 = \|y\|^2.$$

因此

$$x_0^*(\lambda x + (1-\lambda)y) = \|x_0^*\| \|\lambda x + (1-\lambda)y\| = \|x_0^*\|^2 = \|\lambda x + (1-\lambda)y\|^2.$$

所以 $F^{-1}(x_0^*)$ 是非空凸集. 注意到 $F^{-1}\left(\frac{x_0^*}{\|x_0^*\|}\right)$ 是单位球面上的凸集. 因为 X 是近严格凸的, 则 $F^{-1}\left(\frac{x_0^*}{\|x_0^*\|}\right)$ 是相对紧的, 进而 $F^{-1}(x_0^*)$ 是相对紧的.

设 $x_n, x \in X$, 且 $\|x_n - x\| \to 0$. 任取 $y_n \in P_{H_{x^*,\alpha}}(x_n), n \geqslant 1$. 由表达式

$$P_{H_{x^*,\alpha}}(x) = x + \frac{\alpha - x_0^*(x)}{\|x_0^*\|^2} F^{-1}(x_0^*),$$

不妨设

$$y_n = x_n + \frac{\alpha - x_0^*(x_n)}{\|x_0^*\|^2} z_n, \quad z_n \in F^{-1}(x_0^*), \quad n \geqslant 1.$$

因为 $F^{-1}(x_0^*)$ 是相对紧, 则 $\{z_n\}_{n=1}^\infty$ 有收敛的子列 $\{z_{n_k}\}_{k=1}^\infty$ 设 $\{z_{n_k}\}_{k=1}^\infty$ 收敛于 z, 记为 $z_{n_k} \to z$. 又因为 $\|x_n - x\| \to 0$, 所以

$$y_{n_k} = x_{n_k} + \frac{\alpha - x_0^*(x_{n_k})}{\|x_0^*\|^2} z_{n_k} \to x + \frac{\alpha - x_0^*(x)}{\|x_0^*\|^2} z.$$

注意到

$$x_0^*(z) = \lim_{k \to \infty} x_0^*(z_{n_k}) = \lim_{k \to \infty} \|x_0^*\| \|z_{n_k}\| = \|x_0^*\|^2 = \|z_{n_k}\|^2, \quad k = 1, 2, \cdots,$$

又因为 $\|z\| \leqslant \varliminf_{k \to \infty} \|z_{n_k}\|$. 所以 $x_0^*(z) \geqslant \|x_0^*\| \|z\|$. 从而

$$x_0^*(z) = \|x_0^*\| \|z\| = \|x_0^*\|^2 = \|z\|^2.$$

这就证明了 $z \in F^{-1}(x_0^*)$, 故

$$y_{n_k} \to x + \frac{\alpha - x_0^*(x)}{\|x_0^*\|^2} z \in P_{H_{x^*,\alpha}}(x).$$

如果 $P_{H_{x^*,\alpha}}$ 在 x 点不是上半连续的, 则存在包含 $P_{H_{x^*,\alpha}}(x)$ 的开集 W 和序列 $\{x_n'\}_{n=1}^\infty$ 使得 $\|x_n' - x_0\| \to 0$, 且

$$P_{H_{x_n',\alpha}}(x_n') \not\subset W, \quad n \geqslant 1$$

任取 $y_n' \in P_{H_{x^*,\alpha}}(x_n') \backslash W, n \geqslant 1$. 仿上面证明, 存在子列 $\{y_{n_k}'\}_{k=1}^\infty$ 使得 $y_{n_k}' \to y'$ 且 $y_n' \in P_{H_{x^*,\alpha}}(x_n') \subset W$. 于是 k 充分大时 $y_n' \in W$. 此与 $y_n' \notin W$ 矛盾. □

由上述定理, 我们容易得到如下结论.

定理5.1.6 设 X 是严格凸的, $x_0^* \in X^*, x_0^* \neq 0, \alpha \in \mathbb{R}$ 且存在 $x \in S(X)$ 使得 $x_0^*(x) = \|x_0^*\|$, 则 $P_{H_{x^*,\alpha}}(x)$ 是连续的.

接下来我们来讨论一个 Banach 空间是逼近紧的充要条件. 2006 年, H. Hudzik 在 *Zeitschrift fur Analysis Undihre Anwendungen* 发表了如下定理.

定理5.1.7 设 X 是 Banach 空间, X 是逼近紧的当且仅当 X 自反且具有 H 性质.

证明 必要性. 对任意 $f \in S(X^*)$，定义一个闭凸集

$$C = \{x \in X : f(x) = 1\}.$$

对于 $0 \in X$，取 C 中的极小化序列 $\{x_n\}_{n=1}^{\infty}$，满足 $\|0 - x_n\| \to \text{dist}(0, C) = 1$. 因为 X 是逼近紧的，不失一般性，认为 $\{x_n\}_{n=1}^{\infty}$ 是 Cauchy 列. 令 $x_n \to x_0 \in C$，则 $\|0 - x_0\| = \text{dist}(0, C) = 1$ 这表明 $x_0 \in S(X)$. 由 James 定理，X 自反.

下面证明 X 具有 H 性质. 令 $x_n \in S(X), x_n \xrightarrow{w} x_0 \in S(X)$，由 Haln-Banach 定理，存在 $x_0^* \in S(X^*)$，使得 $x_0^*(x_0) = 1$. 定义超平面

$$H = \{y \in X : x_0^*(y) = 1\}, \quad H_n = \{y \in X : x_0^*(y) = x_0^*(x_n)\}.$$

因为 X 是逼近紧的，则存在 $y_n \in H$ 使得 $\text{dist}(x_n, H) = \|x_n - y_n\|$. 因为

$$\text{dist}(x_n, H) = \text{dist}(H_n, H) = x_0^*(x_0) - x_0^*(x_n) \to 0,$$

故有 $\|x_n - y_n\| \to 0 \ (n \to \infty)$，同时有

$$\|0 - y_n\| \leqslant \|0 - x_n\| + \|x_n - y_n\| \to 1 = \text{dist}(0, H),$$

由定理条件知，$\{y_n\}_{n=1}^{\infty}$ 相对紧. 结合 $\|x_n - y_n\| \to 0 \ (n \to \infty)$，则 $\{x_n\}_{n=1}^{\infty}$ 相对紧. 因为 $x_n \xrightarrow{w} x_0$，故 $x_n \to x_0$.

充分性. 设 C 为闭凸集，对任意 $x \in X \setminus C, \{x_n\}_{n=1}^{\infty} \subset C$ 满足

$$\|x - x_n\| \to \text{dist}(x_n, C) \quad (n \to \infty).$$

因为 X 自反且 $\{x_n\}_{n=1}^{\infty}$ 有界. 不失一般性，我们可以认为 $\{x_n\}_{n=1}^{\infty}$ 是弱 Cauchy 列. 令 $x_n \xrightarrow{w} x_0$. 由 Mazur 定理，有 $x_0 \in C$. 下证 $\|x - x_0\| = \text{dist}(x, C)$. 由 Haln-Banach 定理，存在 $x_0^* \in S(X^*)$，使得 $x_0^*(x - x_0) = \|x - x_0\|$. 因为

$$\|x - x_n\| \geqslant x_0^*(x - x_n) \to x_0^*(x - x_0) = \|x - x_0\|,$$

$$\|x - x_n\| \to \text{dist}(x, C) \quad (n \to \infty).$$

所以 $\text{dist}(x, C) \geqslant \|x - x_0\|$. 另一方面，$\text{dist}(x, C) \leqslant \|x - x_0\|$ 明显成立. 因此 $\text{dist}(x, C) = \|x - x_0\|$. 令

$$y_n = \frac{x - x_n}{\|x - x_n\|}, \quad y_0 = \frac{x - x_0}{\|x - x_0\|}, \quad n = 1, 2, \cdots,$$

则 $\{y_n\}_{n=1}^{\infty} \subset S(X), y_0 \in S(X)$. 因为 $x_n \xrightarrow{w} x_0 \ (n \to \infty)$ 可知 $y_n \xrightarrow{w} y_0 \ (n \to \infty)$. 因为 X 具有 H 性质，从而有

$$y_n \to y_0 \quad (n \to \infty).$$

而且, 我们有

$$\|x_n - x_0\| = \|(x - x_n) - (x - x_0)\|$$
$$= \|x - x_0\| \left\| \frac{x - x_n}{\|x - x_0\|} - \frac{x - x_0}{\|x - x_0\|} \right\|$$
$$\leqslant \|x - x_0\| \left(\left\| \frac{x - x_n}{\|x - x_n\|} - \frac{x - x_0}{\|x - x_0\|} \right\| + \left\| \frac{x - x_n}{\|x - x_n\|} - \frac{x - x_n}{\|x - x_0\|} \right\| \right),$$

因此 $\|x_n - x_0\| \to 0 \, (n \to \infty)$. 从而 $\{x_n\}_{n=1}^{\infty}$ 是 Cauchy 列. 因此 C 是逼近紧集. □

Banach 空间的凸性和逼近紧性有密切的联系. 1984 年, R. E. Meggionson 发表了如下定理.

定理5.1.8 X 是中点局部一致凸空间当且仅当 X 中的闭球是逼近紧的 Chebyshev 集.

证明 必要性. 令 $x \in X$, C 是 X 中的以 c 为中心 r 为半径的球. $\{y_n\}_{n=1}^{\infty}$ 是关于 x 的极小化序列. 即

$$\|y_n - x\| \to \mathrm{dist}(y_n, C) \quad (n \to \infty).$$

我们只需要证明 $\{y_n\}_{n=1}^{\infty}$ 是收敛的序列. 不失一般性, 认为 $x = 0$, $\mathrm{dist}(0, C) = 1$. 注意 $\|y\| = \mathrm{dist}(0, C) = 1$, 则 $c = (1 + r)y$. 下面对 r 分三种情况来证明 $\{y_n\}_{n=1}^{\infty}$ 是收敛的序列.

情况1: $r = 1$. 令 $z_n = 2y - y_n$, 所以 $y = \frac{1}{2}(z_n + y_n)$. 因为 $c = 2y$, 而且对每一个 n, 我们有

$$2 = \|2y\| \leqslant \|2y - y_n\| + \|y_n\| \leqslant 1 + \|y_n\|.$$

注意 $\|y_n\| \to 1$, 所以 $\|z_n\| = \|2y - y_n\| \to 1$. 由 X 是中点局部一致凸空间知, $\|y_n - y\| \to 0 \, (n \to \infty)$.

情况2: $r < 1$. 在这种情况中, $\|c - 2y\| = \|(r - 1)y\| = 1 - r$. 对 c 中的每个元素 z, 我们有

$$\|z - 2y\| \leqslant \|z - c\| + \|c - 2y\| \leqslant r + 1 - r.$$

这表明 c 包含以 $2y$ 为心 1 为半径的球. 因此 $\{y_n\}_{n=1}^{\infty}$ 在大球中且是关于0点的极小化序列. 由情况1, $\|y_n - y\| \to 0 \, (n \to \infty)$.

情况3: $r > 1$. 令 C' 是以 $2y$ 为心 1 为半径的球. 对每一个固定的正数 n, 令 $z_n = y + r^{-1}(y_n - y)$ 易知 $z_n \in C'$, 我们有

$$\|z_n - 2y\| = \|r^{-1}(y_n - y) - y\| = r^{-1}\|y_n - (1 + r)y\| = r^{-1}\|y_n - c\| \leqslant 1.$$

对每一个固定的正数 n，我们有

$$1 \leqslant \|z_n\| \leqslant \|(1-r^{-1})y\| + \|r^{-1}y_n\| = (1-r^{-1}) + r^{-1}\|y_n\|,$$

而且注意

$$(1-r^{-1}) + r^{-1}\|y_n\| \to 1 \quad (n \to \infty).$$

这表明 $\|z_n\| \to 1\,(n \to \infty)$. 由情况 1, 有 $z_n \to y\,(n \to \infty)$. 故 $y_n \to y\,(n \to \infty)$.

充分性. 令 $x \in S(X)$, $\{x_n\}_{n=1}^{\infty}$, $\{y_n\}_{n=1}^{\infty} \subset X$ 满足 $\|x_n\| \to 1$, $\|y_n\| \to 1$, $\frac{1}{2}(x_n + y_n) = x$. 我们知道 $\operatorname{dist}(2x, B(X)) = 1$, 而且对固定的正数 n, 有

$$1 \leqslant \|x_n - 2x\| \leqslant \|x_n + y_n - 2x\| + \|y_n\| = \|y_n\|,$$

因为 $\|y_n\| \to 1\,(n \to \infty)$, 故有 $\|x_n - 2x\| \to 1\,(n \to \infty)$. 因为 X 中的闭球是逼近紧的 Chebyshev 集, 所以 $\|x_n - x\| \to 0\,(n \to \infty)$. 事实上, 假设存在 $r > 0$ 和 $\{x_n\}_{n=1}^{\infty}$ 的子列 $\{x_{n_k}\}_{k=1}^{\infty}$ 使得 $\|x_{n_k} - x\| \geqslant r$. 由 X 中的闭球是逼近紧的, 则 $\{x_{n_k}\}_{k=1}^{\infty}$ 有收敛子列. 仍记为 $\{x_{n_k}\}_{k=1}^{\infty}$. 令 $x_{n_k} \to y$ 显然 $\|2x - y\| = 1$. 这与 $B(X)$ 是 Chebyshev 集矛盾. □

最后来讨论投影算子何时线性算子的问题. 投影算子一般不是线性算子. 那么投影算子何时成为线性算子自然成为我们关注的问题. 王玉文、于金凤在《数学物理学报》对这一问题进行了讨论. 首先不加证明地给出广义正交分解定理.

定理5.1.9(广义正交分解定理) 设 X 是自反的 Banach 空间, L 为 X 的闭子空间, 则对于 $x \in X$, 有分解式

$$x = x_0 + x_1,$$

这里 $x_0 \in P_L(x)$, $x_1 \in F_X^{-1}(L^{\perp})$, $L^{\perp} = \{x^* \in X^* : x^*(x) = 0, x \in M\}$.

若 X 自反且严格凸则分解式唯一.

该定理是 Hilbert 空间中 Rise 正交分解定理在 Banach 空间中的推广.

定理5.1.10 设 X 是自反, 严格凸的 Banach 空间, L 为闭子空间, $P : X \to L$ 为单值算子, 则

(i) P_L 单值算子 $\Leftrightarrow$ (1) $P_L^{-1}(0) = F_X^{-1}(L^{\perp})$; (2) $\forall x \in X$, $\forall y \in L$, $P(x+y) = P(x) + y$.

(ii) $P = P_L \Leftrightarrow F_X^{-1}(L^{\perp})$ 为线性子空间.

证明 (i)必要性. 先来证明(2)的必要性. 对任意的 $x \in L$, 有 $w = z - y \in$

L $(y \in L)$,

$$\|P_L(x) + y - (x+y)\| = \|P_L(x) - x\|$$
$$\leqslant \|w - x\|$$
$$= \|w + y - (x+y)\|$$
$$= \|z - (x+y)\|.$$

因此, 由度量投影的定义, 并注意到 X 的严格凸性, 有

$$P_L(x+y) = P_L(x) + y, \quad y \in L.$$

所以

$$P(x+y) = P(x) + y, \quad y \in L.$$

下面证明 (1) 的必要性. $\forall x \in P_L^{-1}(0)$, 则 $P_L(x) = 0$. 对于 x, 由广义正交分解定理, 存在 $x_1 \in F_X^{-1}(L^\perp)$, 满足

$$x = P_L(x) + x_1.$$

于是

$$x = x_1 \in F_X^{-1}(L^\perp).$$

反之, $\forall x \in F_X^{-1}(L^\perp)$, 再次应用广义正交分解定理, 有 $x_1 \in F_X^{-1}(L^\perp)$, 使得

$$x = P_L(x) + x_1,$$

又因为

$$x = 0 + x, \quad x \in F_X^{-1}(L^\perp),$$

因为 X 是自反, 严格凸的 Banach 空间, 由分解式唯一性, 有

$$P_L(x) = 0,$$

从而 $x \in P_L^{-1}(0)$, 因此

$$P_L^{-1}(0) = F_X^{-1}(L^\perp).$$

充分性. $\forall x \in X$, 由于 X 是自反, 严格凸的 Banach 空间, L 为闭子空间, 所以 $P_L(x)$ 唯一存在.

由广义正交分解定理及条件 (1), 存在 $x_1 \in F_X^{-1}(L^\perp) = P_L^{-1}(0)$ 满足

$$x = P_L(x) + x_1,$$

再由条件(2)及 $P_L(x) \in L$,有 $P(P_L(x) + x_1) = P_L(x) + P(x_1)$,从而
$$\|x - P(x)\| = \|x - P(P_L(x) + x_1)\|$$
$$= \|x - P_L(x) - P(x_1)\|$$
$$= \|x - P_L(x)\|.$$
由于 $P(x) \in L$,且 X 严格凸,从而有
$$P(x) = P_L(x), \quad \forall x \in X,$$
即
$$P = P_L.$$

(ii) 必要性. 因为 P_L 为线性算子,且由(1) $P_L^{-1}(0) = F_X^{-1}(L^\perp)$, $\forall x, y \in F_X^{-1}(L) = P_L^{-1}(0), \alpha, \beta \in \mathbb{R}$,由 P_L 的线性,有
$$P_L(\alpha x + \beta y) = \alpha P_L(x) + \beta P_L(y) = 0,$$
于是
$$\alpha x + \beta y \in F_X^{-1}(L^\perp) = P_L^{-1}(0);$$
即 $F_X^{-1}(L^\perp)$ 为线性子空间.

充分性. 设 $F_X^{-1}(L^\perp)$ 为线性子空间,从而 $F_X^{-1}(L^\perp) = P_L^{-1}(0)$ 亦然. 但显然,有
$$P_L^{-1}(0) = \{x - P_L(x) : x \in X\},$$
因此 $\{x - P_L(x) : x \in X\}$ 为线性子空间.

$\forall x, y \in X, x - P_L(x), y - P_L(y) \in \{z - P_L(z) : z \in X\}$. 于是
$$(x+y) - (P_L(x) + P_L(y)) = (x - P_L(x)) + (y - P_L(y)) \in \{z - P_L(z) : z \in X\},$$
从而
$$(x+y) - (P_L(x) + P_L(y)) = (x+y) - P_L(x+y).$$
消去 $x+y$,得
$$P_L(x+y) = P_L(x) + P_L(y).$$
但 P_L 为齐次的,故 P_L 为线性算子.

$\forall x \in X$,由于 $0 \in L$,有
$$\|P_L(x)\| = \|P_L(x) - x + x\|$$
$$\leqslant \|P_L(x) - x\| + \|x\|$$
$$\leqslant \|0 - x\| + \|x\|$$
$$= 2\|x\|,$$

因此, P_L 是有界线性算子. □

5.2 距离函数的可导性与逼近紧性

本节主要讨论距离函数的方向导数之值同相关集 G 的紧迫性和逼近紧性之间的关系. 在本节中引入距离的新的记号

$$d_G(x) = \mathrm{dist}(x, G)$$

$\forall x, y \in X, G \subset X$, 记(如果极限存在)

$$d_G^+(x)(y) = \lim_{t \to 0^+} \frac{d_G(x+ty) - d_G(x)}{t}.$$

由于 $d_G(\cdot)$ 是 1-Lipschitz 函数, 故对任意的 $y \in S(X)$

$$-1 \leqslant \varliminf_{t \to 0^+} \frac{d_G(x+ty) - d_G(x)}{t} \leqslant \varlimsup_{t \to 0^+} \frac{d_G(x+ty) - d_G(x)}{t} \leqslant 1.$$

从而, 若 $d_G^+(x)(y)$ 存在, 则

$$\left|d_G^+(x)(y)\right| \leqslant \|y\|, \quad \forall y \in X.$$

下面将看到, 上式等号将起关键性的作用.

引理5.2.1 设 $y \in S(X), x \in X$, 若

$$\varlimsup_{t \to 0^+} \frac{d_G(x+ty) - d_G(x)}{t} = 1,$$

$\{g_n\}_{n=1}^\infty \subset G$ 是 x 的极小化序列, 则

$$\lim_{n \to \infty} \left\| y + \frac{x - g_n}{\|x - g_n\|} \right\| = 2.$$

证明 设 $t_n > 0$, 使

$$\lim_{n \to \infty} \frac{d_G(x + t_n y) - d_G(x)}{t_n} = 1,$$

不妨设 $t_n < d_G(x)$. 对 x 的极小化序列 $\{g_n\}_{n=1}^\infty$, 可设 $t_n^2 > \|x - g_n\| - d_G(x)$ (否则可用 $\{g_n\}$ 的子列来取代 $\{g_n\}$). 由于函数

$$h(x - g_n, t) = \frac{\|x - g_n + ty\| - \|x - g_n\|}{t}$$

是 t 的单调增函数. 故

$$\frac{d_G(x+t_n y) - d_G(x)}{t_n} \leqslant \frac{\|x - g_n + t_n y\| - \|x - g_n\| + t_n^2}{t_n}$$

$$\leqslant \frac{\|x + (\|x - g_n\|) y - g_n\| - \|x - g_n\|}{\|x - g_n\|} + t_n$$

$$= \left\| y + \frac{x - g_n}{\|x - g_n\|} \right\| - 1 + t_n,$$

两边取极限, 则得

$$\lim_{n \to \infty} \left\| y + \frac{x - g_n}{\|x - g_n\|} \right\| = 2. \qquad \square$$

引理5.2.2 设 $\{y_n\}_{n=1}^{\infty} \subset S(X), y \in S(X)$. 定义

$$G_0 = \left\{ g_n = \left(1 + \frac{1}{n}\right) \|y - y_n\|^{-1} (y + y_n) : n = 1, 2, \cdots \right\},$$

若 $\lim\limits_{n \to \infty} \|y + y_n\| = 2$, 则

$$d_{G_0}^+(0)(y) = -1 = -d_{G_0}^+(0)(-y).$$

证明 记

$$\alpha_n = \left(1 + \frac{1}{n}\right) \Big/ \|y + y_n\|,$$

由于函数 $h(g_n, t)$ 是 t 的单调升函数, 故当 $0 < t \leqslant \alpha_n \leqslant 1$ 时

$$h(g_n, -t) \geqslant h(g_n, -\alpha_n),$$

即

$$\frac{\|g_n - ty\| - \|g_n\|}{t} \leqslant \frac{\|g_n - \alpha_n y\| - \|g_n\|}{\alpha_n}.$$

从而

$$-1 \leqslant \varliminf_{t \to 0+} \frac{d_{G_0}(ty) - d_{G_0}(0)}{t}$$

$$\leqslant \varlimsup_{t \to 0+} \frac{d_{G_0}(ty) - d_{G_0}(0)}{t}$$

$$\leqslant \varlimsup_{t \to 0+} \inf_n \frac{\|ty - g_n\| - 1}{t}$$

$$\leqslant \varlimsup_{t \to 0+} \inf_n \left[\frac{\|g_n - ty\| - \|g_n\| + 1/n}{t} \right]$$

$$\leqslant \varlimsup_{n \to \infty} \frac{\|g_n - \alpha_n y\| - \|g_n\|}{\alpha_n} + \lim_{n \to \infty} \frac{1}{n \alpha_n}$$

$$= \lim_{n \to \infty} (\|y_n\| - \|y_n + y\|) = -1.$$

由于 $d_G^+(0)(y)$ 关于 y 有齐次性, 故

$$d_G^+(0)(y) = -1 = -d_G^+(0)(-y).$$ □

有了上述准备工作, 我们便可以进入本节的主要内容.

定理5.2.3 设 $y \in S(X), x \in X$, 则下列条件等价:

(i) 对 X 中的任何闭子集 G, 若

$$\varlimsup_{t \to 0^+} \frac{d_G(x+ty) - d_G(x)}{t} = 1,$$

则 G 在 x 处是逼近紧的;

(ii) 对 X 中的任何闭子集 G, 若 $d_G^+(x)(y) = 1$, 则 G 在 x 处是逼近紧的;

(iii) y 是 X 的紧局部一致凸点.

证明 (i) $\Rightarrow$ (ii) 显然.

(ii) $\Rightarrow$ (iii) 假设(iii)不成立, 则存在 $\{y_n\}_{n=1}^\infty \subset S(X)$, 使得

$$\lim_{n \to \infty} \|y + y_n\| = 2,$$

但 $\{y_n\}_{n=1}^\infty$ 没有收敛子列. 令

$$G = \left\{ x - \left(1 + \frac{1}{n}\right) \frac{y - y_n}{\|y - y_n\|} : n = 1, 2, \cdots \right\},$$

则由引理 5.2.2 知

$$d_G^+(x)(y) = d_{G_0}^+(0)(y) = 1.$$

但 $P_G(x) = \varnothing$ 与(ii)矛盾.

(iii) $\Rightarrow$ (i) $\{g_n\}_{n=1}^\infty \subset G$ 是 x 的极小化序列, 由引理 5.2.1 知

$$\left\| y + \frac{x - g_n}{\|x - g_n\|} \right\| \to 2 \quad (n \to \infty).$$

而由(ii)知, $\left\{ \frac{x - g_n}{\|x - g_n\|} \right\}$ 有收敛子列, 不妨仍记为 $\left\{ \frac{x - g_n}{\|x - g_n\|} \right\}$. 由于 $\lim_{n \to \infty} \|x - g_n\| = d_G(x)$. 故

$$\lim_{n \to \infty} g_n = \lim_{n \to \infty} \left(x - \|x - g_n\| \frac{x - g_n}{\|x - g_n\|} \right)$$

存在, 故 G 在 x 处逼近紧. 故(iii) $\Rightarrow$ (i)成立. □

由定理 5.2.3 可以得到如下推论.

推论5.2.4 X 是紧局部一致凸空间 $\Leftrightarrow$ 对 X 中的任何闭子集, $\forall x \in X$. 若存在 $y \in S(X)$ 使得 $d_G^+(x)(y) = 1$, 则 G 在 x 处逼近紧.

5.2 距离函数的可导性与逼近紧性

定理5.2.5 设 $y \in S(X), x \in X$，则下列条件等价：

(i) 对 X 中的任何闭子集 G，若

$$\varlimsup_{t \to 0^+} \frac{d_G(x+ty) - d_G(x)}{t} = 1,$$

则 G 在 x 处是逼近紧的，且 $P_G(x) = x - d_G(x)y$；

(ii) 对 X 中的任何闭子集 G，若 $d_G^+(x)(y) = 1$，则 G 在 x 处是逼近紧的，且 $P_G(x) = x - d_G(x)y$；

(iii) y 是 X 的局部一致凸点.

证明 (i) $\Rightarrow$ (ii) 显然.

(ii) $\Rightarrow$ (iii) 假设 (iii) 不成立，则存在 $\{y_n\}_{n=1}^\infty \subset S(X)$，使 $\lim\limits_{n \to \infty} \|y + y_n\| = 2$，但 $\|y_n - y\| \geqslant \delta > 0$. 由定理 5.2.3 知，$\{y_n\}_{n=1}^\infty$ 有收敛的子列，不妨仍设为 $\{y_n\}_{n=1}^\infty$，且 $y_n \to y_0 \in S(X)$，$\|y_n - y_0\| \geqslant \delta$. 由于 $\lim\limits_{n \to \infty} \|y + y_n\| = 2$，故 $\|y + y_0\| = 2$. 令

$$G = \{x - y, x - y_0\},$$

则 $\forall t > 0, \|ty - y_0\| = 1 + t$. 事实上，取 $x^* \in S(X^*)$ 使

$$x^*\left(\frac{y+y_0}{2}\right) = \left\|\frac{y+y_0}{2}\right\| = 1,$$

则

$$x^*(y) = x^*(y_0) = 1.$$

故

$$1 + t \geqslant \|ty + y_0\| \geqslant x^*(ty + y_0) = tx^*(y) + x^*(y_0) = 1 + t.$$

这样

$$\|x + ty - (x - y_0)\| = \|ty + y_0\| = 1 + t = d_G(x + ty),$$

所以

$$d_G^+(x)(y) = \lim_{t \to 0^+} \frac{d_G(x + ty) - d_G(x)}{t} = 1.$$

但 $P_G(x) = \{x - y, x - y_0\}$ 与 (ii) 矛盾.

(iii) $\Rightarrow$ (i) $\{g_n\}_{n=1}^\infty \subset G$ 是 x 的极小化序列，由引理 5.2.1 知

$$\lim_{n \to \infty} \left\| y + \frac{x - g_n}{\|x - g_n\|} \right\| = 2,$$

由 (iii) 知

$$\lim_{n \to \infty} \left\| y - \frac{x - g_n}{\|x - g_n\|} \right\| = 0,$$

故
$$\lim_{n\to\infty} g_n = x - d_G(x)y.$$
即 G 在 x 处是逼近紧的, 且 $P_G(x) = x - d_G(x)y$. □

推论5.2.6 X 是局部一致凸空间 $\Leftrightarrow$ 对 X 中的任何闭子集 G, $x \in X\backslash G$, 若存在 $y \in S(X)$ 使 $d_G^+(x)(y) = 1$, 则 G 在 x 处是逼近紧, 且 $P_G(x) = x - d_G(x)y$.

下面讨论 $d_G^+(x)(y) = -1$ 时, 对最佳逼近的存在作用.

定理5.2.7 设 $y \in S(X), x \in X$, 则下列条件等价:

(i) 对 X 中的任何闭子集 G, 若
$$\lim_{t\to 0}\frac{d_G(x+ty) - d_G(x)}{t} = -1,$$
则 $P_G(x) \neq \varnothing$;

(ii) 对 X 中的任何闭子集 G, 若 $d_G^+(x)(y) = -1$, 则 $P_G(x) \neq \varnothing$;

(iii) y 是 X 的紧局部一致凸点.

证明 (i) $\Rightarrow$ (ii) 显然.

(ii) $\Rightarrow$ (iii) 假设(iii)不成立, 则存在 $\{y_n\}_{n=1}^\infty \subset S(X)$, 使
$$\lim_{n\to\infty} \|y + y_n\| = 2,$$
但 $\{y_n\}_{n=1}^\infty$ 没有收敛子列. 令
$$G = \left\{ x + \left(1 + \frac{1}{n}\right)\frac{y + y_n}{\|y + y_n\|} : n = 1, 2, \cdots \right\},$$
则 G 是闭子集. 由引理 5.2.2 知
$$d_G^+(x)(y) = d_{G_0}^+(0)(y) = -1,$$
但 $P_G(x) = \varnothing$ 与 (ii) 矛盾.

(iii) $\Rightarrow$ (i) 设 $t_n \to 0$ 使
$$\lim_{n\to\infty}\frac{d_G(x+t_ny) - d_G(x)}{t_n} = -1,$$
且 $t_n < d_G(x)$, 取 $g_n \in G$, 使
$$\|x + t_ny - g_n\| < d_G(x+t_ny) + t_n^2.$$
由于 $h(x - g_n, t)$ (见引理 5.2.1 的证明)是 t 的单调升函数, 故
$$\frac{\|x + t_ny - g_n\| - \|x - g_n\|}{t_n} \geqslant \frac{\|x\|\cdot x - \|x - g_n\|\cdot g_n - \|x - g_n\|}{-\|x - g_n\|},$$

从而
$$\frac{d_G(x+t_ny)-d_G(x)}{t_n} \geq \frac{\|x+t_ny-g_n\|-\|x-g_n\|}{t_n}-t_n$$
$$\geq -t_n+\frac{\|x-g_n\|-\|x-g_n-\|x-g_n\|\cdot y\|}{\|x-g_n\|}$$
$$=-t_n+1-\left\|\frac{x-g_n}{\|x-g_n\|}-y\right\|.$$

两边取极限得
$$\lim_{n\to\infty}\left\|\frac{g_n-x}{\|x-g_n\|}+y\right\|=2,$$

从而 $\left\{-\frac{x-g_n}{\|x-g_n\|}\right\}$ 有收敛子列, 不妨仍记为 $\left\{-\frac{x-g_n}{\|x-g_n\|}\right\}$. 由于
$$d_G(x)=\|x-g_n\|\leq\|x-g_n+t_ny\|+t_n\leq d_G(x)+2t_n+t_n^2,$$
故
$$\lim_{n\to\infty}\|x-g_n\|=d_G(x),$$
从而 $\lim\limits_{n\to\infty}g_n=g_0$ 存在, 且 $g_0\in P_G(x)$. 故(iii) $\Rightarrow$ (i) 成立. □

定理5.2.8 X 是紧局部一致凸空间 $\Leftrightarrow$ 对 X 中的任何闭子集 G, $x\in X\backslash G$, 若存在 $y\in S(X)$ 使 $d_G^+(x)(y)=-1$ 当且仅当 $P_G(x)\neq\varnothing$.

证明 由定理5.2.7, 我们仅需证, 若 $P_G(x)\neq\varnothing$, 则存在 $y\in S(X)$ 使 $d_G^+(x)(y)=-1$. 为此, 取 $g_0\in P_G(x)$, 则 $g_0\in P_G(g_0+t(x-g_0))$, 这里 $t\in[0,1]$. 事实上, 假设存在 $\alpha\in[0,1]$, 使 $g_0\notin P_G(g_0+\alpha(x-g_0))$, 则存在 $g\in G$, 使
$$\|x_\alpha-g\|<\|x_\alpha-g_0\|=\alpha\|x-g_0\|,$$
从而
$$\|x-g\|=\|x-x_\alpha+x_\alpha-g\|$$
$$\leq\|x-x_\alpha\|+\|x_\alpha-g_0\|$$
$$<\|x-x_\alpha\|+\|x_\alpha-g_0\|$$
$$=\|x-g_0\|,$$
与 $g_0\in P_G(x)$ 矛盾. 令 $y=\frac{g_0-x}{\|x-g_0\|}$, 则
$$d_G(x+ty)=\|x-g_0\|-t,$$
故 $d_G^+(x)(y)=-1$. □

推论5.2.9 X 是紧局部一致凸空间 $G \subset X$,则 G 是紧迫的 $\Leftrightarrow$ 对 X 中的任何闭子集 G,$x \in X \backslash G$,存在 $y \in S(X)$,使 $d_G^+(x)(y) = -1$.

例5.2.1 设 X 是无穷维局部一致凸空间

$$G = \{x \in X : \|x\| \geqslant 1\},$$

则 G 是紧迫的. 但 G 既不是逼近紧也不是Chebyshev子集. 当然 $x \in X \backslash G$,存在 $y \in S(X)$ 使 $d_G^+(x)(y) = -1$.

5.3 Banach 空间几何性质和太阳集

首先我们给出太阳集的定义.

定义5.3.1 设 G 是 X 的子集,$g_0 \in G$,若

$$\forall x \in X, g_0 \in P_G(x) \Rightarrow g_0 \in P_G(x_\alpha), \forall \alpha \geqslant 0$$

则称 g_0 是 G 的太阳点,其中 $x_\alpha = g_0 + \alpha(x - g_0)$. 若 G 中的每一点都是 G 的太阳点,则称 G 是太阳集.

命题5.3.1 设 G 是 X 的子集,$x \in X, g_0 \in G$,若 $g_0 \in P_G(x)$,则任意 $0 \leqslant \alpha \leqslant 1$,$g_0 \in P_G(x_\alpha)$.

证明 假设存在 $\alpha \in [0,1]$,使 $g_0 \notin P_G(g_0 + \alpha(x-g_0))$,则存在 $g \in G$ 使

$$\|x_\alpha - g\| < \|x_\alpha - g_0\| = \alpha \|x - g_0\|,$$

从而

$$\begin{aligned}
\|x - g\| &= \|x - x_\alpha + x_\alpha - g\| \\
&\leqslant \|x - x_\alpha\| + \|x_\alpha - g_0\| \\
&< \|x - x_\alpha\| + \|x_\alpha - g_0\| \\
&= \|x - g_0\|,
\end{aligned}$$

与 $g_0 \in P_G(x)$ 矛盾. □

命题5.3.2 设 $G \subset X, g_0 \in G$,则 g_0 是 G 的太阳点 $\Rightarrow \forall x \in X$. 若 $g_0 \in P_G(x)$,则 $g_0 \in P_G(2x - g_0)$.

证明 必要性显然,故只需证明充分性. 由命题 5.3.1,我们只要证明:

$$\forall x \in X, g_0 \in P_G(x) \Rightarrow g_0 \in P_G(x_\alpha), \forall \alpha \geqslant 1.$$

由归纳法,不难证得,若 $g_0 \in P_G(x)$,则

$$g_0 \in P_G(2^n x - (2^n - 1)g_0), \quad \forall n = 1, 2, \cdots.$$

对 $\forall \alpha > 1$, 取 n 使 $2^n \geqslant \alpha$, 则 $\frac{\alpha}{2^n} \leqslant 1$, 故由命题 5.3.1 知

$$g_0 \in P_G\left(\frac{\alpha}{2^n}[2^n x - (2^n-1)g_0 - g_0] + g_0\right),$$

即

$$g_0 \in P_G(x_\alpha),$$

故 g_0 是 G 的太阳点. □

命题5.3.3 设 G 是 X 的凸子集, G 是太阳集.

证明 事实上, $\forall x \in X, g_0 \in G$, 若 $g_0 \in P_G(x)$, 则

$$\|x - g_0\| \leqslant \left\|x - \frac{g_0 + g}{2}\right\|, \quad \forall g \in G,$$

即

$$\|2x - g_0 - g_0\| = 2\|x - g_0\| \leqslant \|2x - g_0 - g\|, \quad \forall g \in G,$$

故 $g_0 \in P_G(2x - g_0)$, 即 G 是太阳集. □

命题5.3.4 设 $G \subset X, g_0 \in G$, 则 g_0 是 G 的太阳点 $\Rightarrow \forall x \in X \setminus \overline{G}, g_0 \in P_G(x)$ 当且仅当 $g_0 \in P_{[g_0,g]}(x)$, 其中

$$[g_0, g] = \{\alpha g_0 + (1-\alpha)g : 0 \leqslant \alpha \leqslant 1\}.$$

证明 由于

$$\forall\, g \in G, \quad g_0 \in P_{[g_0,g]}(x)$$
$$\Leftrightarrow \|x - g_0\| \leqslant \left\|x - \frac{g_0 + g}{2}\right\|, \quad \forall\, g \in G;$$
$$\Leftrightarrow \|2x - g_0 - g_0\| = 2\|x - g_0\| \leqslant \|2x - g_0 - g\|, \quad \forall\, g \in G;$$
$$\Leftrightarrow g_0 \in P_G(2x - g_0).$$

由命题 5.3.2 知, 该命题成立. □

推论5.3.5 设 $G \subset X$, 则下述论断等价:

(1) G 是太阳集;

(2) $\forall x \in X, g_0 \in G, g_0 \in P_G(x) \Rightarrow g_0 \in P_G(2x - g_0)$;

(3) $\forall x \in X, g_0 \in G, g_0 \in P_G(x) \Rightarrow g_0 \in P_{[g_0,g]}(x), \forall g \in G$.

定义5.3.2 设 $G \subset X, g_0 \in G, x \in X$, 若存在 g_0 的一个开邻域 $U(g_0)$, 使 $g_0 \in P_{G \cap U(g_0)}(x)$ 则称 g_0 是 x 的局部最佳逼近.

对任意 $y \in X$, 定义

$$M_y = \{x^* \in B(X^*) : x^*(y) = \|y\|\}.$$

则易见, M_y 是弱*紧凸子集.

定义5.3.3 设 $G \subset X, g_0 \in G$, 若对任意的 $x \in X \backslash \overline{G}$

$$G \cap K(g_0, x) \neq \varnothing \Rightarrow g_0 \in \overline{G \cap K(g_0, x)},$$

则称 g_0 是 G 的月亮点, 其中

$$K(g_0, x) = \{g_0 + y \in X : x^*(y) > 0, \forall x^* \in M_{x-g_0}\}.$$

若 G 中的每一点都是 G 的月亮点, 则称 G 是月亮集.

定理5.3.6 设 $G \subset X, g_0 \in G$, 考虑下述论断:

(1) g_0 是太阳点;
(2) $\forall x \in X, g_0$ 是 x 的局部最佳逼近, 则 $g_0 \in P_G(x)$;
(3) g_0 是月亮点.

则 $(1) \Rightarrow (2) \Rightarrow (3)$.

证明 $(1) \Rightarrow (2)$ $\forall x \in X$, g_0 是 x 的局部最佳逼近, 则存在 g_0 的开邻域 $U(g_0, \delta) = B(g_0, \delta)$ 使

$$\|x - g_0\| \leqslant \|x - g\|, \quad \forall g \in G \cap U(g_0, \delta).$$

令

$$\alpha = \min\left\{1, \frac{\delta}{3\|x - g_0\|}\right\},$$

则易证 $g_0 \in P_G(x_\alpha)$. 事实上, $\forall g_0 \in G \backslash U(g_0, \delta)$, 则 $\|x - g_0\| \geqslant \delta$, 从而

$$\begin{aligned} \|x_\alpha - g\| &= \|x_\alpha - g_0 + g_0 - g\| \\ &\geqslant \|g_\alpha - g_0\| - \|x_\alpha - g_0\| \\ &\geqslant \delta - \frac{\delta}{3} \\ &> \|x_\alpha - g\|. \end{aligned}$$

另一方面, $\forall g \in G \cap U(g_0, \delta)$, 若

$$\|x_\alpha - g\| < \|x_\alpha - g_0\|,$$

则

$$\begin{aligned} \|x - g\| &< \|x - x_\alpha + x_\alpha - g\| \\ &\leqslant \|x - x_\alpha\| + \|x_\alpha - g\| \\ &< (1 - \alpha)\|x - x_\alpha\| + \|x_\alpha - g\| \\ &= \|x - g_0\|. \end{aligned}$$

与 $g_0 \in P_{G \cap U(g_0,\delta)}(x)$ 矛盾. 由 g_0 是 G 的太阳点知, $g_0 \in P_G(x)$. 故 $(1) \Rightarrow (2)$ 成立.

假设 g_0 是 G 的月亮点, 则存在 $x \in X$ 使
$$K(g_0, x) \cap G \neq \varnothing,$$
但
$$g_0 \notin \overline{K(g_0, x) \cap G},$$
从而存在 $\varepsilon > 0$, 及开球 $B(g_0, \varepsilon)$, 使
$$B(g_0, \varepsilon) \cap K(g_0, x) \subset X \backslash G.$$
事实上, 令 $\varepsilon > 0$ 使
$$B(g_0, \varepsilon) \subset X \backslash (K(g_0, x) \cap G),$$
则
$$B(g_0, \varepsilon) \cap K(g_0, x) \subset X \backslash G.$$
令 $g \in K(g_0, x) \cap G$. 下面证明, 当 λ 充分大时有
$$g \in B(g_0 + \lambda(x - g_0), \lambda \|x - g_0\|).$$
事实上, 因为 $g \in K(g_0, x)$, 故
$$\max_{x^* \in M_{x-g_0}} x^*(g_0 - g) \leqslant -\beta < 0,$$
其中 $\beta > 0$ 是某实数. 从而, 存在弱*开子集 $W \supset M_{x-g_0}$, 使得
$$x^*(g_0 - g) \leqslant -\frac{1}{2}\beta, \quad \forall x^* \in W.$$
这样, 当 $\lambda > 0$ 时,
$$\sup_{x^* \in W} x^*(g_0 + \lambda(x - g_0) - g) \leqslant \lambda \|x - g_0\| + \sup_{x^* \in W} x^*(g_0 - g)$$
$$\leqslant \lambda \|x - g_0\| - \frac{1}{2}\beta$$
$$< \lambda \|x - g_0\|.$$
另一方面, 因为 $H = B(X^*) \backslash W$ 是弱*紧子集, 故存在 $\alpha > 0$, 使得
$$\sup_{x^* \in H} x^*(x - g_0) \leqslant \|x - g_0\| - \alpha.$$

从而, 当 $\lambda > \frac{\|g-g_0\|}{\alpha}$ 时

$$\sup_{x^*\in H} x^*(g_0+\lambda(x-g_0)-g) \leqslant \lambda \sup_{x^*\in H} x^*(g_0-g) + \|g-g_0\|$$
$$\leqslant \lambda\|x-g_0\|-\lambda\alpha+\|g-g_0\|$$
$$<\lambda\|x-g_0\|,$$

故

$$\|g_0+\lambda(x-g_0)-g\|=\sup_{x^*\in H} x^*(g_0+\lambda(x-g_0)-g)<\lambda\|x-g_0\|,$$

即

$$g\in B(g_0+\lambda(x-g_0),\lambda\|x-g_0\|),$$

现在, 记 $x_\lambda=g_0+\lambda(x-g_0)$, 则当 λ 充分大时, 有 $g\in B(x_\lambda,\|x_\lambda-g_0\|)$. 而

$$B(x_\lambda,\|x_\lambda-g_0\|)\subset K(g_0,x),$$

$$B(g_0,\varepsilon)\cap B(x_\lambda,\|x_\lambda-g_0\|)\subset X\backslash G,$$

即 g_0 是 x_λ 的局部最佳逼近, 由(2)知, $g\in P_G(x_\lambda)$. 但由 $g\in B(x_\lambda,\|x_\lambda-g_0\|)$ 知 $\|x-g_0\|<\|x_\lambda-g_0\|$ 即 $g\notin P_G(x_\lambda)$, 矛盾. 故 (2) $\Rightarrow$ (3) 成立. □

注: 在该定理中 (2) $\Rightarrow$ (1) 和 (3) $\Rightarrow$ (2). 一般不真.

例5.3.1 在欧几里得空间 $\mathbb{R}^2$ 中, 令

$$G=\{(x,y)\in\mathbb{R}^2:x^2+y^2\geqslant 1\}$$

易见 G 不是太阳. 但对 $g_0=(x_0,y_0)\in G$, 上述定理中(2)成立.

例5.3.2 在欧几里得空间 $\mathbb{R}^2$ 中, 令

$$G=\left\{(x,y)\in\mathbb{R}^2:\frac{1}{4}x^2+y^2\geqslant 1\right\}$$

容易验证 G 是月亮. 又 $g_0=(0,1)$ 是 $x=(0,-\frac{1}{2})$ 局部最佳逼近, 但 $g_0\notin P_G(x)$.

定理5.3.7 设 $G\subset X$ 对下述论断:

(1) G 是太阳集;

(2) $\forall x\in X, G$ 对 x 的局部最佳逼近必是 G 对 x 的最佳逼近;

(3) G 是月亮集.

则 (1) $\Rightarrow$ (2) $\Rightarrow$ (3).

下面我们在一般 Banach 空间中讨论 Chebyshev 集的太阳性问题. 可以看到空间的几何性质在这类问题的研究中起了至关重要的作用.

首先讨论有界紧 Chebyshev 集的太阳性问题. 在这里 Schauder 不动点定理起了至关重要的作用.

Schauder不动点定理 设 A 是Banach 空间 X 的一个闭凸集, $f: A \to A$ 是一个使 $f(A)$ 相对紧的连续映射, 则 f 具有不动点.

定理5.3.8 Banach 空间中任何有界紧 Chebyshev 集是太阳集.

证明 假设 G 是 X 的有界紧 Chebyshev 子集, 但 G 不是太阳集. 则存在 $x \in X \backslash G, g_0 \in P_G(x)$, 及 $t_0 > 1$, 使 $P_G(x_{t_0}) = P_G(t_0(x - g_0) + g_0) \neq g_0$. 令

$$t_1 = \sup\{t > 0 : P_G(x_t) = g_0\}.$$

容易证明, $P_G(x)$ 是连续的, 故

$$\begin{cases} P_G(x_t) = g_0, & \forall\, t \leqslant t_1, \\ P_G(x_t) \neq g_0, & \forall\, t > t_1. \end{cases}$$

不妨设 $t_1 = 1$, 从而对任意 $t > 1, P_G(x_t) \neq g_0$.

由于 G 是有界紧, 从而对某个 $\varepsilon > 0, G \cap B(g_0, \varepsilon)$ 紧, 再由 $P_G(\cdot)$ 在 x 处连续知, 存在 $\delta > 0$, 使得

$$P_G(B(x, \delta)) \subset B(g_0, \varepsilon).$$

定义 $\Phi: G \to B(x, \delta) = B$.

$$\Phi(g) = x + \delta \frac{x - g}{\|x - g\|}, \quad \forall g \in G$$

因为 Φ, P_G 连续, 故复合映射 $\Psi = \Phi \circ P_G$ 是 B 到 B 的连续映射. 由于

$$\Phi(G \cap B(g_0, \varepsilon))$$

是紧集连续映射的象, 从而相对紧. 而

$$\Psi(B) = \Phi \circ P_G(B) \subset \Phi(G \cap B(g_0, \varepsilon)),$$

所以 $\Psi(B)$ 相对紧.

由于 B 是闭凸集, $\Psi: B \to B$ 是连续的且 $\Psi(B)$ 相对紧, 故由 Schauder 定理知, 存在 $h \in B$, 使得

$$\Psi(h) = h.$$

由 Ψ 的定义知, $x \in [h, P_G(h)]$, 故

$$\|h - P_G(h)\| = \|h - x\| + \|x - P_G(h)\| \geqslant \|h - x\| + \|x - g_0\| \geqslant \|h - g_0\|.$$

由 G 是 Chebyshev 子集知, $P_G(h) = g_0$, 但

$$h = x_{t_0}, \quad t_0 = 1 + \frac{\delta}{\|x - g_0\|} > 1,$$

矛盾. 故 G 是太阳集. □

下面我们在局部一致凸空间中讨论逼近紧 Chebyshev 集的太阳性问题. 首先给出几乎凸集的定义.

称 G 是几乎凸集, 如果任何与 G 有正距离的球 $\overline{B}(x,r)$ 及 $r'(>r)$, 必存在球 $\overline{B}(x',r')$ 使得

$$\overline{B}(x',r') \supset \overline{B}(x,r); \quad \overline{B}((x',r') \cap G = \varnothing.$$

引理5.3.9 G 是 Banach 空间 X 中的 Chebyshev 子集, $x \in X \backslash G$, 若 $P_G(\cdot)$ 限制在 $\{x + \lambda(x - P_G(x) : \lambda \geqslant 0\}$ 上在 x 处连续, 则存在 $x_n \in \{x + \lambda(x - P_G(x) : \lambda \geqslant 0\}, x_n \to x$, 使得

$$\lim_{n \to \infty} \frac{d_G(x_n) - d_G(x)}{\|x_n - x\|} = 1.$$

证明 令

$$g_0 = P_G(x), \quad g_n = P_G(x_n), \quad x_n = x + \frac{1}{n}(x - g_0), \quad n = 1, 2, \cdots,$$

则由

$$d_G(x_n) - d_G(x) \leqslant \|x_n - x\|,$$

得

$$\varlimsup_{n \to \infty} \frac{d_G(x_n) - d_G(x)}{\|x_n - x\|} \leqslant 1.$$

下面证明相反的不等式. 取 $x_n^* \in S(X^*)$ 使得 $x_n^*(x - g_n) = \|x - g_n\|$, 则

$$\frac{d_G(x_n) - d_G(x)}{\|x_n - x\|} = \frac{\|x_n - g_n\| - \|x - g_0\|}{\|x_n - x\|}$$

$$\geqslant \frac{x_n^*(x_n - g_n) - \|x - g_0\|}{\|x_n - x\|}$$

$$= \frac{x_n^*(x_n - x)}{\|x_n - x\|} + \frac{x_n^*(x - g_n) - \|x - g_0\|}{\|x_n - x\|}$$

$$\geqslant \frac{x_n^*(x_n - x)}{\|x_n - x\|}$$

$$= \frac{x_n^*(x-g_0)}{\|x-g_0\|}$$

$$=1+\frac{x_n^*(x-g_n)-\|x-g_0\|}{\|x-g_0\|}+\frac{x_n^*(x-g_0)}{\|x-g_0\|}$$

$$=1-\frac{\|g_n-g_0\|}{\|x-g_0\|}.$$

由于 $g_n \to g$, 故

$$\lim_{n\to\infty}\frac{d_G(x_n)-d_G(x)}{\|x_n-x\|}\geqslant 1.$$

引理成立. □

引理5.3.10 若 $\forall x \in X\backslash G$, 存在 $x_n \in X$, 使得

$$\lim_{n\to\infty}\frac{d_G(x_n)-d_G(x)}{\|x_n-x\|}=1,$$

则 G 是几乎凸集.

证明 对 $\sigma > 1$, $x \notin G$, 令

$$K(\sigma,x)=\{y\in X:\|y-x\|\leqslant\sigma[d_G(y)-d_G(x)]\}.$$

我们将证明, 对任何球 $\overline{B}(x,R)$, 有

$$K(\sigma,x)\cap S(x,R)\neq\varnothing,$$

这里

$$S(x,R)=\{y\in X:\|y-x\|=R\}.$$

为此, 在 $K(\sigma,x)\cap \overline{B}(x,R)$ 引入半序:

$$y\leqslant y' \Leftrightarrow \|y-y'\|\leqslant\sigma[d_G(y')-d_G(y)].$$

设 $\{y_\alpha\}$ 是 $K(\sigma,x)\cap\overline{B}(x,R)$ 中的全序集, 则 $\{d_G(y_\alpha)\}$ 是有界单调序列, 故 $\{d_G(y_\alpha)\}$ 收敛. 由 $\{y_\alpha\}$ 的全序性知, $\{y_\alpha\}$ 是 Cauchy 列, 这样存在 $y_\alpha \in K(\sigma,x)\cap\overline{B}(x,R)$ 使得 $y_\alpha \to y$, 且 y 是 $\{y_\alpha\}$ 的上界, 由 Zorn 引理, 存在极大元 $y_0 \in K(\sigma,x)\cap\overline{B}(x,R)$ 中下面证明 $y_0 \in S(x,R)$, 如若不然, 由于

$$\lim_{n\to\infty}\frac{d_G(x_n)-d_G(x)}{\|x_n-x\|}=1,$$

存在 $y_n \in B(x,R), y_n \to y_0$, 使得

$$\lim_{n\to\infty}\frac{d_G(x_n)-d_G(x)}{\|x_n-x\|}\geqslant\frac{1}{\sigma},$$

即 $y_n > y_0 \geqslant x$, 与 y_0 是极大元矛盾.

下面证明 G 是几乎凸集,设 $\overline{B}(x,r)$ 与 G 不交,设 $\varepsilon > 0$ 使

$$d_G(x) = r + \varepsilon,$$

对任意 $r' > r$,若 $r' < r + \varepsilon$,则 $\overline{B}(x,r')$ 满足

$$\overline{B}(x,r') \supset \overline{B}(x,r), \quad \overline{B}(x,r') \cap G = \varnothing.$$

若 $r' \geqslant r + \varepsilon$ 令

$$\sigma = \frac{r'-r}{r'-r-\frac{\varepsilon}{2}} > 1.$$

由上所证,存在 $y \in K(\sigma,x) \cap S(x,r'-r)$,即

$$\|y-x\| = r'-r, \quad \|y-x\| \leqslant \sigma[d_G(y) - d_G(x)].$$

从而

$$d_G(y) \geqslant d_G(x) \geqslant \frac{1}{\sigma}\|y-x\|$$
$$= r + \varepsilon + \frac{r'-r}{r'-r-\frac{\varepsilon}{2}}(r'-r)$$
$$= r' + \frac{\varepsilon}{2}.$$

故 $\overline{B}(y,r') \cap G = \varnothing$. 易知 $\overline{B}(x,r) \subset \overline{B}(y,r')$. □

定理5.3.11 局部一致凸空间的逼近紧的 Chebyshev 集是太阳集.

证明 由上述两个引理我们只需证明局部一致凸空间中的几乎凸集是太阳集. 对任意 $x \in X \backslash G$,不失一般性,可设 $x = 0$,$d_G(x) = 1$,$g_0 = P_G(x)$. 由 G 是几乎凸集及 $\overline{B}(0, 1-\frac{1}{n}) \cap G = \varnothing$ 知,存在 $x_n \in X$,使得

$$\overline{B}(x_n, 2) \supset \overline{B}\left(0, 1-\frac{1}{n}\right), \quad \overline{B}(x_n, 2) \cap G = \varnothing, \quad n = 1, 2, \cdots.$$

由于 $-(1-\frac{1}{n})\frac{x_n}{\|x_n\|} \in \overline{B}(0, 1-\frac{1}{n})$,故

$$\left\| -\left(1-\frac{1}{n}\right)\frac{x_n}{\|x_n\|} - x_n \right\| \leqslant 2, \quad n = 1, 2, \cdots.$$

而

$$\left\| -\left(1-\frac{1}{n}\right)\frac{x_n}{\|x_n\|} - x_n \right\| = \left(1-\frac{1}{n}\right) + \|x_n\|, \quad n = 1, 2, \cdots,$$

故
$$\|x_n\| \leqslant 1 + \frac{1}{n}, \quad n = 1, 2, \cdots.$$

令 $y_n = \frac{x_n}{\|x_n\|}$, 则

$$d_G(y_n) \geqslant d_G(x_n) - \|x_n - y_n\| \geqslant 2 - \frac{1}{n}.$$

因此

$$\|y_n\| = \|g_0\| = 1, \quad \|y_n - g_0\| > 2 - \frac{1}{n}.$$

由 X 是局部一致凸空间, 有

$$y_n \to -g_0 \quad (n \to \infty),$$

再由 $d_G(\cdot)$ 的连续性得

$$d_G(-g_0) = \lim_{n \to \infty} d_G(y_n) = 2,$$

故

$$g_0 = P_G(-g_0) = P_G(g_0 + 2(x - g_0)).$$

因为 $x \in X \backslash G$ 是任意的, 从而由太阳集的定义, 定理成立. □

为了证明下面的定理, 我们再给出 Kuratoski-Mosco 意义收敛的定义.

定义5.3.4 设 $\{A_n\}_{n=1}^{\infty}$ 是 Banach 空间 X 的子集列, 记

$$W - \limsup_{n \to \infty} A_n = \left\{ x \in X : x = W - \lim_{k} x_{n_k}, x_{n_k} \in A_{n_k} \right\},$$

$$S - \liminf_{n \to \infty} A_n = \left\{ x \in X : x = S - \lim_{n \to \infty} x_n, x_n \in A_n \right\},$$

称 A_n 依 Kuratoski-Mosco 意义收敛于 $A \subset X$, 若 $W - \limsup_{n \to \infty} A_n = S - \liminf_{n \to \infty} A_n$, 记为 $A_n \xrightarrow{K-M} A$.

定理 5.3.8 指出 Banach 空间中任何有界紧 Chebyshev 集是太阳集. 定理 5.3.11 指出局部一致凸空间的逼近紧的 Chebyshev 集是太阳集. 我们不难发现定理 5.3.11 的条件和定理 5.3.8 的条件相比, 定理 5.3.11 加强了空间的性质而减弱了集合的条件. 我们自然要问是否还存在不同于定理 5.3.11 的条件和定理 5.3.8 之间的条件而得到和定理 5.3.11 的条件和定理 5.3.8 相同的结果? 1995年, 崔云安在《应用数学》上发表了如下定理.

定理5.3.12 设 X 是自反, 严格凸且具有 H 性质的 Banach 空间, A 是弱序列完备子集, 则 A 是逼近紧的 Chebyshev 集的充要条件是 A 是太阳集.

证明 必要性. 记 $B_n = \{x \in X : \|x\| \leqslant n\}$, 则 $A_n = B_n \cap A$ 是有界, 逼近紧的 Chebyshev 集且 $A \subset \bigcup_{n=1}^{\infty} A_n, A_n \subset A_{n+1}$. 下证 $A_n \xrightarrow{K-M} A$. $A \subset S - \liminf_{n \to \infty} A_n$ 是显然的. 因此只需证明: $W - \limsup_{n \to \infty} A_n \subset A$. 设 $x \in \limsup_{n \to \infty} A_n \subset A$, 依定义存在 $x_{n_k} \in A_{n_k}$, 满足 $x_{n_k} \xrightarrow{W} x$. 由 $A_n \subset A_{n+1} \subset A$ 知 $x_{n_k} \in A$ $(k = 1, 2, \cdots)$, 又 A 是弱序列完备集, 故 $x \in A$.

若 $x_n \to x_0$, 则 $P_{A_n}(x_n) \to P_A(x_0) \in A$ $(n \to \infty)$. 否则, 存在 $\varepsilon_0 > 0$ 及 $y_{n_i} \in P_{A_{n_i}}(x_{n_i})$, 满足 $\|y_{n_i} - P_A(x)\| \geqslant \varepsilon_0$.

对于每一个 n_i, 选择 $z_{n_i} \in A_{n_i}$ 满足 $\|x_0 - z_{n_i}\| \leqslant \text{dist}(x_0, A_{n_i}) + 1/n_i$. 于是

$$\|y_{n_i}\| \leqslant \|x_{n_i}\| + \text{dist}(y_{n_i}, A_{n_i})$$
$$\leqslant \|x_{n_i}\| + \text{dist}(y_{n_i}, A_{n_i}) - \text{dist}(x_0, A_{n_i}) + \text{dist}(x_0, A_{n_i})$$
$$\leqslant \|x_{n_i}\| + \|y_{n_i} - z_{n_i}\| + \frac{1}{n_i} - \|x_0 - y_{n_i}\| + \text{dist}(x_0, A_{n_i})$$
$$\leqslant \|x_{n_i}\| + \|z_{n_i} - x_0\| + \frac{1}{n_i} + \text{dist}(x_0, A_{n_i}).$$

易看到 $\varlimsup_{n \to \infty} \text{dist}(x, A_{n_i}) \leqslant \text{dist}(x, A)$, $\forall x \in X$ 及 $\{x_n\}_{i=1}^{\infty}$ 是收敛序列, 由于 $\{y_{n_i}\}_{n=1}^{\infty}$ 是有界序列, 因而存在 $\{y_{n_i}\}_{i=1}^{\infty}$ 的子列 (仍用原记号) 及 $y_0 \in X$ 满足 $y_{n_i} \xrightarrow{w} y_0$. 从 $y_{n_i} \in A_{n_i}$ 及 Kuratoski-Mosco 意义收敛的定义知 $y_0 \in A$. 显然又有 $y_{n_i} - x_0 \xrightarrow{w} y_0 - x_0$, 于是有

$$\|y_0 - x_0\| \leqslant \varliminf_{i \to \infty} \|y_{n_i} - x_0\| = \varliminf_{i \to \infty} \text{dist}(x_0, A_{n_i})$$
$$\leqslant \varlimsup_{n \to \infty} \text{dist}(x_0, A_{n_i}) = \text{dist}(x_0, A),$$

即 $y_0 \in P_A(x_0)$, 从而又有 $\lim_{n \to \infty} \|y_{n_i} - x_0\| = \|y_0 - x_0\|$. 由 X 具有 H 性质得 $\|y_{n_i} - y_0\| \to 0$ $(i \to \infty)$, 矛盾.

最后证明 A 是太阳集. 从 Dietrich B 所著 *Nonline Approximation Theory* 中的定理 3.4 知, A_n 是太阳集. 设 $u_0 \in P_A(x_0), u_n \in P_{A_n}(x_n)$, 则 $u_n \in P_{A_n}(u_n + t(x_0 - u_n))(t > 1)$. 由上段证明知 $u_n \to u_0$, 故 $P_{A_n}(u_n + t(x_0 - u_n)) \to P_A(u_0 + t(x_0 - u_0))$, 即 $u_0 \in P_A(u_0 + t(x_0 - u_0))$.

充分性. 因严格凸空间的太阳集必是 Chebyshev 集, 故只需证明 A 是逼近紧集. 对于任意 $x_0 \in X$, 存在 $x_n \in A$, 满足

$$\lim_{n \to \infty} \|x_n - x_0\| = \text{dist}(x_0, A).$$

从 X 的自反性和 $\{x_n\}_{n=1}^{\infty}$ 的有界性知,存在 $\{x_n\}_{n=1}^{\infty}$ 的子列 $\{x_{n_k}\}_{k=1}^{\infty}$ 及 $x' \in X$ 满足 $x_{n_k} \xrightarrow{w} x'$,因 A 是弱序列完备集,故 $x' \in A$. 于是有

$$\|x_0 - x'\| \leqslant \lim_{k \to \infty} \|x_{n_k} - x_0\| = \text{dist}(x_0, A),$$

故 $\lim\limits_{k \to \infty} \|x_{n_k} - x_0\| = \text{dist}(x_0, A)$. 再由 X 具有 H 性质知 $x_{n_k} - x_0 \to x' - x_0$. 因此 $\{x_n\}_{n=1}^{\infty}$ 列紧的. 即 A 是逼近紧集. □

由定理 5.3.12 和定理 5.1.7,我们容易得到如下推论.

推论5.3.13 设 X 是逼近紧且严格凸的 Banach 空间,A 是弱序列完备子集,则 A 是逼近紧的 Chebyshev 集的充要条件是 A 是太阳集.

注:本章 5.2 节和 5.3 节没有注明的内容均选自徐士英、李冲、杨文善的《Banach 空间中的非线性逼近理论》.

参 考 文 献

[1] 陈述涛, Henryk Hudzik, Wojciech Kowalewski, 王玉文, Marek Wisla. Banach 空间逼近紧性和投影算子连续性及其应用. 中国科学, 2007, 37(11): 1303–1312.
[2] 曹厚成, 崔云安, 张敬信. Banach 格中集值非扩张映射不动点定理的注记, 待发表.
[3] 崔云安. Banach 空间的 K-M 逼近. 应用数学, 1995, 8(4): 409–413.
[4] 定光桂. 巴拿赫空间引论. 第二版. 北京: 科学出版社, 2008.
[5] 定光桂. 泛函分析新讲. 北京: 科学出版社, 2007.
[6] 王玉文, 于金凤. Banach 空间中一类度量投影的判据及表达式. 数学物理学报, 2001, 21A(1): 29–35.
[7] 王建华. 非自反 Banach 空间中的度量投影. 数学物理学报, 2006, 26A(6): 840–846.
[8] 徐士英, 李冲, 杨文善. Banach 空间中的非线性逼近理论. 北京: 科学出版社, 1998.
[9] 俞鑫泰. Banach 空间几何理论. 上海: 华东师范大学出版社, 1984.
[10] 那汤松. 实变函数论. 北京: 高等教育出版社, 1958.
[11] 刘培德. 鞅与 Banach 空间几何学. 北京: 科学出版社, 2007.
[12] Aksoy A G, Khamsi M A. Nonstandard Methods in Fixed Point Theory. Heidelberg: Springer-Verlag, 1990.
[13] Alber Ya. Metric and generalized projection operators in Banach spaces: properties and applications// A Kartsatos. Theory and Applications of Accretive and Monotone Type. Marcel Dekker, Inc, 1996: 15–50.
[14] Alber Ya. Decomposition theorem in Banach spaces. Fields Institute Communications, 2000, 25: 77–93.
[15] Alonso J, Ullan A. Moduli in normed linear spaces and characterization of inner product spaces. Archiv der Mathematik, 1992, 59(5): 487–495.
[16] Ayerbe J M. T Domínguez Benavides and G. López Acedo. Measures of Noncompactness in Metric Fixed Point Theory. Basel, Boston, Berlin: Birkhäuser-Verlag, 1997.
[17] Aubin J P, Frankowdka H. Set-Valued Analysis, Systems & Control: Foundatiions & Applications. Massachusetts: Birkhäuser Boston, 1990, 2.
[18] Belluce P, Kirk W A, Steiner E F. Normal structure in Banach spaces. Pacific J. Math., 1968, 26: 433–440.
[19] Betiuk-Pilarska A, Prus S. Banach lattices which are order uniformly noncreasy. J. Math. Anal. Appl., 2008, 342: 1271–1279.
[20] Bishop E, Phelps R R. A proof that every Banach space is subreflexive. Bull. Amer. Math. Soc., 1961, 67: 97–98.
[21] Bollobás B. An extension to theorem of Bishop and Phelps. Bull. London Math. Soc., 1970, 2: 181–182.
[22] Bynum W L. Normal structure coefficients for Banach spaces. Pacific J. Math., 1980, 86: 427–436.
[23] Casini E, Papini P L. Self Jung constants and product spaces// Narosa. Sequence spaces and applications. New Delhi, 1999: 140–148.
[24] Casini E, Papini P L, Saejung S. Some estimates for the weakly convergent sequence coefficient in Banach spaces. J. Math. Anal. Appl., 2008, 346(1): 177–182.
[25] Clarkson J A. Uniformly convex spaces. Trans. Amer. Math. Soc., 1936, 40: 394–414.

[26] Cui Y, Hudzik H and Meng C. On some local geometry of Orlicz sequence spaces equipped with the Luxemburg norm. Acta Math. Hungar, 1998, 80: 143–154.
[27] Cui Y, Hudzik H. Some geometric properties related to fixed point theory in Cesàro spaces. Collect. Math., 1999, 50(3): 277–288.
[28] Cui Y, Hudzik H. Packing constant for Cesaro sequence spaces. Nonlinear Analysis, 2001, 47: 2695–2702.
[29] Cui Y, Hudzik H, Li Y, On the Garcia-Falset coefficient in some Banach sequence spaces. Lecture Notes in Pure and Appl. Math., 2000, 213: 141–148.
[30] Danes J. On local and global moduli of convexity. Commen. Math. Univ. Carolinae., 1976, 67: 413–420.
[31] Day M M. Uniformly convexity III. Bull. Am. Math. Soc., 1943, 49: 745–750.
[32] Deimling K. Multivalued Differencial Equations. Berlin, New York, Walter de Gruyter, 1992.
[33] Deutsch F. Existence of bestnapproximations. J. Approx. Theorey, 1980, 28: 132–154.
[34] Dhompongsa S, Kaewkhao A, Saejung S. Preservation of uniform smoothness and Uconvexity by ψ-direct sums, in press.
[35] Dhompongsa S, Kaewkhao A, Tasena S. On a generalized James constant. J. Math. Anal. Appl., 2003, 285(2): 419–435.
[36] Dhompongsa S, Dhompongsa P, Saejung S. Generalized Jordan-von Neumann constants and uniform normal structure. Bull. Austra. Math. Soc., 2003, 67(2): 225–240.
[37] Dhompongsa S, Kaewcharoen A, Kaewkhao A. The Dominguez-Lorenzo condition and multivalued nonexpansive mappings. Nonlinear Anal., 2006, 64: 958–970.
[38] Dhompongsa S, Domínguez Benavides T, Kaewcharoen A, Panyanak B. The Jordan-von Neumann constants and fixed points for multivalued nonexpansive mappings. J. Math. Anal. Appl., 2006, 320: 916–927.
[39] Dhompongsa S, Kaewcharoen A. Fixed point theorems for nonexpansive mappings and Suzuki-generalized nonexpansive mappings on a Banach lattice. Nonlinerar Analysis, 2009, 71: 5344–5353.
[40] Domínguez Benavides T. A geometrical coefficient implying the fixed point property and stability results. Houston J. Math, 1996, 22(4): 835–849.
[41] Dowling P N. On convexity properties of Ψ-direct sums of Banach spaces. J. Math. Anal. Appl., 2003, 288: 540–543.
[42] Domínguez Benavides T, Lorenzo Ramírez P. Fixed point theorems for multivalued nonexpansive mappings without uniform convexity. Abstr. Appl. Anal., 2003, 2003: 375–386.
[43] Domínguez Benavides T, Lorenzo P. Asymptotic centers and fixed points for multivalued nonexpansive mappings. Ann. Univ. Mariae Curie-Sklodowska, 2004, 58: 37–45.
[44] Domínguez Benavides T, Gavira B. The fixed point property for multivalued nonexpansive mappings. J. Math. Anal. Appl., 2007, 328: 1471–1483.
[45] Ekeland I, Temam R. Convex Analysis and Variational Problems. North-Holland, Amsterdam: Oxford, 1976.
[46] Fan K, Glicksberg I. Some geometric properties of the spheres in a normed linear space. Duke Math. J., 1958, 25: 553–568.
[47] Gao J. Normal structure and modulus of U-convexity in Banach spaces, function spaces, differential operators and nonlinear analysis (Prague, 1995). New York: Prometheus Books, 1996: 195–199.
[48] Gao J. The W*-convexity and normal structure in Banach spaces. Appl. Math. Lett.,

2004, 17: 1381–1386.

[49] Gao J. Normal structure and pythagorean approach in Banach space. Period. Math. Hungar, 2005, 51(2): 19–30.

[50] Gao J. On some geometric parameters in Banach spaces. J. Math. Anal. Appl., 2007, 1: 114–122.

[51] Garcia-Falset J. Stability and fixed points for nonexpansive mappings. Houston J. Math., 1994, 20: 495–505.

[52] Garcia-Falset J, Llorens-Fuster E. Normal structure and fixed point property. Glasgow Math. J., 1996, 38: 29–37.

[53] Garcia-Falset J. The fixed point property in Banach spaces with NUS property. J. Math. Ann. Appl., 1997, 215: 532–542.

[54] Garcia-Falset J, Sims B. Property (M) and the weak fixed point property. Proc. Am. Math. Soc., 1997, 125: 2891–2896.

[55] Goebel K. On a fixed point theorem for multivalued nonexpansive mappings. Annal. Univ. Marie Curie-Sklodowska, 1975, 29: 70–72.

[56] Goebel K, Kirk W A. Topics in Metric Fixed Point theory. Cambridge Stud. Adv. Math., Cambridge: Cambridge Univ. Press, 1990.

[57] He C, Cui Y A. Some properties concerning Mliman's moduli. J. Math. Anal. Appl., 2007, 329: 1260–1272.

[58] Jiao Hongwei, Guo Yunrui and Wang Fenghui. Modulus of convexity, the coefficient $R(1, X)$, and normal structure in Banach spaces. Abstr. Appl. Anal., Article ID 135873, 2008.

[59] Huff R. Banach spaces with are nearly uniformly convex. Rocky Mount. J. Math., 1980, 10: 743–749.

[60] Hudzik H, Wang B X. Approximative compactness in Orlicz spaces. J. Approx. Theory, 1998, 95: 82–89.

[61] Hudzik H, Kwoalewski. Approximative compactness and fully rotundity in Musielak-Orlicz spaces and Lorentz-Orlicz spaces. Zeitschrift fur Analysis Undihre Anwendungen, 2006, 25: 163–192.

[62] James R C. Bases and reflexivity of Banach spaces. Ann. Math., 1950, 52: 518–527.

[63] James R C. Reflexivity and the supremum of linear functionals. Ann. Math., 1957, 66: 159–169.

[64] James R C. A characterization of the reflexive Banach space. Studia Math. (SerSpecjalna) Zeszyt, 1963, 1: 55–56; 1964, 23: 205–216.

[65] Jiménez-Melado A, Llorens-Fuster E. The fixed point property for some uniformly nonsquare Banach spaces. Boll. Un. Mat. It., 1996, 10-A(7): 587–595.

[66] Kalton N J. M-ideals of compact operators. III J. Math., 1993, 37: 147–169.

[67] Kato M, Maligranda L, Takahashi Y. On James and Jordan-von Neumann constants and the normal structure coefficient of Banach space. Studia Math, 2001, 144: 275–295.

[68] Khamsi M A. Uniform smoothness implies super-normal structure property. Nonlinear Anal., 1992, 19: 1063–1069.

[69] Khamsi M A, Kirk W A. An introduction to metric spaces and fixed point theory. John Wiley & Sons, Inc., 2001: 138–139.

[70] Kirk W A. A fixed point theorem for mapping which do not increase distances. Am. Math. Monthly, 1965, 72: 1004–1006.

[71] Kirk W A. Nonexpansive mappings in product spaces, set-valued mappings and k uniform rotundity// Browder F E. Nonlinear functional analysis and its applications.

Amer. Math. Soc. Symp. Pure Math., 1986, 45: 51–64.

[72] Kirk W A. The modulus of k rotundity. Boll. U. M. I., 1988, 72-A: 195–201.

[73] Kirk W A, Massa S. Remarks on asymptotic and Chebyshev centers. Houston J. Math., 1990, 16: 357–364.

[74] Kirk W A. History and methods of metric fixed point theory. Antipodal Points and Fixed Points, Seoul, 1995: 21–54.

[75] Kirk W A, Sims B. Handbook of Metric Fixed Point Theory. Dordrecht, Boston, London: Kluwer Academic Publishers, 2001.

[76] Kurc W. A dual property to uniform monotonicity in Banach lattices. Collect. Math., 1993, 44: 155–165.

[77] Kutzrova D, Landes T. Nearly uniform convexity of infinite direct sums. Indiana U. Math. J. 1992, 41(4): 915–926.

[78] Kuzumow T, Prus S. Compact asymptotic centers and fixed points of multivalued nonexpansive mappings. Houston J. Math., 1990, 16: 465–468.

[79] Landes T. Permanence properties of normal structure. Pacific J. Math., 1984, 110: 125–143.

[80] Landes T. Normal structure and the sum-property. Pacific J. Math., 1986, 123: 127–147.

[81] Lau K S. Best approximation by closed sets in Banach spaces. J. Approx. Theory, 1978, 23: 29–36.

[82] Lindenstrauss J, Tzafriri L. Classical Banach Spaces II. New York: Springer-Verlag, 1979.

[83] Lim T C. A fixed point theorem for multivalued nonexpansive mappings in a uniformly convex Banach space. Bull. Amer. Math. Soc., 1974, 80: 1123–1126.

[84] Lim T C. A fixed point theorem for weakly inward multivalued contractions. J. Math. Anal. Appl., 2000, 247: 323–327.

[85] Lin P K. Unconditional bases and fixed point property of nonexpansive mappings. Pacific J. Math., 1985, 116: 69–76.

[86] Lin P K, Tan K K and Xu H K. Demiclosedness principle and asymptotic behavior for asymtotically nonexpansive mappings. Nonlinear Anal., 1995, 24: 928–946.

[87] Lin P K. Kothe-Bochner Function Spaces. Boston: Borkhäuser Boston, 2003.

[88] Lindenstrauss J. On the modulus of smoothness and divergent series in Banach spaces. Michigan Math. J., 1963, 10: 241–252.

[89] Marino G, Pietranmala P, Xu H K. Geometric conditions in product spaces. Nonlinear Anal., 2001, 46: 1063–1071.

[90] Mazcuñán-Navarro E M. On the modulus of u-convexity of Ji Gao. Abstract and Applied Analysis, 2003, 2003(1): 49–54.

[91] Mazcuñán-Navarro E M. Geometry of Banach spaces in metric fixed point theory. Ph. D. Thesis, Universtiy of Valencia, 2003.

[92] Mazcuñán-Navarro E M. Banach spaces properties sufficient for normal structure. J. Math. Anal. Appl., 2008, 337: 197–218.

[93] Megginson R E. An Introduction to Banach Space Theory. Grad. Texts in Math., 183. New York: Springer-Verlag, 1998.

[94] Montesinos V. On drop property. Studia Math, 1987, 85: 25–35.

[95] Nadler Jr, S B. Multivalued contraction mappings. Pacific J. Math., 1969, 30: 475–488.

[96] Oshman E V. Characterization of subspaces with continuous metric projection into a normed linear space. Soviet Mathematics, 1972, 13: 1521–1524.

[97] Prus S. Nearly uniformly smooth Banach spaces. Boll. Un. Mat. Ital., 1989, B(7)3: 507–521.

[98] Prus S. Banach spaces with the uniform Opial property. Nonlinear Anal., 1992, 18: 697–704.

[99] Prus S. Banach spaces which are uniformly noncreasy. Nonlinear Anal., 1997, 30: 2317–2324.

[100] Reich S. Fixed points in locally convex spaces. Math. Z., 1972, 125: 17–31.

[101] Saejung S. On the modulus of U-convexity. Abstract and Applied Analysis, 2005, 1: 59–66.

[102] Saejung S. The characteristic of convexity of a Banach space and normal structure. J. Math. Anal. Appl., 2008, 337: 123–129.

[103] Sims B. Ultra-techniques in Banach space theory. Queen's Papers in Pure and Applied Mathematics, 60. Kingston, Canada: Queen's University, 1982.

[104] Sims B, Smyth M A. On some Banach space properties sufficient for weak normal structure and their permanence properties. Trans. Am. Math. Soc., 1991, 113: 983–989.

[105] Sims B. A class of spaces with weak normal structure. Bull. Austral. Math. Soc., 1994, 50: 523–528.

[106] Sims B, Smyth M A. On some Banach space properties sufficient for weak normal structure and their permanence properties. Trans. Amer. Math. Soc., 1999, 351: 497–513.

[107] Singer I. Some remarks on approximative compactness. Rev. Roumanie Math. Purs Appl., 1964, 9: 167–173.

[108] Stern J. Propriétés locales et ultrapuissances d'espaces de Banach. Exposés 7 et 8, Séminaire Maurey-Schwartz 1974-75, École Polytechnique, Palaiseau, France.

[109] Takahashi Y, Hashioto K, Kato M. On sharp uniform convexity, smoothness and strong type, cotype inequalities. J. Nonlinear.Convex Anal., 2002, 3: 267–281.

[110] Tan K K, Xu H K. On fixed points of nonexpansive mappings in product spaces. Proc. Am. Math. Soc., 1991, 113: 983–989.

[111] Ullán de Celis A. Módulos de Convexidad y de Lisura en Espacios Normadós. Ph. D. Dissertation, Univ. of Extremadura, Spain, 1990.

[112] Wisnicki A. Products of uniformly noncreasy spaces. Proc. Am. Math. Soc., 2002, 130: 3295–3599.

[113] Xu H K. Metric fixed point theory for multivalued mappings. Dissertationes Mathematicae, (Rozprawy Mat.), 2000, 389.

[114] Xu H K. Multivalued nonexpansive mappings in Banach spaces. Nonlinear Anal., 2001, 43 (6): 693–706.

[115] Yamada Y, Takahashi Y, Kato M. Hanner type inequality and optimal 2-uniform convexity and smoothness inequalities//Proceedings of Conference on Nonlinear Analysis and Convex Analysis, 1365: 68–72. RIMS Kokyuroku Research Institute for Mathematical Sciences, Kyoto University, Kyoto, Japan, April 2004.

[116] Zhang Guanglu. Weakly convergent sequence coefficient of pruduct spaces. Proc. Amer. Math. Soc., 1992, 117(3): 637–643.

[117] Zhang Jingxin, Cui Yunan, Cao Houcheng, Wang Litao. Some geometric coefficient connect with the fixed point property in Banach spaces, In press.

[118] Zhang Jingxin, Cui Yunan. Some estimates for the weakly convergent sequence coefficient in Banach spaces, In press.

[119] Zhang Jingxin, CuiYunan. On some geometric constants and the fixed point property

for multivalued nonexpansive mappings, In press.

[120] Zuo Zhanfei, Cui Yunan. A note on the modulus of U-convexity and modulus of w*-convexity. Journal of Inequalities in Pure and Applied Mathematics, 2008. Article ID 107.

[121] Zuo Zhanfei, Cui Yunan. Some sufficient conditions for fixed points of multivalued nonexpansive mappings. Fixed Point Theory and Applications, 2009. Article ID 319804.

[122] Zuo Zhanfei, Cui Yunan. Some modulus and normal structure in Banach space. Journal of Inequalities and Applications, 2009. Article ID 676373.

[123] Zuo Zhanfei, Cui Yunan. A coefficient related to some geometric properties of a Banach space. Journal of Inequalities and Applications, 2009. Article ID 934321.

[124] Cui Yunan, Henryk Hudzik, Jingjing Li and Marek Wisła. Strongly extreme points in Orlicz spaces equipped with the p-Amemiya norm. Nonlinear Anal., 2009, 71: 6343–6364.

[125] Chen Lili, Cui Yunan. Criteria for complex strongly extreme points of Musielak-Orlicz function spaces. Nonlinear Anal., 2009, 70: 2270–2276.

[126] Fan Liying, Cui Yunan and Henryk Hudzik. Weakly convergent sequence coefficient in Musielak-Orlicz sequence spaces. J. Convex Anal., 2009, 16: 153–163.

[127] Zuo Mingxia, Cui Yunan, Henryk Hudzik and Kaijun Zhang. On the points of local uniform rotundity and weak local uniform rotundity in Musielak-Orlicz sequence spaces equipped with the Orlicz norm. Nonlinear Anal., 2009, 71: 4906–4915.

[128] Wang Ping, Yu Feifei and Cui Yunan. Strongly extreme points in Musielak-Orlicz spaces with the Orlicz norm. Zeitschrift fur Analysis und ihre Anwendungen, 2009, 28: 223–232.

[129] Cui Yunan, Duan Lifen, Henryk Hudzik and Marek Wisła. Basic theory of p-Amemiya norm in Orlicz spaces ($1 \leqslant p \leqslant$ infinity): Extreme points and rotundity in Orlicz spaces endowed with these norms. Nonlinear Anal., 2008, 69: 1796–1816.

[130] Liu Xinbo, Cui Yunan, Paweł Foralewski and Henryk Hudzik. Local uniform rotundity and weak local uniform rotundity of Musielak-Orlicz sequence spaces endowed with the Orlicz norm. Nonlinear Anal., 2008, 69: 1559–1569.

[131] Cui Yunan, Henryk Hudzik, Marek Wisła and Zuo Mingxia. Extreme points and strong U-points in Musielak-Orlicz sequence spaces equipped with the Orlicz norm. Zeitschrift fur Analysis und ihre Anwendungen, 2007, 26: 87–101.

[132] Chen Lili, Cui Yunan. Complex extreme points and complex rotundity in Orlicz function spaces equipped with the p-Amemiya norm. Nonlinear Anal., 2010, 73: 1389–1393.

[133] Chen Lili, Cui Yunan. On the compactly locally uniformly rotund points of Orlicz spaces. Proc. Indian Acad. Sci.(Math. Sci.), 2007, 117: 471–483.

[134] Cui Yunan, Hudzik Henryk. Orlicz spaces which are noncreasy. Archiv der mathematik, 2002, 78: 303–309.

[135] Cui Yunan, Hudzik Henryk. On fully rotundity properties and appr. compactness in some spaces. Indian J. Pure Appl. Math., 2003, 34: 17–30.

[136] Cui Yunan, Hudzik Henryk and Yu Feifei. Opial modular in Orlicz sequence spaces. Nonlinear Anal., 2003, 55: 335–350.

[137] Cui Y, Hudzik H and Pluciennik R. Extreme points and strongly extreme points in Orlicz spaces equipped with the Orlicz norm. J. Math. Anal. Appl., 2003, 22: 789–817.

[138] Cui Yunan, Hudzik H, Kumar R and Maligradnda L. Composition operators in Orlicz spaces. J. Aust. Math. Soc., 2004, 76: 189–206.